森 重文 編集代表
ライブラリ数理科学のための数学とその展開 **AP1**

微生物流体力学

生き物の動き・形・流れを探る

石本 健太 著

サイエンス社

編者のことば

　近年，諸科学において数学は記述言語という役割ばかりか研究の中での数学的手法の活用に期待が集まっている．このように，数学は人類最古の学問の一つでありながら，外部との相互作用も加わって現在も激しく変化し続けている学問である．既知の理論を整備・拡張して一般化する仕事がある一方，新しい概念を見出し視点を変えることにより数学を予想もしなかった方向に導く仕事が現れる．数学はこういった営為の繰り返しによって今日まで発展してきた．数学には，体系の整備に向かう動きと体系の外を目指す動きの二つがあり，これらが同時に働くことで学問としての活力が保たれている．

　この数学テキストのライブラリは，基礎編と展開編の二つからなっている．基礎編では学部段階の数学の体系的な扱いを意識して，主題を重要な項目から取り上げている．展開編では，大学院生から研究者を対象に現代の数学のさまざまなトピックについて自由に解説することを企図している．各著者の方々には，それぞれの見解に基づいて主題の数学について個性豊かな記述を与えていただくことをお願いしている．ライブラリ全体が現代数学を俯瞰することは意図しておらず，むしろ，数学テキストの範囲に留まらず，数学のダイナミックな動きを伝え，学習者・研究者に新鮮で個性的な刺激を与えることを期待している．本ライブラリの展開編の企画に際しては，数学を大きく 4 つの分野に分けて森脇淳（代数），中島啓（幾何），岡本久（解析），山田道夫（応用数理）が編集を担当し森重文が全体を監修した．数学を学ぶ読者や数学にヒントを探す読者に有用なライブラリとなれば望外の幸せである．

編者を代表して

森　　重文

まえがき

　本書は，雑誌「数理科学」誌上での連載記事「微生物流体力学への招待：生き物の形・流れ・動きを探る」（2019 年 4 月から 2022 年 9 月まで計 19 回）を 1 冊化したものである．理工系の学部生以上の読者を対象に，近年ますます広がりを見せる微生物流体力学を「流れ」と「形」が強く結びついた系として捉え，特にその両者の絡み合いから生じる生き物の「動き」について，実例を適宜紹介しつつ，理論的な側面を重点的に解説する．前提知識として，理工系低学年での数学（線形代数・微分積分学・ベクトル解析）並びに古典力学（質点と剛体の運動）の内容を想定するが，流体力学や生物学の知識は前提とはしない．

　まず，第 1 章で，微生物流体力学が対象とする現象と全体像について導入をしたのち，第 2 章で微生物流体力学の基礎方程式とその基本的な性質を取り上げる．これらの準備のもと，第 3 章では微生物の流体中での遊泳の理論的枠組みを，第 4 章では生物周りの流れ場の構造とそれらを用いた計算法を取り上げる．ここまでは一個体の自由遊泳に注目していたが，第 5 章では，背景流れ場を考えることで，壁面や他個体との流体相互作用を記述できることを見る．第 6 章では，集団的な振る舞いを記述する統計的な手法と流体記述の新たな広がりを紹介し，最後の第 7 章では，関連するトピックをいくつか簡単に紹介し，学際分野として一層の発展をみせる研究領域の展望を示したつもりである．4 章までの前半部分では，式変形を含めて幾分丁寧に議論したが，以降の後半部分は紙面の都合で詳細な導出は他の文献に譲らざるを得なかった．

　最後に，本書の執筆を勧め，原稿も丁寧に読んで下さった山田道夫先生に感謝したい．また，執筆に際して有益な助言をいただいた，石川拓司氏，安田健人氏にも謝意を表す．

2022 年 8 月

石本健太

目　　次

第1章

微生物の流体力学

1.1　は　じ　め　に

　本書の目的は，近年発展の目覚ましいミクロスケールにおける生物流体力学の平易な解説を試みることである．微生物のような微小な物体に関する流体力学の特徴として，(1) サイズが小さいために慣性の影響が無視できる，(2) 変形や移動を伴う複雑な境界条件をもつ，(3) 数理科学・生命科学を含む様々な分野との学際領域である，などの点が挙げられる．

　1点目の「慣性が無視できる」，という特徴はニュートン（Newton）力学に慣れ親しんだ感覚からすると，はじめのうちは少し奇妙に思われるかもしれない．流体力学では低レイノルズ数流れ（low Reynolds number flow）あるいは**ストークス流れ**（Stokes flow）などと呼ばれ，流体の粘性の効果が慣性の効果に比べて支配的になっている．流体運動の基礎方程式として**ナビエ–ストークス**（Navier–Stokes）**方程式**がよく知られているが，低レイノルズ数流れでは，ナビエ–ストークスの非線形項を無視するストークス近似が有効であり，このようにして得られる**ストークス方程式**が流れの支配方程式としてよい数理モデルになる．この方程式は線形の偏微分方程式であり，いくぶん数理的な取扱いが容易になる．一方で，解の複雑さが失われて，単純で画一的な流れ現象しかないように思われるかもしれない．しかし，流体方程式が単純化されても，現象の多様性や数理的な魅力は失われていない．その理由は2点目の特徴として挙げた「複雑な境界条件」にある．

　微生物のような生き物が流体中にあるとき，生き物の形は流体側から見ると，流体とその外側との境界に対応する．一般に生物の形状は，流体中の泡や粒子のように，球や楕円体といった，単純な形状ではないことが多い[1]．さら

---

[1] もちろん，理論的に扱う際は，生き物の形状を球や楕円体といった数理的に扱いやすい

に，生き物は，受動的にしろ能動的にしろ，変形し移動する．このような複雑
な形状の情報は流体方程式の境界条件に含まれてくる．言い換えれば，しばし
ば補助的な条件として見なされる方程式の境界条件は，微生物の流体力学では
生き物の運動と流体の運動を結びつける重要で本質的な役割を担っている．標
語的に言うならば，微生物の流体力学は，「動き」を表す常微分方程式と「流
れ」を表す偏微分方程式が，「形」によって結びついている系と言える．これら
の「形」と「流れ」と「動き」の間に潜む数理的な構造と，そこから従う基本法
則に焦点をあてながら，実際の微生物の運動の理解，および生物の生態や進化
に至るまで，どのように流体力学の数理が応用できるかを概説していきたい．

　そして，3点目の特徴，「他分野との結びつき」である．当然，微生物の運動
を理解しようとする試みの中で発展してきたこともあり，バクテリア（細菌）
やゾウリムシなどの原生動物の運動機構やその制御の仕組みを探る際に大きな
役割を果たしてきた．そもそも，微生物という言葉は目に見えないほど小さな
生き物[2]の総称であるが，あらゆる生物学の問題における基礎的な要素を持つ．
そのため多くのモデル生物が存在し，遺伝子情報を含め豊富な文献・情報が存
在している．このことは，力学的な機能を生物学的に理解する上で非常に強力
である．また，構成が単純であるゆえ，運動や生態が比較的理解しやすく，物
理法則にも従順的であると考えられる．これは，流体を含めた力学的なアプ
ローチが有効である場合が少なくないことを期待させる．そして，実際その通
りであることをこれから見ていく．現実の生物の仕組みは，流体等の外部環境
への適応と，それまでの進化の歴史によって培われてきた機能の，双方の組合
せの結果である．微生物の生活において力学的な制限が強く働くのであれば，
その運動の仕組みも力学的に洗練されていることが期待できる．また，微生物
の仲間は進化系統樹的には我々の祖先に当たる存在で，ヒトを含めた高等生物
の細胞たちにも脈々と受け継がれている機能も多く存在する．さらに，世代交

形状でモデル化することは常套手段である．
　[2]ヒトの目の解像度は 0.1 mm 程度と言われている．それが微生物か粒子かを判断するに
はもう少し大きいものでないと難しいだろう．また，プランクトン（plankton）という言葉
は浮遊生物の意味で，移動能力がない，もしくは低いために，周りの流れ場に乗って浮遊す
ることで移動する生き物を指し，クラゲなどの微生物でない生き物も含まれるが，その線引
は明確ではない．

代の間隔が短く，環境の変化に敏感に対応するため，実験進化学や実験生態学の舞台としても優れている．

一方で，流体を用いたミクロスケールの物質の操作はマイクロ流体工学として発展し，近年ではマイクロスケールのロボットも登場するなど，物質科学や工学的な関心も大きい．微生物流体力学の数理はこれらの工学研究の設計指針を与えてきた．化学エネルギーを運動エネルギーに変換する性質をもつ物質は，自己駆動粒子やアクティブマターとして，近年非平衡物理学の新しいフィールドを形成しているが，微生物はその最たる例である．自然界の物質だけでなく，人工的な自走粒子やその集団のダイナミクスが調べられている．これらの基礎には微小スケールの流体力学が存在するが，同時に新しい物理現象の発見は新たな流体力学とその数理の発展を生み出してきた．

このように，他分野の発展を支える基礎分野として，また，数理科学の新たな展開を見せる一分野として，微生物流体力学の基本的な理解は，一層その重要性を増している．

1.2　微生物の多様な世界

顕微鏡を覗けば，ありとあらゆるところに微生物がいることが分かるだろう（図 1.1）．ここでは，多様な微生物の世界を，微生物の流体中の移動の仕

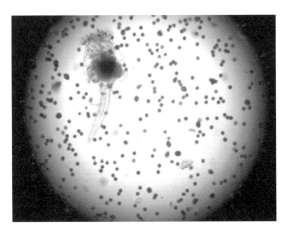

図 1.1　顕微鏡で覗いた微生物の様子（筆者撮影）．

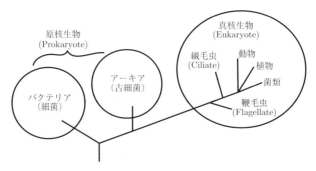

図 1.2　3 ドメイン説による生物の分類と系統樹.

組みに注目して，核を持たない**原核生物**と，核を有する**真核生物**に大きく分類
（図 1.2）し，その一部をまとめて紹介しておく[3]．

　原核生物はここでは細菌（バクテリア）のことを指すことにする[4]．大腸菌
（*Escherichia coli*）やサルモネラ菌（*Salmonella*），枯草菌（*Bacillus subtilis*）
などのように，我々の日常生活と密接な関わりを持っている（図 1.3）．これら
の細菌類は数 μm の大きさの細胞膜（菌体）に，**鞭毛**（べん毛，あるいはバクテ
リア鞭毛[5]）と呼ばれるらせん状の細長い突起物を有している．その数は種に
よって異なり，1 つのものから複数のものまで知られている．鞭毛はフラジェ
リンと呼ばれるタンパク質の重合体で構成されており，その直径は約 20 nm,
長さは 10 μm 程度にまで及ぶ．鞭毛の付け根の部分はフックと呼ばれる構造
があり，ある程度の柔軟性を有している．鞭毛本体はそれに比べると変形しに
くい構造である．基部のモーターの駆動力によって，鞭毛がちょうどコルク
抜きのように回転することで，流体中での推進力を与える[6]．他にも，スピロ
ヘータと呼ばれる種類のバクテリアは，細胞全体がらせんの形状をしており，

---

　[3]この節の内容は，文献 [55] および総説 [30], [40], [80], [82] を参照した．運動性のない微
生物の説明は割愛した．

　[4]原核生物には古細菌（アーキア）とよばれるドメインも含まれるが，その運動機構につ
いては未解明の部分も多く，本書では取り上げない．

　[5]バクテリアの鞭毛を後述の真核生物の鞭毛と区別して，「べん毛」とひらがなで表記する
場合もある．英語では flagellum（単数形）/flagella（複数形）

　[6]実際の運動の様子は，例えば，H. Berg 博士のウェブサイトで公開されている動画をご
覧いただきたい（http://www.rowland.harvard.edu/labs/bacteria/movies/index.php）.

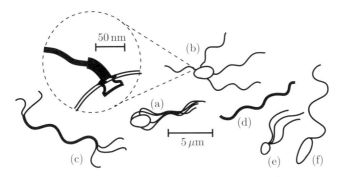

図 1.3　バクテリア鞭毛. (a) 周毛性細菌，大腸菌（*Escherichia coli*）. 複数の鞭毛をもち，それらが束になって泳ぐ. (b) 大腸菌の鞭毛の束が解けた状態. 拡大図はバクテリア鞭毛の付け根部分. (c) 両毛性細菌. (d) スピロヘータ. (e) 叢毛性細菌. (f) 単毛性細菌.

鞭毛を細胞膜の内側にもつ. このようにバクテリアの鞭毛の本数や位置，そして運動の機構も種によって様々である.

　真核生物は，我々ヒトを含むドメインであり単細胞生物から多細胞生物まで，その大きさも様々である. 真核微生物の遊泳において最もよく研究されているのは，鞭毛[7]や繊毛[8]といったフィラメント状の突起を使って泳ぐものであろう（図 1.4）. 鞭毛はウニやヒトの精子，ミドリムシ（*Euglena*）やクラミドモナス（*Chlamydomonas*）などに見られる細長い棒状の構造であり，それを屈曲させることで細胞全体の推進力を生み出している. 一方，繊毛は，ゾウリムシ（*Paramecium*）などに見られるように体表面に無数に生えている毛状の組織のことで，この無数の繊毛の運動によって推進力を生み出している. しかし，真核生物の鞭毛と繊毛は組織の構造としては同じであり，どちらも直径約 $0.2\,\mu\text{m}$ 程度のひも状の組織で，その中は微小管が特徴的な配置（$9+2$ 構造と呼ばれる）をして構成されている. 円管上に配置された周辺微小管の間にモータータンパク質が存在し，微小管を互いに滑らせるように力をかけること

---

[7]真核生物の鞭毛は，名称は同じものの，原核生物の鞭毛とは構造が全く異なる. 英語表記はバクテリアのそれと同じく，flagellum（単数形）/flagella（複数形）.

[8]英語表記は cilium（単数形）/cilia（複数形）.

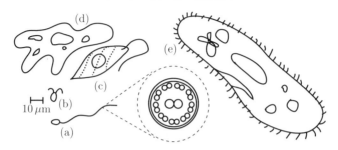

図 1.4 真核生物の鞭毛と繊毛，そしてアメーバ運動．(a) ヒト精子．拡大図は鞭毛の断面構造の概念図．(b) クラミドモナス．(c) ミドリムシ．(d) アメーバ．(e) ゾウリムシ．

で，全体が屈曲すると理解されている．鞭毛を用いて運動する微生物と一括りにしても，鞭毛の数や位置，長さは多岐にわたっている．例えば，ウニやヒトの精子に見られる鞭毛打は鞭毛の付け根から波が伝わり，細胞全体は波の進行方向と逆に推進する．一方，鞭毛表面に管状マスチゴネマと呼ばれる小毛を有する種も多く存在する．この場合，細胞全体は波の進行方向と同じになり，この小構造によって推進力の発生の仕方が大きく変化していることがわかる．2本の鞭毛を持つクラミドモナスはまるで平泳ぎのような鞭毛打を有し，推進を生む有効打と抵抗を少なくする回復打からなる．

　このように鞭毛や繊毛によって運動する微生物は多様であるが，これらは，微生物に特別な器官ではない．実際，我々ヒトを含む多くの真核生物の体内にも存在し，その構造自体は受け継がれている．例えば，ヒトの気管や卵管には繊毛が存在し，物質輸送に大きな役割を果たしており，脳にある繊毛は脳脊髄液の輸送を担っている．初期胚表面に生じる繊毛はノード流と呼ばれる水流を生み出し，体の左右の決定に関わっていることがわかっている．

　上に述べてきた，バクテリア鞭毛や真核生物の鞭毛・繊毛における微小管系による細胞運動の他に，いわゆる筋肉の運動に対応するアクチン–ミオシン系による細胞運動も存在する．アメーバや白血球などの変形による運動がこれに対応する．これらのアメーバ運動は基盤などの境界を這い回ることで移動しているが，水中でも遊泳が可能であり，その速度は基盤上の移動と同じ程度であることが分かってきている．

1.3 微小世界での遊泳

さて，ここまで様々な細胞スケールの微生物について，特に遊泳を行うものを中心に見てきた．

微生物の世界を体験するには，実際に見る以外にも，簡単な物理モデルに基づく計算が有効である[9]．この章の残りの部分では，簡単なスケールの議論を中心に，微小世界の運動を考察していこう．SF 映画やアニメの世界のように，我々の体のサイズがミクロスケールに小さくなったと想像[10]し，半径 $a = 10\,\mu\text{m}$ の球形の潜水艦に乗り込んで微小世界を探検することを考える（図 1.5）．$L_{\text{bact}} = 10\,\mu\text{m}$ というサイズはちょうど大腸菌の鞭毛までを含めた長さのスケールに対応する．バクテリアの遊泳速度は $U_{\text{bact}} = 30\,\mu\text{m/s}$ 程度であり，我々の潜水艦もこのスピードで水中を図の x 軸に沿って 1 次元的に動くものとしよう．

微生物の大きさや形，遊泳速度は多岐にわたるため，代表値を定めることは困難であるが，ここでは過去の多くの文献データから得られた中央値[90] を用

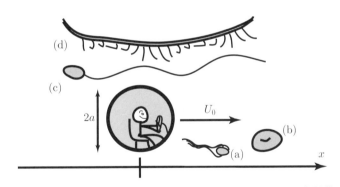

図 1.5 半径 $a = 10\,\mu\text{m}$ のミクロの潜水艦に乗り込む．(a) 大腸菌．(b) 赤血球，(c) ヒト精子．(d) ゾウリムシ．

---

[9]この節での議論のアイデアは著名なレクチャーノート [115] や一般向けの書籍 [28] に依る部分が多い．興味ある読者はそちらも参照していただきたい．

[10]1966 年のアメリカの映画「ミクロの決死圏」（原題：Fantastic Voyage）が有名で，多くの派生作品を生み出した．自らが小さくならずとも，体内で動くマイクロマシンやナノマシンを想像してもらえるとうれしい．

いることとする．これによると，鞭毛虫の代表的な長さと遊泳速度はそれぞ
れ，$L_{\text{flag}} = 31\,\mu\text{m}$, $U_{\text{flag}} = 127\,\mu\text{m/s}$, 繊毛虫の場合には，$L_{\text{cili}} = 132\,\mu\text{m}$,
$U_{\text{cili}} = 784\,\mu\text{m/s}$ である．

　さて，時刻 $t = 0$ で遊泳スピード $U_0 = 30\,\mu\text{m/s}$ で動き出した我々の潜水
艦は，速度に比例した流体からの抵抗力を受け減速していく．ここで，質量を
m, 抵抗係数 $\gamma > 0$ とすれば，速度 U の時間発展は，ニュートンの運動方程式

$$m\frac{dU}{dt} = -\gamma U \tag{1.1}$$

に従う．質量密度 ρ を用いれば，$m = \frac{4}{3}\pi\rho a^3$ であり，ρ は周りの水と等しい
$\rho \sim 10^3\,\text{kg/m}^3$ とする．流体中の球にはたらく流体抵抗は**ストークスの法則**
(Stokes' law) より，球の速度に比例し，その抵抗係数は $\gamma = 6\pi\mu a$ である．
ここで，μ は流体の粘性係数であり，水の場合 $\mu \sim 10^{-3}\,\text{Pa·s}$ である．

　ストークスの法則は，流体の流れの様子を特徴づける無次元数である**レ
イノルズ数**（Reynolds number）Re が $Re \lesssim 1$ の場合に成立することが実
験的に知られている．レイノルズ数の詳細は次章（2.1.4 節）に導入するが，
$Re = \frac{\rho U L}{\mu}$ で与えられる．ρ は流体の密度，U と L は流体運動の代表的な速
度と長さ，μ は流体の粘性係数である．水中を遊泳するバクテリアの場合，
$Re_{\text{bact}} = \frac{\rho U_{\text{bact}} L_{\text{bact}}}{\mu} \sim 3 \times 10^{-5}$, 鞭毛虫や繊毛虫の場合，上の代表値を用い
ると，それぞれ同様に $Re_{\text{flag}} \sim 4 \times 10^{-3}$, $Re_{\text{cili}} \sim 1 \times 10^{-1}$ と見積もられ，い
ずれもストークスの法則が成立する低レイノルズ数流れで良く記述できる．

　上式 (1.1) を解けば，粒子緩和時間 $\tau = \frac{2\rho a^2}{9\mu}$ を用いて，$U = U_0 e^{-\frac{t}{\tau}}$ とな
る．最終的な到達距離 X_0 はこれを積分することで，$X = \int_0^\infty U\,dt = U_0\tau$ と
求まる．これらに実際の数値，$a = 10\,\mu\text{m}$, $U_0 = 30\,\mu\text{m/s}$ を代入して計算す
ると，緩和時間は $\tau \sim 2 \times 10^{-5}\,\text{s}$, 到達距離は $X_0 \sim 6 \times 10^{-10}\,\text{m} = 0.6\,\text{nm}$ と
わずか分子数個程度である．すなわち，初期時刻の遊泳スピードは瞬時に失わ
れ，直ちに止まってしまうのである．このことは，移動するためには，常に推
進力を生み続けなければならず，生物の場合，これは絶えず変形を繰り返さな
ければならないことを意味している．これからも細胞スケールにおける粘性効
果の重要性，および慣性の効果がほとんど現れないことがわかる．

　このように，$Re \lesssim 1$ の微生物の世界では，慣性の効果を無視する近似が，運
動を記述する良い数理モデルを与える．この，慣性の効果をゼロにする極限で

は，力は速度に比例し，ニュートン以前のアリストテレス力学が成立[11]しているといえる．我々の日常スケールでは当然慣性が支配的であり，ニュートン力学に馴染んだ我々の感覚がしばしば通用しないことも，面白さの1つである．

ミクロのスケールでは，粘性抵抗が強く働き，何でもすぐに動きが止まってしまう静の世界を想像するかもしれないが，拡散の効果によって世界はずっとダイナミックである．物質の拡散は，熱ゆらぎの効果によるもので，拡散係数を D を定数として物質濃度場 $c(x,t)$ は拡散方程式

$$\frac{\partial c}{\partial t} = D\frac{\partial^2 c}{\partial x^2} \tag{1.2}$$

で記述できる．水中の酸素や二酸化炭素，アミノ酸のような低分子の物質で $D \sim 10^{-9}\,\mathrm{m^2/s}$．グルコースやスクロースのような糖類で $D \sim 5 \times 10^{-10}\,\mathrm{m^2/s}$．タンパク質では $D \sim 10^{-11} - 10^{-10}\,\mathrm{m^2/s}$ である．拡散する距離スケールは $x = \sqrt{2Dt}$ で表されるので，例えばグルコースの場合では $a = 10\,\mu\mathrm{m}$ の距離まで拡散する時間は $t = 10^{-2}\,\mathrm{s}$ となり極めて速い．

もちろん，微生物自身もブラウン運動で拡散する．**アインシュタイン**（Einstein）**の関係式**[12]によると，拡散係数はストークスの法則を用いて，

$$D = \frac{k_\mathrm{B}T}{6\pi\mu a} \tag{1.3}$$

と表される．ここで，k_B はボルツマン定数，$k_\mathrm{B} \simeq 1.38 \times 10^{-23}\,\mathrm{m^2/s^2 \cdot K}$，であり，$T$ は温度である．$a = 10\,\mu\mathrm{m}$ として $T \sim 3 \times 10^2\,\mathrm{K}$ と式 (1.3) を用いて同様に拡散の速度を求める．すると $a = 10\,\mu\mathrm{m}$ の距離まで拡散する時間は $t \sim 2 \times 10^3\,\mathrm{s}$ となり，遊泳の時間スケールに比べて十分ゆっくりであり，ブラウン運動はほとんど無視できる．しかし，$a = 1\,\mu\mathrm{m}$ まで小さくなれば，a の距離だけ拡散する時間は $t \sim 2\,\mathrm{s}$ となるためブラウン運動の効果が無視できなくなる．さらに粒子サイズが小さくなれば，ブラウン運動の効果が大きくなり拡散現象が支配的になってくる．

注 1.1 ストークスの法則は流体中の球に働く抵抗係数を与えるものである

---

[11] 例えば，有名なゼノンの「飛ぶ矢のパラドックス」は，緩和時間 τ をゼロにする極限で生じる．

[12] 6.2.1 節で詳しく述べる．

が，水の運動を連続体として記述できるスケールについてコメントしておこ
う．連続体近似は，構成分子の平均自由行程より十分大きければよいが，水の
場合にはこれは水分子の大きさ ～ 0.1 nm と同程度になるので，流体粒子とし
て 10 nm の大きさのものを考えれば十分である．水の流体力学的な取扱いは
DNA やタンパク質のスケール以上で妥当であろう．

　このように，微生物の世界では，細胞外部の分子やタンパク質は拡散によっ
て自身のサイズよりずっと遠くまで輸送される．例えばバクテリアの場合に
は，このような分子を数分子単位で感知して細胞内部の分子モーターの動きを
制御し，巧みに自身の好ましい環境へ遊泳することができる．このような化学
物質に対する生物の移動は走化性と呼ばれ，大腸菌をモデルケースに半世紀に
わたって調べられてきた．バクテリア以外の微生物や細胞も同様に多くの分子
を感じ取り行動することで，自然界のみならず我々の体内でうまく生きてい
る．その他に，環境からの物理的な刺激も生物の行動や生態に大きく影響を与
えており，例えば植物性のプランクトンは光の刺激に応答して移動し，重力や
磁場を感じる細胞もいる．そして，外部の刺激には，海洋や海流といった背景
場としての流れ場や，他の生き物や微生物が作った流れ場も含まれる．拡散す
る化学物質がどのように流れ場によってかき混ぜられるかといった問題も重要
である．このようなダイナミックな微生物の世界を考察する上で必要となる流
体力学の理論的側面を中心に，次章以降基本的な事柄から話を進めていく．

第2章

基 礎 方 程 式

　本章では，流体力学の基本的な内容を復習したのちに，微生物流体力学の基礎方程式を導入する．特に低レイノルズ数流れを記述するストークス方程式の基本的な性質をまとめておく．

2.1　流体の基礎方程式

2.1.1　連続体の運動

　本書で扱う物質とは，アボガドロ数オーダーの分子の巨視的な振舞いに注目したマクロな対象である．原子や分子のスケールの性質が直接的にはマクロスケールの性質に影響を与えない場合には，マクロな変数で閉じた理論体系（数理モデル）は現象の良い記述となる．このように，「どれだけ拡大していっても全体と同じような構造を持つことを仮定した物質」を**連続体**と呼び，弾性体や**流体**という概念は連続体の範疇にある．連続体の運動を統一的に扱う理論体系が連続体力学であり，**流体力学**もこの中に含まれる．

　流体中の微生物の運動を議論する際，流体の運動方程式に加え，流体中の物体の運動方程式を考える必要がある．流体も，流体中の物体も連続体であるとして，連続体力学の復習をしながら，これらの運動方程式を考えよう．流体力学の基礎方程式に関する内容が既知の読者は，2.1.4 節まで読み飛ばしても構わない．

　連続体物質（continuum body）は 3 次元ユークリッド空間 $\mathbb{R}^3$ 内の滑らかな領域[1]B であり，以下に述べるように体積と質量密度が定義できるとする．$x \in B$ を**物質点**（material point）といい，集合 B のことを**物質配置**（material configuration）という．B の内部領域 Ω に対して，体積 vol[Ω] と

---

[1]境界 ∂B は区分的に滑らかで向き付け可能とし，開領域を考える．

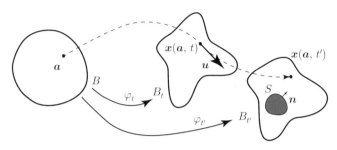

図 2.1　連続体の変形と運動.

質量 mass[Ω] を導入する. 体積は, vol[Ω] = $\int_\Omega dV_{\boldsymbol{x}}$ であり, 質量は**質量密度** (mass density) ρ によって mass[Ω] = $\int_\Omega \rho(\boldsymbol{x}) \, dV_{\boldsymbol{x}}$ で表される. これより, 重心は $\boldsymbol{X} = \frac{1}{\text{mass}[\Omega]} \int_\Omega \boldsymbol{x}\rho(\boldsymbol{x}) \, dV_{\boldsymbol{x}}$ と書ける. 物質の全体積は $V = \text{vol}[B]$, 全質量は $m = \text{mass}[B]$ である.

　物体の変形や流動を考えよう. もとの配置 B から B' への写像, $\boldsymbol{\varphi} : B \to B'$ は**変形写像** (deformation map) と呼ばれ, B は**基準配置** (reference configuration), B' は現配置 (current configuration) と言う. 基準配置としては, 例えば運動の初期時刻での配置を考えればよい. 物質点 $\boldsymbol{a} \in B$ を $\boldsymbol{a} = (a_1, a_2, a_3)$ と書いたとき, a_i ($i = 1, 2, 3$) を**物質座標**あるいは**ラグランジュ** (Lagrange) **座標** (あるいはラグランジュラベル) という. $\boldsymbol{a}$ は変形によって B' の物質点 $\boldsymbol{x} = \boldsymbol{\varphi}(\boldsymbol{a})$ に移る. これを $\boldsymbol{x} = (x_1, x_2, x_3)$, あるいは x_i ($i = 1, 2, 3$) と書き, **空間座標**, または**オイラー** (Euler) **座標**という. これを単に $\boldsymbol{x} = \boldsymbol{x}(\boldsymbol{a})$ と書くことにする.

　まずは, 連続体力学における運動とは何か確認しよう. 物体の**運動** (motion) とは, 物体の時刻に沿った連続な変形, $\boldsymbol{\varphi} : B \times [0, \infty) \to \mathbb{R}^3$ のことである. 時刻 t を止める毎に滑らかな変形 $\boldsymbol{\varphi}(\cdot, t) = \boldsymbol{\varphi}_t : B \to \mathbb{R}^3$ によって各時刻の配置 $B_t = \boldsymbol{\varphi}_t(B)$ が定まる (図 2.1). 以下, $\boldsymbol{\varphi}_0$ を恒等写像にとることにする. これにより, $\boldsymbol{\psi}_t = \boldsymbol{\varphi}_t^{-1}$ が定まり, $\boldsymbol{\psi}_t : B_t \to B$ により, 物体のラグランジュ座標 $\boldsymbol{a} = \boldsymbol{\psi}_t(\boldsymbol{x}) = \boldsymbol{\psi}(\boldsymbol{x}, t)$ が得られる. 一方, $\boldsymbol{x} = \boldsymbol{\varphi}(\boldsymbol{a}, t)$ は物質点の軌道を表す.

注 2.1　通常の連続体力学では, 変形写像は全単射で向き付けが不変であることを仮定する. すなわち, $J_{ij} = \frac{\partial \varphi_i}{\partial a_j}$ で定まる変形勾配テンソル (deformation gradient tensor）と呼ばれる 2 階のテンソルに対して，「任意の $a \in B$ に対して $\det \mathbf{J} > 0$」が成り立つ[2]．

実際の連続体物質は，**質量保存則**や**運動量保存則**といった力学法則に基づいており，そこから得られる**運動方程式**に従って（一般には）変形を伴って移動する．特に，変形をしない剛体運動の場合には**ニュートン–オイラー**（Newton–Euler）**の運動方程式**に従うことを思い出そう．物体の運動量を P，空間に固定されたある点 x_0 まわりの角運動量を L と書けば，これらの時間変化はそれぞれ物体に働く力 F と x_0 まわりのトルク（力のモーメント）M である．すなわち，

$$\frac{dP}{dt} = F, \quad \frac{dL}{dt} = M \tag{2.1}$$

である．

剛体運動に対するニュートン–オイラーの運動方程式では通常，力やトルクは物体の外部から働いていることを想定している．しかし，一般の連続体物質を考える際には物体の内部にも力が働いていることに注意しないといけない．このような内部力も変形を生み出しているからである．力には，重力や電磁力のような接触を伴わない力があり，これらは**体積力**と呼ばれる．単位質量あたりの体積力を b と書けば，B 内の任意の領域 Ω に対して，体積力による力と x_0 まわりのトルクはそれぞれ

$$f_b[\Omega] = \int_\Omega \rho(x)\,b(x)\,dV_x, \quad m_b[\Omega] = \int_\Omega (x - x_0) \times [\rho(x)\,b(x)]\,dV_x \tag{2.2}$$

である[3]．一方，接触を伴い，面に対して働く力を**面積力**という．これには流体力も含まれる．S を B 内の任意の向き付き可能平面としたとき，法線ベクトル n が定まる．通常 n は表面に対して外向きにとる（図 2.1）．表面 S に働く単位面積あたりの力を t_n で表し，これは**表面力**[4]（traction）と呼ばれる．コーシー（Cauchy）は x での応力がその場所での法線ベクトル n だけで定ま

---

[2]本書では混乱がないと思われる箇所については，ベクトルおよびテンソルとそのデカルト座標系での成分表示を同一視する．

[3]体積積分 dV_x の添字は変数 x に対する積分を表す．以降，明らかな場合には省略する．

[4]応力ベクトル（stress vector）あるいは，単に応力と呼ぶこともある．

ると仮定し，$t = t(n(x), x)$ と表されるとした．これをコーシーの応力原理という．これより，S に働く面積力による力とトルクは，

$$f_s[S] = \int_S t\, dS_x, \quad m_s[S] = \int_S (x - x_0) \times t\, dS_x \tag{2.3}$$

となる．ここで，dS_x は面積要素である．これらを使って，物体に働く力と点 x_0 まわりのトルクは，体積力と面積力の和であるから，

$$F = f[B] = f_b[B] + f_s[\partial B], \quad M = m[B] = m_b[B] + m_s[\partial B] \tag{2.4}$$

で表される．

　変形物体の速度は，どのように表されるだろうか．ある物質点 $a \in B$ の軌跡は $x(a, t)$ で与えられるので，その速度は $u(a, t) = \frac{\partial}{\partial t} x(a, t)$ で与えられる．ここで，t による微分が a を固定したときの微分であることを明示するために，∂ の代わりに D を用いて $u = \frac{D}{Dt} x$ と書く．これを**物質微分**あるいは**ラグランジュ微分**という．また，これを速度場の**ラグランジュ表示**という．同様に加速度は $\frac{D^2}{Dt^2} x(a, t) = \frac{D}{Dt} u(a, t)$ で与えられる．後に見るように，流体の記述の場合，ラグランジュ表示よりもオイラー表示のほうが便利な場合が多い．すなわち，速度場であれば，

$$u(x, t) = \left[\frac{D}{Dt} x(a, t) \right]_{a = \psi(x, t)}$$

とオイラー座標 x と時刻 t で表したい．これは，物質点 x を追った速度ではなく，ある空間上の点 $x \in B'$ での流速を表現している．この座標系の取り替えの公式を次にまとめておこう．

定理 2.1（ラグランジュ微分）　$u(x, t)$ を速度場のオイラー表示とする．このとき，オイラー表示のスカラー関数 $\phi(x, t)$ とベクトル値関数 $w(x, t)$ を用いて，ラグランジュ表示の時間微分はそれぞれ

$$\frac{D\phi}{Dt} = \frac{\partial \phi}{\partial t} + u \cdot \nabla \phi, \quad \frac{Dw}{Dt} = \frac{\partial w}{\partial t} + u \cdot \nabla w. \tag{2.5}$$

証明　まずスカラー関数の場合について考える．$x = x(a, t)$ に注意して，多変数関数の微分公式を使えば，

$$\frac{D}{Dt}\phi(\boldsymbol{x}(\boldsymbol{a},t),t) = \frac{\partial \phi}{\partial t}(\boldsymbol{x},t) + \frac{Dx_i(\boldsymbol{a},t)}{Dt} \cdot \frac{\partial}{\partial x_i}\phi(\boldsymbol{x},t)$$

となり，(2.5) 式の 1 つ目の式が得られる．繰り返しの添え字については，1 から 3 までの和をとるアインシュタインの記法を用いる．ベクトル値関数に関しても同様．■

2.1.2　連続体の基礎方程式

この節では，弾性体や流体に限定せず，連続体の運動の時間発展を記述する基本法則についてまとめておく．**質量保存則**，**運動量保存則**，**角運動量保存則**，**エネルギー保存則**の 4 つである．これらの保存則を連続体力学では「公理」として認める．それぞれの保存則から得られる時間発展方程式を導くために次の**レイノルズの輸送定理**（Reynolds' transport theorem）を準備しておく．特に，生物流体力学においては，流体領域の形状が時間的に変化することに注意する．

定理 2.2（レイノルズの輸送定理）　連続体の運動に対して，$\boldsymbol{u}(\boldsymbol{x},t)$ を速度場のオイラー表示とする．時刻 t での任意の領域 $\Omega_t \subseteq B_t$ で，任意のスカラー場 $\phi(\boldsymbol{x},t)$ に対して，次が成り立つ．

$$\frac{d}{dt}\int_{\Omega_t} \phi \, dV_{\boldsymbol{x}} = \int_{\Omega_t}\left[\frac{D\phi}{Dt} + \phi(\nabla \cdot \boldsymbol{u})\right] dV_{\boldsymbol{x}} \tag{2.6}$$

$$= \int_{\Omega_t} \frac{\partial \phi}{\partial t} \, dV_{\boldsymbol{x}} + \int_{\partial\Omega_t} \phi(\boldsymbol{u}\cdot\boldsymbol{n}) \, dS_{\boldsymbol{x}}. \tag{2.7}$$

ここで，$\boldsymbol{n}$ は $\partial\Omega_t$ の外向き法線ベクトルである．

証明　$\boldsymbol{x} = \boldsymbol{x}(\boldsymbol{a},t)$ を変数 $\boldsymbol{a}$ から $\boldsymbol{x}$ への変数変換だと見なせば，式 (2.6) の左辺は基準配置 B での積分に置き換えられる．$dx_i = \frac{\partial x_i}{\partial a_k}da_k$ と変換できるので，変形勾配テンソル $J_{ij} = \frac{\partial x_i}{\partial a_j}$ を用いれば，

$$\int_{\Omega_t} \phi(\boldsymbol{x},t) \, dV_{\boldsymbol{x}} = \int_{\Omega_0} \phi(\boldsymbol{x}(\boldsymbol{a},t),t) \det\mathbf{J} \, dV_{\boldsymbol{a}}. \tag{2.8}$$

ここで，$\det\mathbf{J}$ はヤコビ行列式[5]になっていることに注意．式 (2.8) の両辺を t

---

[5]式 (2.8) では向き付けが変化しない，という条件を用いている．

で微分すれば, 右辺は領域 Ω_0 が時間に依存しないので,

$$\frac{d}{dt} \int_{\Omega_t} \phi \, dV_{\boldsymbol{x}} = \int_{\Omega_0} \frac{D}{Dt} \left[\phi(\boldsymbol{a}, t) \det \mathbf{J} \right] dV_{\boldsymbol{a}}$$

$$= \int_{\Omega_0} \left[\frac{D\phi(\boldsymbol{a}, t)}{Dt} \det \mathbf{J} + \phi(\boldsymbol{a}, t) \frac{D\det \mathbf{J}}{Dt}(\boldsymbol{a}, t) \right] dV_{\boldsymbol{a}}. \quad (2.9)$$

ここで, 行列式の微分公式を考える. $\mathbf{A}(t)$ を正方行列とすれば

$$\frac{d}{dt} \det \mathbf{A}(t) = \det \mathbf{A} \cdot \mathrm{tr} \left(\frac{d\mathbf{A}}{dt} \mathbf{A}^{-1} \right) \quad (2.10)$$

が成り立つ. ここで, $\frac{DJ_{ij}}{Dt} = \frac{D}{Dt} \frac{\partial x_i}{\partial a_j} = \frac{\partial}{\partial a_j} \frac{Dx_i}{Dt} = \frac{\partial u_i}{\partial a_j} = \frac{\partial u_i}{\partial x_k} \frac{\partial x_k}{\partial a_j}$ であること に注意すれば, $\mathrm{tr}\left(\frac{d\mathbf{J}}{dt} \mathbf{J}^{-1} \right) = \frac{\partial u_i}{\partial x_k} \frac{\partial x_k}{\partial a_j} \frac{\partial a_j}{\partial x_i} = \nabla \cdot \boldsymbol{u}$. これと式 (2.10) から, 式 (2.9) を変形すれば,

$$\frac{d}{dt} \int_{\Omega_t} \phi \, dV_{\boldsymbol{x}} = \int_{\Omega_0} \left[\frac{D\phi(\boldsymbol{a}, t)}{Dt} \det \mathbf{J} + \phi(\boldsymbol{a}, t)(\det \mathbf{J})(\nabla \cdot \boldsymbol{u}) \right] dV_{\boldsymbol{a}}$$

$$= \int_{\Omega_0} \left[\frac{D\phi(\boldsymbol{a}, t)}{Dt} + \phi(\boldsymbol{a}, t)(\nabla \cdot \boldsymbol{u}) \right] \det \mathbf{J} \, dV_{\boldsymbol{a}}$$

$$= \int_{\Omega_t} \left[\frac{D\phi(\boldsymbol{x}, t)}{Dt} + \phi(\boldsymbol{x}, t)(\nabla \cdot \boldsymbol{u}) \right] dV_{\boldsymbol{x}}$$

を得る. ここで最後の等式は積分変数の変換を行っている. 2 つ目の等式 (2.7) は, さらにラグランジュ微分の公式 (2.5) を使って,

$$\int_{\Omega_t} \left[\frac{\partial \phi}{\partial t} + \boldsymbol{u} \cdot \nabla \phi + \phi(\nabla \cdot \boldsymbol{u}) \right] dV_{\boldsymbol{x}} = \int_{\Omega_t} \left[\frac{\partial \phi}{\partial t} + \nabla \cdot (\phi \, \boldsymbol{u}) \right] dV_{\boldsymbol{x}}$$

と変形した後にガウスの発散定理を用いればよい. ∎

注 2.2 行列式の微分公式 (2.10) について述べておこう. $\det \mathbf{A}(t + \delta t) = \det\left(\mathbf{A} + \frac{d\mathbf{A}}{dt} \delta t + O\left((\delta t)^2\right) \right) = \det(\mathbf{A}(\mathbf{I} + \mathbf{A}^{-1} \frac{d\mathbf{A}}{dt} \delta t)) + O\left((\delta t)^2\right)$ と変形できる. ここで $\mathbf{I}$ は単位行列である. $\mathbf{B} = \mathbf{A}^{-1} \frac{d\mathbf{A}}{dt} \delta t$ とすると, $\det \mathbf{A}(t + \delta t) = \det \mathbf{A}(t) \cdot \det\left(\mathbf{I} + \mathbf{B}(t) + O\left((\delta t)^2\right) \right)$. $\mathbf{B} = O(\delta t)$ に注意すれば, $\det(\mathbf{I} + \mathbf{B}) = 1 + \mathrm{tr}\,\mathbf{B} + O\left((\delta t)^2\right)$. よって, $\frac{d}{dt} \det \mathbf{A} = \det \mathbf{A} \cdot \mathrm{tr}\,\mathbf{B}$.

以上の準備の下, 保存則から得られる時間発展方程式を導く. 本書では流体運動の記述を最終的な目標としているので, オイラー表示で導出を行う. 弾性体の場合にはラグランジュ表示のほうが便利なことが多い.

公理 2.1（質量保存則） 連続体の運動に対して，時刻 t での任意の領域 $\Omega_t \subseteq B_t$ での質量は保存する．

$$\frac{d}{dt}\mathrm{mass}[\Omega_t] = 0.$$

定理 2.3（連続の式） 質量保存則から，次の**連続の式**（あるいは**連続方程式**）と呼ばれる質量密度 ρ の時間発展方程式が得られる．

$$\frac{\partial \rho}{\partial t} + \boldsymbol{u} \cdot \nabla \rho = -\rho \nabla \cdot \boldsymbol{u} \quad \text{あるいは} \quad \frac{\partial \rho}{\partial t} + \nabla \cdot (\rho \boldsymbol{u}) = 0. \qquad (2.11)$$

証明 レイノルズの輸送定理 (2.6) に $\phi = \rho(\boldsymbol{x})$ を適用すれば，$\mathrm{mass}[\Omega_t] = \int_{\Omega_t} \rho(\boldsymbol{x}, t)\, dV_{\boldsymbol{x}}$ なので，

$$\int_{\Omega_t} \left[\frac{D\rho}{Dt} + \rho(\nabla \cdot \boldsymbol{u}) \right] dV_{\boldsymbol{x}} = 0$$

となる．任意の Ω_t に対して成り立つので，任意の $\boldsymbol{x} \in B_t$ で $\frac{D\rho}{Dt} + \rho(\nabla \cdot \boldsymbol{u}) = 0$ が成り立つ．ラグランジュ微分の公式を用いると，これは (2.11) の第 1 式に等しい．第 2 式は $\nabla \cdot (\rho \boldsymbol{u}) = \boldsymbol{u} \cdot \nabla \rho + \rho \nabla \cdot \boldsymbol{u}$ より従う．■

注 2.3 変数が十分滑らかであればよい．次の**局所化定理**（localization theorem）が便利である．ここで，局所化定理とは「関数 $\phi : B \to \mathbb{R}$ が連続な場合，$\int_{\Omega_t} \phi\, dV = 0$ が任意の開領域 $\Omega_t \subseteq B$ について成立するならば，任意の $\boldsymbol{x} \in B$ で $\phi(\boldsymbol{x}) = 0$ が成り立つ」ことである．背理法を使えば次のように示される．「ある $\boldsymbol{x}_0$ で $\phi(\boldsymbol{x}_0) = 2\delta > 0$, が成り立つと仮定すれば，$\Omega_t$ を $\boldsymbol{x}_0$ まわりの半径 δ の球で取れば，そこでの積分は $\delta \cdot \mathrm{vol}[\Omega_t] > 0$ で下からおさえられる．$\delta < 0$ でも同様に積分が負の値になることが分かり，仮定に矛盾する．」

公理 2.2（運動量保存則） 連続体の運動に対して，時刻 t での任意の領域 $\Omega_t \subseteq B_t$ での運動量は保存する．

$$\frac{d}{dt}\boldsymbol{P}[\Omega_t] = \boldsymbol{F}[\Omega_t].$$

連続体の運動量保存則から，連続体力学の中心的な定理であるコーシーの基本定理（Cauchy's fundamental theorem）が得られる．ここでは紙面の都合

で証明は割愛する. 標準的な連続体力学, および流体力学の教科書 [49], [134] を参照されたい.

定理 2.4（コーシーの基本定理） 応力ベクトル $\boldsymbol{t}$ は応力テンソル（stress tensor）と呼ばれる 2 階のテンソル $\sigma_{ij}(\boldsymbol{x}, t)$ を用いて, $t_i = \sigma_{ij} n_j$ と表される. 応力テンソルは単に応力と呼ばれることも多い.

定理 2.5（コーシーの運動方程式） 連続体における運動量保存則から次のコーシーの運動方程式と呼ばれる時間発展方程式

$$\rho \left[\frac{\partial u_i}{\partial t} + u_j \frac{\partial u_i}{\partial x_j} \right] = \frac{\partial \sigma_{ij}}{\partial x_j} + \rho b_i \tag{2.12}$$

が得られる.

証明 レイノルズの輸送定理は, ベクトル値関数にもすぐに拡張できる. $\Omega_t \subseteq B$ の運動量は $\boldsymbol{P}[\Omega_t] = \int_{\Omega_t} \rho(\boldsymbol{x}, t) \boldsymbol{u}(\boldsymbol{x}, t) \, dV_{\boldsymbol{x}}$ であるからこれにレイノルズの輸送定理を用いる. すると, 連続の式 (2.11) を使えば,

$$\frac{d}{dt} \int_{\Omega_t} \rho \boldsymbol{u} \, dV_{\boldsymbol{x}} = \int_{\Omega_t} \left[\frac{D\rho}{Dt} \boldsymbol{u} + \rho \frac{D\boldsymbol{u}}{Dt} + \rho \boldsymbol{u}(\nabla \cdot \boldsymbol{u}) \right] dV_{\boldsymbol{x}}$$
$$= \int_{\Omega_t} \left[-\rho(\nabla \cdot \boldsymbol{u})\boldsymbol{u} + \rho \frac{D\boldsymbol{u}}{Dt} + \rho \boldsymbol{u}(\nabla \cdot \boldsymbol{u}) \right] dV_{\boldsymbol{x}} \tag{2.13}$$

となり, これは $\int_{\Omega_t} \rho \frac{D\boldsymbol{u}}{Dt} \, dV_{\boldsymbol{x}}$ に一致する. 一方, $\boldsymbol{F}[\Omega_t]$ は, (2.4) 式より面積力と体積力の和であるから,

$$F_i[\Omega_t] = \int_{\partial \Omega_t} t_i \, dS_{\boldsymbol{x}} + \int_{\Omega_t} \rho b_i \, dV_{\boldsymbol{x}} = \int_{\Omega_t} \left(\frac{\partial \sigma_{ij}}{\partial x_j} + \rho b_i \right) dS_{\boldsymbol{x}} \tag{2.14}$$

となる. ここで, コーシーの定理 $t_i = \sigma_{ij} n_j$ とガウスの発散定理を用いた. ここでも任意の Ω_t に対して成り立つので, (2.12) 式を得る. ■

また, 証明は省略するが, 角運動量保存則[6]から次が従う.

定理 2.6（応力テンソルの対称性） 角運動量保存則 $\frac{d}{dt} \boldsymbol{L}[\Omega_t] = \boldsymbol{M}[\Omega_t]$ から応力テンソルが対称であること, すなわち $\sigma_{ij} = \sigma_{ji}$ がわかる.

---

[6] 力による角運動量しか存在しないこと, すなわち内部角運動量がないことを仮定する.

エネルギー保存則は，上記の保存則と同様，時刻 t での任意の領域 $\Omega_t \subseteq B_t$ に対するエネルギー収支の関係式である．一般にはエネルギー保存則，および状態方程式がないと連続体の運動は記述されない．状態方程式は熱力学的な量の間の関係として与えられ，例えば，圧力 p，密度 ρ，温度 T の間の関係式 $f(p,T,\rho) = 0$ の形で与えられる．しかし，温度の変化が無視できる場合には，エネルギー収支の関係式は運動の方程式と分離されている．音速より十分遅い日常レベルでの水や空気の流体運動に対しては「$\rho(\boldsymbol{x},t) = \rho$ は一定」という**非圧縮条件**を課しても良く，この場合も，熱的な関係式は流体運動と独立に定まる．また，次はすぐ分かる．

定理 2.7 非圧縮条件が成り立つとき，連続の式は $\nabla \cdot \boldsymbol{u} = 0$ となる．

2.1.3 ナビエ-ストークス方程式

これまで，弾性体・流体の区別なく連続体の運動一般を考えてきた．この節では，生物の周りにある流体の運動を記述する方程式を考えよう．弾性体や流体といった物質の情報は物質の応答の仕方である応力テンソル σ_{ij} で決まっている．応力テンソルの関数系を定める式を**構成方程式**（あるいは**構成式**，constitutive relation）という．

水や空気のような流体の運動は，**ニュートン流体**と呼ばれる数理モデルが運動をよく記述する．ニュートン流体の構成方程式は非圧縮条件の下で，$\sigma_{ij} = -p\delta_{ij} + 2\mu E_{ij}$ の形で与えられる．ここで，δ_{ij} はクロネッカーのデルタ，$E_{ij} = \frac{1}{2}\left(\frac{\partial u_i}{\partial x_j} + \frac{\partial u_j}{\partial x_i}\right)$ は**歪み速度テンソル**（rate-of-strain tensor）あるいは変形速度テンソル（rate-of-deformation tensor）と呼ばれる対称テンソルである．μ は**粘性係数**と呼ばれる物質定数であり，スカラー関数 p は圧力である．

定理 2.8（非圧縮ナビエ-ストークス方程式） 非圧縮条件の下で，ニュートン流体の運動は次の**非圧縮ナビエ-ストークス方程式**に従う．

$$\rho\left[\frac{\partial \boldsymbol{u}}{\partial t} + \boldsymbol{u} \cdot \nabla\boldsymbol{u}\right] = -\nabla p + \mu\nabla^2\boldsymbol{u} + \rho\boldsymbol{b}. \tag{2.15}$$

これを単にナビエ-ストークス方程式と呼ぶことも多い．ここで $\nabla^2 = \nabla \cdot \nabla$ はラプラシアンである．

証明　$\frac{\partial \sigma_{ij}}{\partial x_j} = -\frac{\partial p}{\partial x_i} + \mu \frac{\partial^2 u_i}{\partial x_j^2} + \mu \frac{\partial}{\partial x_i}\frac{\partial u_j}{\partial x_j}$ となるので，$\nabla \cdot \boldsymbol{u} = 0$ に注意して
コーシーの運動方程式 (2.12) に代入すれば，(2.15) が得られる．■

　粘性係数がゼロの流体，すなわち構成式が $\sigma_{ij} = -p\delta_{ij}$ となっているものを
非粘性流体といい，その運動方程式は**オイラー方程式**という．これは，1750 年
代にオイラーがはじめて流体の運動を数学的に定式化したことに由来する．こ
の場合，外力 $\boldsymbol{b}$ が存在しなくても，ある方向（これを x 軸とする）に流れる定
常な速度場 $\boldsymbol{u} = U(x)\boldsymbol{e}_x$ は圧力を $p = -\frac{1}{2}\rho U^2$ とすれば，オイラー方程式

$$\rho\left[\frac{\partial \boldsymbol{u}}{\partial t} + \boldsymbol{u} \cdot \nabla \boldsymbol{u}\right] = -\nabla p \tag{2.16}$$

を満たしていることがわかる．ただし，$\boldsymbol{e}_x$ は x 軸を表す単位ベクトルである．
　式 (2.15) の右辺第 2 項は粘性による応力を表している．粘性の効果はニュー
トン流体に名を残すニュートンがその考察のはじまりだとも言われているが，
現在ナビエ–ストークス方程式として知られているこの粘性流体の方程式は
1840 年代にストークスによって導かれた（発見したのはナビエ（1827）とい
うことになっている）．しかし，ナビエ–ストークス方程式が粘性流体の良い数
理モデルであることは，その後の 19 世紀後半にレイノルズをはじめとした実
験や理論が進むことで認識されたことに注意したい．
　偏微分方程式 (2.15) を解くにあたっては，初期条件と境界条件が必要であ
る．生物表面のような固体壁面での境界条件は通常，**滑りなし境界条件**（粘着
境界条件）を用いる．すなわち，境界での速度場 $\boldsymbol{u}$ は壁面の速度 $\boldsymbol{u}_s$ に一致
して，

$$\boldsymbol{u} = \boldsymbol{u}_s(\boldsymbol{x}, t). \tag{2.17}$$

が成り立つ．
　非圧縮ナビエ–ストークス方程式は細胞スケールから大気スケールまで幅広
い現象に現れる水や空気の運動を非常に良く記述する．しかし，これまでの導
出過程で見てきたように，ナビエ–ストークス方程式は極めて限定的な構成式
をもつニュートン流体にしか適用できない．ニュートン流体でない流体はまと
めて**非ニュートン流体**と呼ばれるが，粘性係数を $\mu = \mu(E_{ij})$ のように非線形
の関数で表した数理モデルである一般化ニュートン流体や，構成式に遅延効果

（過去の履歴効果）をもつ粘弾性流体などがある．特に生体内の流体運動を考える場合には，流体中に含まれる生体高分子の影響により，このような粘弾性を無視できない場合もしばしば起こり，ニュートン流体では記述できない流体現象[7]も少なくない．

ここでは天下り的に流体の構成式を導入した．構成方程式が満たすべき対称性や，対称性に基づく連続体の分類などの体系は有理力学（rational mechanics）として，1950年代から整備されてきた．その全体像については文献[47], [139], [140] を参照されたい．また，ニュートン流体の構成方程式は，ストークスによって導出された．導出の際の仮定は (1) σ_{ij} は E_{ij} の1次関数である，(2) $E_{ij} = 0$ のとき，非粘性のオイラー方程式に一致する，(3) 構成方程式は座標系の回転に対して不変（流体の等方性）である，の3つである．詳細は流体力学の標準的な教科書[49], [134]，および数学者向けの導出[105] を参照されたい．

2.1.4　微生物流体力学の基礎方程式

水のようなニュートン流体の運動は，前節で導出した非圧縮のナビエ-ストークス方程式に従う．

$$\rho \left[\frac{\partial u_i}{\partial t} + u_j \frac{\partial u_i}{\partial x_j} \right] = \frac{\partial \sigma_{ij}}{\partial x_j} + \rho b_i. \tag{2.18}$$

ただし，速度場は非圧縮条件 $\nabla \cdot \boldsymbol{u} = 0$ を満たす．ニュートン流体の応力テンソルは $\sigma_{ij} = -p\delta_{ij} + \mu \left(\frac{\partial u_i}{\partial x_j} + \frac{\partial u_j}{\partial x_i} \right)$ で与えられる．ここで μ は粘性係数と呼ばれる物質定数であり，水の場合 $\mu \sim 10^{-3}\,\mathrm{Pa\cdot s}$ である．

具体的な状況として，生物 O が水中で自ら変形を行うことにより自己推進している系を考えよう（図 2.2 (a)）．生物 O の代表的な長さの値を L，代表的な速さの値（例えば遊泳の速さ）を U，系の代表的な時間の値（今の場合，生物の変形の周期）を T とする．式 (2.18) をこれらの代表値を用いて無次元化しよう．今，外力 $\boldsymbol{b}$ がない（$\boldsymbol{b} = \boldsymbol{0}$）とする．応力テンソルが $\frac{\mu U}{L}$ の次元であることに注意して，無次元物理量に $*$ をつけて表記すると，$u_i = U u_i^*$, $x_i = L x_i^*$, $t = T t^*$, $\sigma_{ij} = \frac{\mu U}{L} \sigma_{ij}^*$ となる．これを式 (2.18) に代入すれば，

---

[7]非ニュートン流体については，7.1.4 節でも触れる．

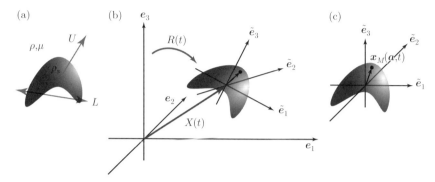

図 2.2 (a) 流体中を自己推進する生物 O, (b) 慣性座標系 $\{e_i\}$ と
(c) 物体座標系 $\{\tilde{e}_i\}$.

$$
\frac{\rho U}{T}\frac{\partial u_i^*}{\partial t^*} + \frac{\rho U^2}{L}u_j^*\frac{\partial u_i^*}{\partial x_j^*} = \frac{\mu U}{L^2}\frac{\partial \sigma_{ij}^*}{\partial x_j^*} \tag{2.19}
$$

を得る. ここで, **レイノルズ数**（Reynolds number）$Re = \frac{\rho U L}{\mu}$ と**ストローハル数**（Strouhal number）$St = \frac{L}{UT}$ を定める. すると式 (2.19) は,

$$
Re \cdot St \frac{\partial u_i^*}{\partial t^*} + Re\, u_j^*\frac{\partial u_i^*}{\partial x_j^*} = \frac{\partial \sigma_{ij}^*}{\partial x_j^*} \tag{2.20}
$$

となる. Re と St の積, $Re_\omega = Re \cdot St = \frac{\rho L^2}{\mu T}$ は振動レイノルズ数 (oscillatory Reynolds number) とも呼ばれる.

2.1.3 節で見たように, 微生物のまわりの流れにおいて, 左辺の慣性の効果に比べて, 右辺の粘性の効果が支配的である[8]. 実際, 多くの微生物運動において, レイノルズ数, 振動レイノルズ数ともに小さく, 式 (2.20) の左辺の 2 つの項をなくした方程式, $\frac{\partial \sigma_{ij}}{\partial x_j} = 0$ が流体運動をよく記述する. 具体的に書けば

$$
\mu \nabla^2 \boldsymbol{u} = \nabla p \tag{2.21}
$$

であり, これを**定常ストークス方程式**, あるいは単に**ストークス方程式**という.

---

[8] 2.1.3 節の非粘性流のオイラー方程式 (2.16) の箇所で述べた通り, 粘性効果が小さい高レイノルズ数流れの場合, 圧力は ρU^2 の次元をもつ. 無次元化した際の圧力勾配による力と粘性力の比は Re となる. ここでは, 粘性力が支配的であることを用いている.

注 2.4 ナビエ–ストークス方程式の近似としてのストークス方程式には，数学的な問題点があることが知られており，特に物体まわりの流れの問題（外部問題）に対しては，物体の遠方で，その近似が悪くなる．それでも，ストークス方程式の解はナビエ–ストークス方程式の第1近似を与えることが理解されており，基本的には Re, R_ω が小さくなるほど，その近似は良くなる．実用的には，$Re, R_\omega \lesssim 1$ であれば実験結果を十分に説明する「良い」数理モデルだ，と考えるべきであろう．

注 2.5 鞭毛や繊毛の運動の時間周期は 10–100 Hz に達し，$R_\omega \gtrsim 1$ となる場合もしばしば現れる．ナビエ–ストークス方程式から非線形項のみをなくした方程式，$\rho \frac{\partial \boldsymbol{u}}{\partial t} = -\nabla p + \mu \nabla^2 \boldsymbol{u}$ を**非定常ストークス方程式**という．微小な非線形項の効果も含めて，これら慣性項の影響については 7.2.1 節でも触れる．

次に，生物を連続体と考え，その運動方程式（コーシーの運動方程式）を考えよう．生物の内部で定義される応力などの場の量を $\tilde{\sigma}_{ij}(\boldsymbol{x}, t)$ のようにチルダをつけることにし，その他の力が働かないとすれば，

$$\tilde{\rho} \frac{D\tilde{u}_i}{Dt} = \frac{\partial \tilde{\sigma}_{ij}}{\partial x_j}. \tag{2.22}$$

この式を同様に無次元化をすると，

$$Re_s \frac{D\tilde{u}_i^*}{Dt^*} = \alpha \frac{\partial \tilde{\sigma}_{ij}^*}{\partial x_j^*}, \tag{2.23}$$

となる．ただし，$Re_s = \frac{\rho_s L}{\mu T}$ は周りの流体の粘性力に対する微生物の質量に伴う慣性力の大きさを表す無次元量[9]であり，ρ_s は微生物の平均密度である．微生物の密度は水の質量密度と通常同程度の大きさであるので，$Re_s \sim Re_\omega$ である．α は流体の粘性力を用いて無次元化した微生物の応力を表す．α を見積もるためには，微生物自身の構成則を知る必要がある．微生物は周りの流体よりも変形しづらいはずであり，$\alpha \gg 1$ であろう．例えば，細胞からなる微生物の内部もニュートン流体だと仮定した場合には，α は内外の粘性係数の比となる．これより，式 (2.22) の左辺を通常無視した

---

[9]粒子レイノルズ数，またはストークス数と呼ばれることもある．

$$\frac{\partial \tilde{\sigma}_{ij}}{\partial x_j} = 0 \tag{2.24}$$

が良い数理モデルと言える．内部からの駆動力や重力などの外部力を考える場合には，式 (2.24) の左辺にさらに項が必要となる．

一般には生物の表面 S は外部の流体やその他の外力によって時間的に変化する．慣性が無視できるので，表面の運動は内外からの応力のつりあいの式から求めるべき未知関数である．このように，境界が未知関数になっている偏微分方程式の問題を**自由境界問題**といい，特に境界が時間的に移動する場合には**移動境界問題**と呼ばれることもある．一般に，移動境界問題の数理的な取扱いは非常に難しく，さらに物体の構成則を必要とすることから，数理モデルも多岐にわたる．それゆえ，本書ではこれらの移動境界型の流体力学の一つの雛形として，境界の形の情報があらかじめ与えられた問題を考える．ここでいう形とは，境界を表す関数から並進と回転のいわゆる剛体運動の自由度を除いたものを指す．すなわち，図 2.2 (b) のように，並進と回転により，重ね合わすことのできる場合には同じ「形」として扱う．形の情報を既知関数とした流体中の遊泳の問題を指して，運動学的（kinematic）な問題と呼ぶことがある．この条件の最大の特徴は，以下に見るように，生物の構成則が数理モデルから分離される点である．

微生物の内部に起因する力は S を微生物表面としてガウスの発散定理[10]を用いて式 (2.24) を物体内部 B での体積積分に置き換えることにより，$\int_S \tilde{\sigma}_{ij} n_j \, dS_{\boldsymbol{x}} = \int_B \frac{\partial \tilde{\sigma}_{ij}}{\partial x_j} \, dV_{\boldsymbol{x}} = 0$．同様に，微生物内部からのトルクも σ_{ij} が対称テンソルであることに注意すれば同様にゼロになることがわかる．以上より，重力などの流体以外の力がなければ，生物全体に働く力は外部の流体からの力だけとなり，これはゼロである．$f_i = -\sigma_{ij} n_j$ と書けば[11]，流体から物体に働く力は $\boldsymbol{F} = \int_S \boldsymbol{f} \, dS_{\boldsymbol{x}} = \boldsymbol{0}$ である．同様に，ある固定点 $\boldsymbol{x}_0$ まわりの流体トルクの表面での和について $\boldsymbol{M} = \int_S (\boldsymbol{x} - \boldsymbol{x}_0) \times \boldsymbol{f} \, dS_{\boldsymbol{x}} = \boldsymbol{0}$ が成り立つ．これらはそれぞれ，力とトルクのつりあいの式である．以上をまとめると，以降，本書で議論する系の数理モデルの基本形は，

---

[10] 本書では考えている連続体領域の外向きに法線ベクトル $\boldsymbol{n}$ をとる．

[11] 流体領域に対して外向きに法線ベクトル $\boldsymbol{n}$ をとるため，流体から物体に働く力は流体にかかる力の反作用である．

$$\mu\nabla^2\boldsymbol{u} = \nabla p, \quad \nabla \cdot \boldsymbol{u} = 0 \ \text{in} \ \Omega \quad (\text{ストークス方程式}), \tag{2.25}$$

$$\boldsymbol{u} = \boldsymbol{u}_s \ \text{on} \ S \quad (\text{粘着境界条件}), \tag{2.26}$$

$$\boldsymbol{F} = \boldsymbol{M} = \boldsymbol{0} \quad (\text{力とトルクの釣り合い}) \tag{2.27}$$

である.生物の物体構成則を必要とせず,移動する境界を伴う流体力学の問題となっている.

注 2.6 一方で,形の情報も未知数として同時に解く場合には,生物を構成する固体(弾性体)と流体の方程式が結合した**物体構造連成問題**となっていることに注意したい.細胞スケールには DNA やアクチン,また鞭毛や繊毛など繊維状の柔らかな物質が多く,物質の弾性が重要な役割を果たしている場面も多々存在する.このような結合系は**弾性流体力学**(elastohydrodynamics)[12]と呼ばれており,近年多くの研究が進められている[13].また,細胞はしばしば膜で覆われた流体カプセルとしてモデル化されることがある.細胞の形状も未知関数として同時に解く場合には,膜の構成方程式とそこでのつりあいの式が必要になる.

さて,生物表面 S での速度 $\boldsymbol{u}_s$ は,生物の並進・回転の速度と変形速度に分離することが可能である.図 2.2 (c) にあるように,慣性座標系に加えて,生物に固定された座標系(物体座標系)を取る.物体座標系の原点の位置ベクトルを $\boldsymbol{X}$,座標系の向きを表す回転行列を $\mathbf{R}$ とし,その成分表示を R_{ij} と書こう.

命題 2.1 生物の並進速度 $\boldsymbol{U}$ と回転角速度 $\boldsymbol{\Omega}$ をそれぞれ $\boldsymbol{U} = \frac{d\boldsymbol{X}}{dt}$ と $\frac{dR}{dt} = \boldsymbol{\Omega} \times \mathbf{R}$ で定める.後者を成分で表せば,$\frac{dR_{ij}}{dt} = \epsilon_{ik\ell}\Omega_k R_{\ell j}$ である.ただし,$\epsilon_{ik\ell}$ はレビチビタ(Levi-Civita)の記号として知られる 3 階の完全反対称テンソルである.このとき,生物表面での速度 $\boldsymbol{u}_s$ は

$$\boldsymbol{u}_s = \boldsymbol{U} + \boldsymbol{\Omega} \times (\boldsymbol{x} - \boldsymbol{X}) + \boldsymbol{u}' \tag{2.28}$$

で表される.ただし,$\boldsymbol{u}'$ は生物の変形速度を表す.$\boldsymbol{x}_M$ を物体座標系での表

---

[12]定着した日本語訳があるようには思われないので直訳した.elastohydrodynamics の用語は摩擦や潤滑を扱うトライボロジーの分野でも異なる意味で用いられているようである.

[13]7.1 節で触れる.

面の位置ベクトルとすると，$u' = \mathbf{R}\frac{D\boldsymbol{x}_M}{Dt}$ である．

証明 $\boldsymbol{a}$ を生物表面のラグランジュ座標とする．このとき，生物表面の位置ベクトルは，$\boldsymbol{x}(\boldsymbol{a}, t) = \boldsymbol{X}(t) + \mathbf{R}\boldsymbol{x}_M(\boldsymbol{a}, t)$．両辺ラグランジュ的に時間微分を行うと，左辺は $\frac{D\boldsymbol{x}}{Dt} = \boldsymbol{u}_s$．右辺は，$\frac{d\boldsymbol{X}}{dt} + \frac{d\mathbf{R}}{dt}\boldsymbol{x}_M + \mathbf{R}\frac{D\boldsymbol{x}_M}{Dt}$ となる，$\boldsymbol{U}$ と $\boldsymbol{\Omega}$ の定義に注意して変形すれば，求める表式を得る．■

注 2.7 一般の変形物体に対して物体座標系を定める方法には，物質の重心を使うもの[51]，幾何中心を使うもの[149] などがあるが，慣性を無視する理論体系の下では，どのように物体座標系を選んでも見かけの慣性力がないために得られる結果に違いはない．実際に取り組む問題に合わせて，$\boldsymbol{x}_M$ が表現しやすいように物体座標系を選べばよく，通常は問題にならない．

式 (2.28) からもわかるように，本書で主に扱う微生物流体力学の問題とは，生物の変形 $\boldsymbol{x}_M$ を与えたときに，流体と生物の運動方程式 (2.25)–(2.27) を解いて，生物の運動 $\boldsymbol{X}$ と $\mathbf{R}$ を求める問題である．

2.2 ストークス方程式の基本的性質

2.2.1 ストークス方程式の一般解

次に，ストークス方程式の解の振舞いについて，具体例を交えながら考えていこう．ストークス方程式 (2.21) は，線形の偏微分方程式であり，比較的取り扱いやすい構造をしている．また，時間微分の項がなく，解は境界条件によって瞬時的に定まっている．しかし，まずは境界条件を気にせずに，ストークス方程式がどのような振舞いをするのか，特に遠方での減衰の様子に注目して，その一般解から見ていこう．

ストークス方程式 (2.21) の発散（div）を取ると，非圧縮条件より $\nabla^2 p = 0$．これより p は調和関数である．3 次元のラプラス方程式を球座標 (r, θ, ϕ) を用いて解くと，体球調和関数（solid harmonics）

$$p_n = r^n \sum_{m=0}^{n} P_n^m(\cos\theta)(a_{mn}\cos m\phi + \tilde{a}_{mn}\sin m\phi) \tag{2.29}$$

で展開した形，$p = \sum_{n=-\infty}^{\infty} p_n$ で表現できる．ここで，$a_{mn}, \tilde{a}_{mn}$ は実係数，$P_n^m(x)$ はルジャンドル（Legendre）の陪多項式である．p にこのような展開

表現が与えられたとして，非同次の方程式

$$\mu\nabla^2\boldsymbol{u} = \nabla p, \quad \nabla\cdot\boldsymbol{u} = 0 \tag{2.30}$$

と同次の方程式

$$\mu\nabla^2\boldsymbol{u} = \boldsymbol{0}, \quad \nabla\cdot\boldsymbol{u} = 0 \tag{2.31}$$

に分解する．ストークス方程式 (2.21) の一般解は，式 (2.30) の特解に式 (2.31) の一般解を足し合わせることで得られる．

補題 2.1 斉次方程式 (2.31) の一般解は，

$$\boldsymbol{u} = \nabla\phi + \boldsymbol{x}\times\nabla\chi. \tag{2.32}$$

ただし，ϕ と χ は調和関数で，$\nabla^2\phi = \nabla^2\chi = 0$.

証明 渦度 $\boldsymbol{\omega} = \nabla\times\boldsymbol{u}$ に対して，$\nabla\times\boldsymbol{\omega} = \nabla^2\boldsymbol{u} - \nabla(\nabla\cdot\boldsymbol{u}) = \boldsymbol{0}$ より，$\boldsymbol{\omega} = \nabla\chi$ となるポテンシャル場が存在する．ただし，$\nabla^2\chi = \nabla\cdot(\nabla\times\boldsymbol{u}) = 0$ より，χ は調和関数．このような χ に対して，次の式が成り立つことに注意しよう．

$$\boldsymbol{x}\times\nabla\chi = \boldsymbol{x}\cdot\nabla\boldsymbol{u} + \boldsymbol{u} - \nabla(\boldsymbol{x}\cdot\boldsymbol{u}). \tag{2.33}$$

新たなスカラー関数 $\phi = \boldsymbol{x}\cdot\boldsymbol{u}$ を導入すれば，式 (2.33) より，$\nabla^2\phi = \nabla\cdot(\boldsymbol{x}\times\nabla\chi - \boldsymbol{x}\cdot\nabla\boldsymbol{u} - \boldsymbol{u}) = 0$ となり，ϕ も調和関数であることがわかる．式 (2.31) より $\boldsymbol{u}$ は調和関数なので，体球調和関数を用いて，$\boldsymbol{u} = \sum\boldsymbol{u}_n$ と展開すれば，$\boldsymbol{x}\cdot\nabla\boldsymbol{u}_n = n\boldsymbol{u}_n$ から，式 (2.33) は $\sum(n+1)\boldsymbol{u}_n = \nabla\phi + \boldsymbol{x}\times\nabla\chi$. $(n+1)$ の因子を $\boldsymbol{u}_n$ の展開係数に含ませて書き直せば，$\boldsymbol{u}$ は式 (2.32) の形で表される．∎

次のストークス方程式の一般解の表現はラム（Lamb）の解[79] として知られる．

定理 2.9（ラムの解） ストークス方程式 (2.21) の一般解は，

$$\boldsymbol{u} = \sum_{n=-\infty, n\neq-1}^{\infty}\left[\frac{(n+3)r^2\nabla p_n}{2\mu(n+1)(2n+3)} - \frac{n\boldsymbol{x}p_n}{\mu(n+1)(2n+3)}\right] + \boldsymbol{u}'. \tag{2.34}$$

ただし, u' は斉次方程式 (2.31) の一般解 (2.32) で, p_n は (2.29) の体球調和関数である.

証明 n 次の体球調和関数 p_n の動径方向を分離して, $p_n = r^n Y_n$ と書こう. Y_n は球面調和関数である. p_n を r^{2n+1} で割った $r^{-2n-1} p_n$ もラプラス方程式の解になっていることから, 任意の球面調和関数 Y_n に対応して, 2 つの体球調和関数 $r^n Y_n$ と $r^{-n-1} Y_n$ がある. 式 (2.30) の各次数の調和関数の項は独立であるので, p_n を含む項は $u = Ar^2 \nabla p_n + Br^{2n+3} \nabla(r^{-2n-1} p_n)$ の形で書き表される. 式 (2.30) の 2 つの式へ代入して係数 A と B を各 n に対して決めればよい. 式 (2.30) の 1 つ目の式より $A = \frac{1}{2(2n+1)\mu}$ を, 2 つ目の式より $2nA - (n+1)(2n+3)B = 0$ を得る. $n \neq -1$ のとき, これらの式から, A, B が求まるが, $n = -1$ のときは解は存在しない. ∎

注 2.8 ラムの解は 3 つの調和関数 p, ϕ, χ によって表現される. 式 (2.32) の $\nabla\phi$ の項はポテンシャル流れを表しており, この項による渦度 ($\omega = \nabla \times u$) はゼロである. χ はトロイダルポテンシャルと呼ばれる量になっており, 速度場は動径成分を持たない. ラムの解の他にも一般解の表現はいくつか知られている. 例えば, 今井 (Imai) の解[49], [134] として知られる一般解は各成分が調和関数になっているベクトルポテンシャルで表現されている.

次に, 物体周りの流れを想定し, 遠方での減衰の様子に注意しながら, ストークス方程式の解としてどのようなものがあるのか調べていこう. ここでは, いくつかの例を述べるにとどめ, 詳細は 4.1 節に譲る. 無限遠方でゼロになる調和関数は次数 $n = -1, -2, \cdots$ の体球調和関数である. まずは, 式 (2.34) の p_{-2} の項を考えよう. $p_{-2} = A_i \frac{\partial}{\partial x_i} \left(\frac{1}{r} \right)$ として, これを代入すれば,

$$u_j = \frac{A_i}{2\mu} \left(\frac{\delta_{ij}}{r} + \frac{x_i x_j}{r^3} \right) \tag{2.35}$$

を得る. 式 (2.35) の括弧内を G_{ij} と書いたとき, G_{ij} はオセーン (Oseen) テンソル, あるいは**ストークス極** (Stokeslet)[14]と呼ばれる. 特に, $g_i = 4\pi A_i$

---

[14]ストークス源, ストークスレットとも呼ばれる. また, G_{ij} を 8π で割ったものを指す場合もある. より遠方での減衰の早い項は, 静電場の多重極展開と同様の展開の高次項に対応している. 原点で発散する点も同様であり, 本書ではストークス極の用語を用いることにしたい.

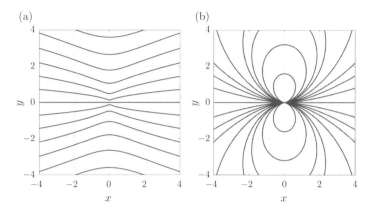

図 2.3　(a) ストークス極と (b) 二重湧き出しによる流れ場．ストークス極および二重湧き出しの重みベクトルは x 軸正の方向を向いている．

とすると，式 (2.35) の速度場は原点にデルタ関数的な外力 $\boldsymbol{g}$ が流体に働くときに誘起される流れ場に対応している（図 2.3 (a)）．無限遠方では $|\boldsymbol{u}| \sim O(r^{-1})$ である．

　無限遠方で最も減衰の遅いポテンシャル流れの項は，$\phi_{-1} = \frac{A}{r}$ で与えられるが，これは原点から R だけ離れた球面 S_R で $\boldsymbol{u} = \nabla\phi_{-1}$ を積分することにより，$\int_{S_R} \boldsymbol{u} \cdot \boldsymbol{n} dS = 4\pi A$ となるので，物体が体積変化する場合に現れることがわかる．法線 $\boldsymbol{n}$ は球面 S_R に対して外向きにとった．この流れを $A > 0$ のとき湧き出し（source），$A < 0$ のとき吸い込み（sink）という．体積変化しない場合には $A = 0$ であるから，遠方での流れ場は $\phi_{-2} = B_i \frac{\partial}{\partial x_i}\left(\frac{1}{r}\right)$ によって得られる．このときの速度場は，

$$u_j = B_i \left(\frac{\delta_{ij}}{r^3} - 3\frac{x_i x_j}{r^5} \right) \tag{2.36}$$

が対応し，二重湧き出し，あるいは**ポテンシャル二重極**（potential dipole）[15]と呼ばれる．微小距離離れた 2 つの湧き出しと吸い込みによって作られる流れ場である（図 2.3 (b)）．無限遠方では $|\boldsymbol{u}| \sim O(r^{-3})$ である．

---

[15] ダイポールは双極子とも訳される．

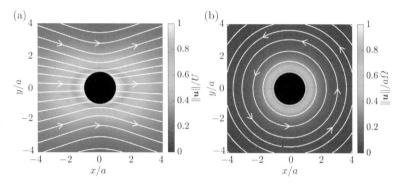

図 2.4　(a) 並進する球と (b) 回転する球の周りの流れ場.

例 2.1（並進運動する球の周りの流れ場）　x 軸方向に速度 U で並進運動する半径 a の球を考える．球の中心を原点とし，ストークス極とポテンシャル二重極の解を重ね合わせることで，球の周りの流れ場を表すことができる．$A_i = \frac{3}{2}\mu Ua\delta_{1i}$, $B_i = \frac{1}{4}Ua^3$ として (2.35) と (2.36) の和を考えれば，速度場は，

$$u_i = U\frac{a}{r}\delta_{1i} - \frac{1}{4}Ua(r^2 - a^2)\left(\frac{\delta_{1i}}{r^3} - \frac{3x_1 x_i}{r^5}\right) \tag{2.37}$$

となり，$r = a$ での滑りなし境界条件 $u_i = U\delta_{1i}$ を満たしている．このときの流れの様子を図 2.4 (a) に示す．

　式 (2.32) のトロイダルポテンシャル χ による項を考える．まず，$\chi_{-1} = \frac{B}{r}$ を考えると，そのときの速度場は $\boldsymbol{u} = B\boldsymbol{x} \times \nabla\left(\frac{B}{r}\right) = -B\boldsymbol{x} \times \left(\frac{\boldsymbol{x}}{r^3}\right) = \boldsymbol{0}$. 次に，$\chi_{-2} = C_i\frac{\partial}{\partial x_i}\left(\frac{1}{r}\right)$ を考えると，速度場として，$\boldsymbol{u} = \frac{\boldsymbol{C}\times\boldsymbol{x}}{r^3}$ が得られる．あるいは，

$$u_j = -C_i\frac{\epsilon_{ijk}x_k}{r^3} = -C_i G_{ij}^{\mathrm{R}} \tag{2.38}$$

と書ける．G_{ij}^{R} はロットレット（rotlet）[16]と呼ばれ，原点にデルタ関数的なトルク $m_i = 8\pi\mu C_i$ が与えられた際に誘起される流れになっている．無限遠方

---

[16]直訳すると回転極．この項は，ストークス極の多重極展開に含まれている（4.1.3 節参照）．

では $|\boldsymbol{u}| \sim O(r^{-2})$ で減衰する.

例 2.2（回転運動する球の周りの流れ場） z 軸のまわりに回転角速度 Ω で回転運動する半径 a の球を考える. 球の中心を原点とすると, ロットレットによって作られる流れ (2.38) は $C_i = \Omega a^3 \delta_{3i}$ のとき, 回転運動する球の周りの流れ場を与える. 実際, $r = a$ での滑りなし境界条件 $\boldsymbol{u} = (-\Omega x_2, \Omega x_1, 0)$ を満たしている. このときの流れの様子を図 2.4 (b) に示す.

　以上から, 速度場の無限遠方で減衰が最も遅い項は, ストークス極による項で $|\boldsymbol{u}| \sim O(r^{-1})$ である. また, 同様に圧力場についても, ストークス極の寄与からくる $|\boldsymbol{u}| \sim O(r^{-2})$ の速さで減衰する.

2.2.2 解の一意性定理
前節では, ストークス方程式

$$\mu\nabla^2\boldsymbol{u} = \nabla p, \ \nabla \cdot \boldsymbol{u} = 0 \tag{2.39}$$

の一般解としてラムの解を挙げ, 物体周りの基本的な流れとして球の周りの流れを例として考えた. ストークス方程式は線形の偏微分方程式であり, 境界条件を満たすように解の重ね合わせを行うことで解を構成したことを思い出そう. 次の定理[17]は, 境界条件を満たすストークス方程式の解はただ 1 つに定まることを保証している.

> **定理 2.10（解の一意性定理）** 物体の境界 S の外部の領域 Ω[18]でのストークス方程式 (2.39) の解を考える. 境界 S では粘着境界条件 $\boldsymbol{u}(\boldsymbol{x}) = \boldsymbol{u}_S$, 無限遠 ($|\boldsymbol{x}| \to 0$) では $|\boldsymbol{u}(\boldsymbol{x})| \to 0$ が成り立つとする. このとき, ストークス方程式 (2.39) の解は存在すれば一意である.

証明 ストークス方程式の 2 つの解, $(\boldsymbol{u}, p)$ と $(\hat{\boldsymbol{u}}, \hat{p})$ を考える. $\boldsymbol{v} = \hat{\boldsymbol{u}} - \boldsymbol{u}$ と $P = \hat{p} - p$ を定めると,

$$\mu\nabla^2\boldsymbol{v} = \nabla P, \ \nabla \cdot \boldsymbol{v} = 0 \tag{2.40}$$

---

[17]この定理は, ヘルムホルツ（Helmholtz）[44] によって初めて示された.

[18]以下に述べる諸定理は, 物体に囲まれた内側の流体に対しても同様に成り立つことに注意したい.

が成り立つ．1つ目の式

$$0 = -\frac{\partial P}{\partial x_i} + \mu \frac{\partial^2 v_i}{\partial x_j^2}$$

に v_i を乗じて i について和を取り領域 Ω で積分すると，(2.40) の第2式を用いて

$$0 = -\int_\Omega \frac{\partial}{\partial x_i}\left(P v_i\right) dV + \mu \int_\Omega v_i \frac{\partial^2 v_i}{\partial x_j^2}\, dV \tag{2.41}$$

と書ける．右辺第1項にガウスの発散定理を用いると，物体の表面 S と無限遠 S_∞ での表面積分は

$$\int_\Omega \frac{\partial}{\partial x_i}\left(P v_i\right) dV = \int_S P v_i n_i\, dS - \int_{S_\infty} P v_i n_i\, dS$$

となるが，表面 S で $\boldsymbol{v} = \boldsymbol{0}$ が成り立つので，S での積分はゼロ．また，前節の結果より，ストークス方程式の解は無限遠で $P \sim O(r^{-2})$, $|\boldsymbol{v}| \sim O(r^{-1})$ となるので，S_∞ での表面積分もゼロである．以上より，式 (2.41) の右辺第2項のみが残るが，これを

$$\mu \int_\Omega \left[\frac{\partial}{\partial x_j}\left(v_i \frac{\partial v_i}{\partial x_j}\right) - \left(\frac{\partial v_i}{\partial x_j}\right)^2 \right] dV = 0 \tag{2.42}$$

と書こう．ここでも左辺第1項に対してガウスの発散定理を用いると，先ほどと同様にして表面積分がゼロであることが分かり，結局2項目のみが残る．

$$\int_\Omega \left(\frac{\partial v_i}{\partial x_j}\right)^2 dV = 0. \tag{2.43}$$

これを満たすためには，結局 $\frac{\partial v_i}{\partial x_j} = 0$ が必要であり，$\boldsymbol{v}$ が $\boldsymbol{x}$ によらず一定であることが導かれる．表面 S で $\boldsymbol{v} = \boldsymbol{0}$ より，結局領域全体で $\boldsymbol{v} = \boldsymbol{0}$．すなわち，2つの速度場は $\boldsymbol{u} = \hat{\boldsymbol{u}}$．また，圧力も定数を除いて一致することが分かり，解は存在すれば一意であることが示される．■

注 2.9 上記のストークス方程式の解は，物体の境界 S がある程度滑らかで，速度場 $\boldsymbol{u}_S$ が連続であれば存在することが知られている．また，上の証明から，境界 S で囲まれた内部の流れの問題に対しても解の一意性が成り立つことが

わかる．ただし，内部流れの場合には，解が存在するためには $\int_S \boldsymbol{u} \cdot \boldsymbol{n} dS = 0$ の条件が必要である．詳細については，文献 [78], [106] を参照されたい．

これらの結果は，ストークス方程式の解は，生物の瞬時の表面 S での速度場によって決まっていることを意味しており，ストークス流れの境界値問題としての性質を明確に表している．

2.2.3 時間反転対称性

ストークス方程式の線形性より，次が成り立つことがわかる．

> **命題 2.2** 同じ形状の領域で，2 つのストークス方程式の解 $(\boldsymbol{u}_1(\boldsymbol{x}), p_1(\boldsymbol{x}))$ と $(\boldsymbol{u}_2(\boldsymbol{x}), p_2(\boldsymbol{x}))$ を考える．物体の境界 S で別々の境界条件を満たしており，それぞれ $\boldsymbol{u}_1 = \boldsymbol{f}_1(\boldsymbol{x})$, $\boldsymbol{u}_2 = \boldsymbol{f}_2(\boldsymbol{x})$ と書くことにする．このとき，任意の実数 c_1, c_2 を用いて，$\boldsymbol{u} = c_1 \boldsymbol{u}_1 + c_2 \boldsymbol{u}_2$, $p = c_1 p_1 + c_2 p_2$ とすると，$(\boldsymbol{u}(\boldsymbol{x}), p(\boldsymbol{x}))$ は，境界 S で $\boldsymbol{u} = c_1 \boldsymbol{f}_1(\boldsymbol{x}) + c_2 \boldsymbol{f}_2(\boldsymbol{x})$ となるストークス方程式の解になっている．

一般に境界 S は外部からの力や自身の変形により，刻一刻と変化する．これを時刻 $t \in [0, t_0]$ を用いて，$S(t)$ と書こう．境界の時間変化の向きを逆にする変換 $\mathcal{T}$ を考える．これにより，時刻は $t \mapsto t_0 - t$ と変換される．境界は $S(t) \mapsto S(t_0 - t)$ であり，境界での速度場 $\boldsymbol{u}_1 = \boldsymbol{f}_1(\boldsymbol{x}, t)$ は $\boldsymbol{f}_1 \mapsto -\boldsymbol{f}_1$ となっている．

上の結果（命題 2.2）に $c_1 = -1$, $c_2 = 0$ を代入すれば，境界での値を $\boldsymbol{u}_S = -\boldsymbol{f}_1(\boldsymbol{x})$ としたときのストークス方程式の解 $(\boldsymbol{u}(\boldsymbol{x}), p(\boldsymbol{x}))$ は，それぞれ $\boldsymbol{u}(\boldsymbol{x}) = -\boldsymbol{u}_1(\boldsymbol{x})$, $p(\boldsymbol{x}) = -p_1(\boldsymbol{x})$ で表されることがすぐわかる．すなわち，$\boldsymbol{u}_1(t) \mapsto -\boldsymbol{u}_1(t_0 - t)$, $p_1(t_0) \mapsto -p_1(t_0 - t)$．これをストークス方程式の**時間反転対称性**，あるいは運動学的反転性（kinematic reversibility）という．

このように，境界の情報が流れの情報に変換されている点がストークス流れの特徴である．テイラーの実験[19]として知られる次の例がわかりやすい．

例 2.3 透明な同心二重円筒容器内に，高粘度の透明な流体を入れ，内側の円

[19)]実際の実験映像は [137] から見ることができる．

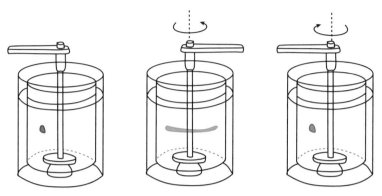

図 2.5 テイラーの実験の模式図（文献 [41] をもとに筆者作成）.

筒容器を回転させる（図 2.5）. 着色された部分は，内側円筒の回転に伴って引き延ばされるが，内側円筒を逆回転させて，元の位置まで戻すと，容器内の流体は（着色部分は拡散によって少し広がるものの）元の位置に戻ってくる.

　時間反転対称性は物体に幾何学的な対称性がある場合に，より強力である. 2.2.1 節で例に挙げた一様な速度で並進運動する球の周りの流れ場も，球の対称性により，時間を反転する変換と，並進方向を逆にする変換が同一視できるので，流れパターンが並進方向の前後で対称であることがわかる. その他のいくつか例を挙げてみよう.

例 2.4 図 2.6 にあるように，一列に並んだ一様な 2 つの同じ球が重力に引っ張られて，流体中を沈んでいく状況を考える. 時間反転対称性と幾何学的な対称性から，2 つの球の間の距離 d は時間的に一定であることがわかる. 仮に，下の球のほうが速く落ちて，d が大きくなるとしよう（図 2.6 (a)）. 時間反転対称性より，時間を反転させると，鉛直上向きに重力がかかっている状況で，下の球のほうが速く上昇することになる（図 2.6 (b)）. この状況に対して，鉛直座標軸の上下反転を考えると，これは上側の球のほうが速く落ちる（図 2.6 (c)）ことに対応しており，仮定に矛盾する. 同様にして，2 つの球は落下速度が同じであることがわかる. この議論は，2 つの同じ球が一列に並んでいない場合にも可能で，その場合は 2 つの球の相対位置が変化しないことが導かれる.

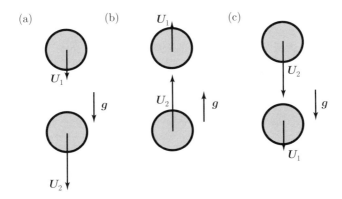

図 2.6 一列に並んだ一様な 2 つの球．(a) 下の球の落下速度が大きいとする．(b) 時間を反転させた系．(c) (b) からさらに上下の軸を反転させた系．

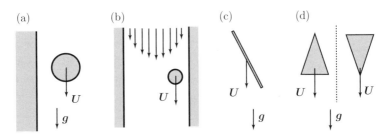

図 2.7 時間反転対称性と幾何学的な対称性を用いた議論の例．(a) 壁面付近の球の落下．(b) ポアズイユ流中の球形粒子の運動．(c) 棒の落下．(d) 円錐の落下速度．

例 2.5 次に，平らな壁面付近の球が先と同様に，重力に引っ張られて流体中を沈んでいく状況を考えよう（図 2.7 (a)）．時間反転対称性と幾何学的な対称性から，先と同様にして，球の水平方向の速度成分がゼロ，すなわち，球と壁面との間の距離 d は時間的に一定であることがわかる．

例 2.6 円管内の流れ（ポアズイユ流）中の流体と同密度の球形粒子を考える（図 2.7 (b)）．先と同様にして，管の中心からの距離は時間的に一定であることがわかる．レイノルズ数 Re が 1 を超えるような場合には，慣性の効果によって，粒子は管半径の 0.6 倍程度の位置に移動することが知られており，この現

象はセグレ–シルバーバーグ（Segré–Silberberg）効果と呼ばれている.

例 2.7 太さと密度が一様な棒の落下を考える（図 2.7 (c)）. 時間反転対称性と幾何学的な対称性から, 落下中に棒は回転しないことがわかる.

例 2.8 一様な円錐を考える（図 2.7 (d)）. これまでの例と同様にして, 鉛直上向きと下向きの場合の落下速度は等しいことがわかる.

　このように, 実際に流体の方程式を解くことなく, 流体中の物体の運動を対称性のみから理解することができる. 慣性が支配的な日常スケールの流体現象と異なるため, 低レイノルズ数流れの現象はしばしば直感的な理解が及ばないことが多い. 対称性のみから得られる厳密な結果は, 数値計算や理論計算の検算にも役立つ.

2.2.4　エネルギー散逸

　次に, ストークス流れの特徴をエネルギーの観点から見てみよう. 非圧縮のニュートン流体（ナビエ–ストークス流体）の場合, 流体の運動を調べる際に, エネルギーの保存則を解く必要がないことは, 2.1.2 節で述べた.

　流体の運動エネルギー $\mathcal{E}$ は, 流体の領域 $\Omega(t)$ での積分

$$\mathcal{E}(t) = \int_{\Omega(t)} \frac{\rho}{2} |\boldsymbol{u}|^2 \, dV \tag{2.44}$$

で定義される. この時間微分を考えると, 非圧縮ナビエ–ストークス流れに対して,

$$\frac{d\mathcal{E}}{dt} = \int_{\Omega(t)} \rho u_i \frac{Du_i}{Dt} \, dV = \int_{\Omega(t)} u_i \frac{\partial \sigma_{ij}}{\partial x_j} \, dV \tag{2.45}$$

が成り立つ. ここで, 1 つ目の等式では, レイノルズの輸送定理（定理 2.2）と非圧縮条件 $\nabla \cdot \boldsymbol{u} = 0$ を用いた. 2 つ目の等式では, ナビエ–ストークス方程式の表式 $\frac{Du_i}{Dt} = \frac{\partial \sigma_{ij}}{\partial x_j}$ を用いている. ストークス方程式では, $\frac{\partial \sigma_{ij}}{\partial x_j} = 0$ であるから, $\frac{d\mathcal{E}}{dt} = 0$ となり, 流体の運動エネルギーの変化がないように見える.

　式 (2.45) の右辺を, さらにガウスの発散定理を用いて変形すると,

$$0 = \frac{d\mathcal{E}}{dt} = \int_S u_i \sigma_{ij} n_j dS - \int_{\Omega(t)} \frac{\partial u_i}{\partial x_j} \sigma_{ij} \, dV \tag{2.46}$$

となる. ここで, S は物体の表面を表し, 法線 n は Ω の外向きに取っている. 式 (2.46) の右辺第 1 項目は物体から表面 S を通して流体に注入される仕事率に対応している. 式 (2.46) の右辺の最後の積分量を Φ と書くことにすると,

$$\Phi = \int_{\Omega(t)} \frac{\partial u_i}{\partial x_j} \sigma_{ij} \, dV = \int_{\Omega(t)} E_{ij} \sigma_{ij} \, dV = 2\mu \int_{\Omega(t)} E_{ij}^2 \geq 0 \qquad (2.47)$$

となる. E_{ij} は歪み速度テンソル, $E_{ij} = \frac{1}{2}(\frac{\partial u_i}{\partial x_j} + \frac{\partial u_j}{\partial x_i})$ である. 式 (2.46) および (2.47) の等号成立は $u = 0$ の静止状態に限る. Φ は粘性による流体のエネルギー散逸率であり, 流れが生じると正の値になることがわかる. すなわち, 式 (2.46) は, 物体表面から注入された仕事は即座に流体の粘性によって散逸していることを意味している. 式 (2.46) と (2.47) をまとめると,

$$\Phi = \int_S u_i \sigma_{ij} n_j dS \geq 0 \qquad (2.48)$$

と書くこともできる.

ストークス流れの特徴を表す性質として, 次の最小散逸定理 (minimum dissipation theorem)[20] を紹介しよう.

定理 2.11 (最小散逸定理) 物体の表面 S での速度場 u_S の粘着境界条件を満たす非圧縮な速度場を u とする. エネルギー散逸率 Φ は, 速度場 u がストークス方程式の解のとき, 最小の値をとる. ここで考える速度場 u は非圧縮な流れ場であればよく, 例えばナビエ–ストークス方程式の解である必要もない.

言い換えると, 物体の表面 S で同じ速度 u_S をもつ 2 つの非圧縮な流体場 u と $\hat{u}$ を考え, u はストークス方程式の解, $\hat{u}$ を境界条件を満たす任意の非圧縮な速度場とするとき,

$$\Phi = 2\mu \int_\Omega E_{ij}^2 \, dV \leq 2\mu \int_\Omega \hat{E}_{ij}^2 \, dV \qquad (2.49)$$

が成り立つ. ただし, $E_{ij}, \hat{E}_{ij}$ はそれぞれ u と $\hat{u}$ から得られる歪み速度テンソルである.

---

20) この定理もヘルムホルツ[44] による.

証明　まず，等式

$$\int_{\Omega} (\hat{E}_{ij} - E_{ij}) E_{ij} dV = 0 \tag{2.50}$$

を示す．左辺を変形しガウスの発散定理を用いる．Ω の外向き法線ベクトルを $\boldsymbol{n}$ として，

$$\int_{\Omega} (\hat{E}_{ij} - E_{ij}) E_{ij} dV = \int_{\Omega} \left[\frac{\partial \hat{u}_i}{\partial x_j} - \frac{\partial u_i}{\partial x_j} \right] E_{ij} \, dV$$
$$= \int_{S} (\hat{u}_i - u_i) E_{ij} n_j \, dS - \int_{\Omega} (\hat{u}_i - u_i) \frac{\partial E_{ij}}{\partial x_j} dV.$$

最後の式の表面積分は S での境界条件よりゼロ．また，体積積分の項は，ストークス方程式 $\frac{\partial \sigma_{ij}}{\partial x_j} = 0$ より，$\int_{\Omega} (\hat{u}_i - u_i) \frac{\partial p}{\partial x_i} \, dV$ と変形でき，さらにガウスの発散定理より，

$$\int_{S} (\hat{u}_i - u_i) p n_i dS - \int_{\Omega} \frac{\partial (\hat{u}_i - u_i)}{\partial x_i} p \, dV$$

となるが，これは境界条件と非圧縮の条件よりゼロ．よって，(2.50) が示された．これを用いると，$\int_{\Omega} \hat{E}_{ij}^2 dV$ は，

$$\int_{\Omega} \left[\hat{E}_{ij}^2 - 2(\hat{E}_{ij} - E_{ij}) E_{ij} \right] dV = \int_{\Omega} \left[(\hat{E}_{ij} - E_{ij})^2 + E_{ij}^2 \right] dV \tag{2.51}$$

と等しいことから

$$\int_{\Omega} \left(\hat{E}_{ij}^2 - E_{ij}^2 \right) dV = \int_{\Omega} \left(\hat{E}_{ij} - E_{ij} \right)^2 dV \geq 0.$$

等号成立は $E_{ij} = \hat{E}_{ij}$，よって $\boldsymbol{u} = \hat{\boldsymbol{u}}$ のとき．∎

2.2.5　ローレンツの相反定理

　これまで見てきたように，ストークス方程式の解は境界の形状とそこでの値によって定まる．異なる境界の値から得られる異なる解の間の関係を与える式が次の**ローレンツの相反定理**（Lorentz' reciprocal theorem）[21]である（図 2.8）．

---

[21]ローレンツ力やローレンツ変換で知られる Hendrik A. Lorentz[92] による．

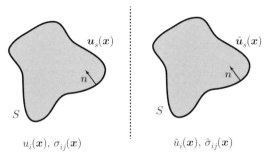

図 2.8 ローレンツの相反定理. 同じ境界形状 S で異なる境界での速度場の解の間の関係.

定理 2.12（ローレンツの相反定理） ある境界 S の外部領域 Ω におけるストークス方程式の 2 つの解を考える. 境界 S での値は一般に異なっているとし, それぞれの解に対応する速度ベクトルと応力テンソルをそれぞれ (u_i, σ_{ij}), $(\hat{u}_i, \hat{\sigma}_{ij})$ と書くことにする. このとき, 等式

$$\int_S u_i \hat{\sigma}_{ij} n_j dS = \int_S \hat{u}_i \sigma_{ij} n_j dS \tag{2.52}$$

が成り立つ. ただし, n_j は Ω に対する外向き法線ベクトルである.

証明 ストークス方程式は,

$$\frac{\partial \sigma_{ij}}{\partial x_j} = \frac{\partial \hat{\sigma}_{ij}}{\partial x_j} = 0 \tag{2.53}$$

であった. ここで応力テンソル σ_{ij} は, 歪み速度テンソル E_{ij} を用いて, $\sigma_{ij} = -p\delta_{ij} + 2\mu E_{ij}$ と表されていたことを思い出そう. 同様に, $\hat{\sigma}_{ij} = -\hat{p}\delta_{ij} + 2\mu \hat{E}_{ij}$ と書くことにする. 応力テンソル σ_{ij} に対して, 両辺に $\hat{E}_{ij}$ を乗じて i, j について和を取れば,

$$\sigma_{ij} \hat{E}_{ij} = -p\delta_{ij} \hat{E}_{ij} + 2\mu E_{ij} \hat{E}_{ij} \tag{2.54}$$

を得る. 非圧縮の条件より $\delta_{ij} \hat{E}_{ij} = \frac{\partial \hat{u}_j}{\partial x_j} = 0$ が成り立つので, 結局式 (2.54) は $\sigma_{ij} \hat{E}_{ij} = 2\mu E_{ij} \hat{E}_{ij}$ となる. この式の対称性より, 同様に $\hat{\sigma}_{ij} E_{ij} = 2\mu \hat{E}_{ij} E_{ij}$ が成り立つので,

$$\sigma_{ij}\hat{E}_{ij} = \hat{\sigma}_{ij}E_{ij} \tag{2.55}$$

が得られる．ここで，ストレステンソルの対称性（$\sigma_{ij} = \sigma_{ji}$）を用いると，

$$\sigma_{ij}\hat{E}_{ij} = \frac{1}{2}\sigma_{ij}\left(\frac{\partial \hat{u}_i}{\partial x_j} + \frac{\partial \hat{u}_j}{\partial x_i}\right) = \frac{1}{2}\left(\sigma_{ij}\frac{\partial \hat{u}_i}{\partial x_j} + \sigma_{ji}\frac{\partial \hat{u}_j}{\partial x_i}\right) = \sigma_{ij}\frac{\partial \hat{u}_i}{\partial x_j}$$

と変形できる．これを用いると式 (2.55) は，

$$\frac{\partial}{\partial x_j}\left(\hat{u}_i\sigma_{ij} - u_i\hat{\sigma}_{ij}\right) = \hat{u}_i\frac{\partial \sigma_{ij}}{\partial x_j} - u_i\frac{\partial \hat{\sigma}_{ij}}{\partial x_j} \tag{2.56}$$

と書き換えられる．さらに，ストークス方程式より，

$$\frac{\partial}{\partial x_j}\left(\hat{u}_i\sigma_{ij}\right) = \frac{\partial}{\partial x_j}\left(u_i\hat{\sigma}_{ij}\right) \tag{2.57}$$

となる．これを領域 Ω で積分し，ガウスの発散定理を用いる．ここでも，ストークス方程式の解が遠方で，$|u_i| \sim O(r^{-1})$, $|\sigma_{ij}| \sim O(r^{-2})$ であることより，無限遠での表面積分がゼロになることに注意すれば，求めたい表式 (2.52) を得る．■

第3章

微小遊泳の流体力学

　この章では一個体の流体中の自由遊泳についてその基礎的な理論を紹介する.

3.1　流体中の物体の剛体運動

　変形をしない物体,すなわち流体中の剛体の運動から議論を始める.まずは支配方程式を確認しよう.流体はストークス方程式 $\mu \nabla^2 \boldsymbol{u} = \nabla p$ に従い,速度場は非圧縮条件 $\nabla \cdot \boldsymbol{u} = 0$ を満たす.流体運動がストークス方程式で記述されるような微小な粒子の表面 S 上では,滑りなし境界条件(粘着境界条件)より,流れ場は物体の速度に一致し,

$$\boldsymbol{u}(\boldsymbol{x}) = \boldsymbol{U} + \boldsymbol{\Omega} \times (\boldsymbol{x} - \boldsymbol{X}) \tag{3.1}$$

が成り立つ.2.1.4 節(命題 2.1)で詳しく述べたように,$\boldsymbol{U}$ は物体の並進速度,$\boldsymbol{\Omega}$ は物体座標系の原点 $\boldsymbol{X}$ のまわりの回転角速度である.

　何かしらの外力[1]によってこれらの剛体運動が引き起こされているとしよう.この節の目標は,このような状況における,物体に働く流体からの力 $\boldsymbol{F}$ やトルク $\boldsymbol{M}$ の式を導くことである.ストークス方程式の線形性から,それぞれ

$$F_i = K_{ij}^{FU} U_j + K_{ij}^{F\Omega} \Omega_j, \quad M_i = K_{ij}^{MU} U_j + K_{ij}^{M\Omega} \Omega_j \tag{3.2}$$

と 2 階のテンソル K_{ij}^{FU}, $K_{ij}^{F\Omega}$, K_{ij}^{MU}, $K_{ij}^{M\Omega}$ を用いて表せることがわかる.半径 a で速度 U の球に働く流体抵抗はストークスの法則 $\boldsymbol{F} = -6\pi\mu a\boldsymbol{U}$ に従うが,式 (3.2) は一般の剛体運動への拡張になっている.4 つのテンソルは抵

---

[1]これには,重力(浮力)や磁力も含まれる.背景の流れ場によっても運動は駆動されるが,その場合には背景場の効果は境界条件に含まれる形で記述できる.詳しくは 5.1.1 節で触れることにする.

抗定数の拡張であり，**抵抗テンソル**（resistance tensor）と呼ばれる[2]．以下，この方程式 (3.2) の導出を通して，抵抗テンソルのもつ性質について議論する．

3.1.1　物体に働く流体抵抗

まず，任意の物体が速度 U で並進運動のみを行っており，回転運動はないとしよう．2.2.1 節の球の周りの流れの例（例 2.1）でも見たように，ストークス方程式の線形性から速度場 u，圧力 p は U の線形関数であり，物体の形状 S のみで定まるテンソル c_{ij} とベクトル c_i を用いて，$u_i = c_{ij}U_j$，$p = c_iU_i$ と書ける．物体に働く表面力は，流体表面に働く力の反作用として $f_j = -n_i\sigma_{ij}$ で与えられる．n は流体領域に対する外向き法線ベクトルである[3]．よって f_i は，応力テンソル $\sigma_{ij} = -p\delta_{ij} + \mu(\frac{\partial u_i}{\partial x_j} + \frac{\partial u_j}{\partial x_i})$ の式から，2 階のテンソル Σ_{ij} を用いて，$f_i = -\Sigma_{ij}U_j$ と表すことができる．

物体の表面 S で積分することにより，流体による力は $F_i = \int_S f_i\,dS = -K_{ij}U_j$ と書ける．ここで，

$$K_{ij} = \int_S \Sigma_{ij}\,dS \tag{3.3}$$

を**並進抵抗テンソル**と言う．また，Σ_{ij} は並進表面力抵抗テンソル（translational surface force resistance tensor）と呼ばれる．同様に，物体に働く流体による点 X のまわりのトルクは $r = x - X$ と書いて，**結合抵抗テンソル**（coupling resistance tensor）[4] と呼ばれる 2 階のテンソル

$$C_{ij} = \int_S \epsilon_{ik\ell} r_k \Sigma_{\ell j}\,dS \tag{3.4}$$

を用いると，$M_i = -C_{ij}U_j$ と書ける．

次に，回転運動のみを行っている場合を考えよう．回転角速度を Ω とすれば，上と同様の議論により，表面力は回転角速度 Ω の線形の関数であり，2

---

[2]繰り返しになるが，多くの文献と同様，本書でも混乱がない場合にはテンソルとデカルト座標系での成分表示による行列を同一視している．そのため，抵抗テンソルを抵抗行列（resistance matrix）と呼ぶことも多い．

[3]本書では流体領域に対して外向きに法線をとる．

[4]例 3.3 で見るように，C_{ij} は物体の回転運動と並進運動を結び付けている．

階のテンソル Π_{ij} を用いて，$f_i = -\Pi_{ij}\Omega_j$ と書くことができる．Π_{ij} は回転表面力抵抗テンソル（rotational surface force resistance tensor）と呼ばれる．ここで $B_{ij} = \int_S \Pi_{ij}\,dS$ を導入すると，回転に起因する物体に働く流体力は $F_i = -B_{ij}\Omega_j$ と書ける．同様に，回転運動による流体からのトルクは $M_i = -Q_{ij}\Omega_j$ となる．ただし，

$$Q_{ij} = \int_S \epsilon_{ik\ell} r_k \Pi_{\ell j}\,dS \tag{3.5}$$

とした．Q_{ij} は**回転抵抗テンソル**（rotational resistance tensor）と呼ばれる．

一般の剛体運動 (3.1) は，並進運動と回転運動の和であるから，ストークス方程式の線形性から物体に働く力やトルクも，並進と回転の双方からの寄与の和で表されるため，式 (3.2) の形で書けることが分かる．これらの抵抗テンソルは，物体の形状 S のみで定まっていることに注意したい．

次の関係式より，剛体運動をする物体に働く力とトルクは 3 つの抵抗テンソル K_{ij}, C_{ij}, Q_{ij} で表すことができる．

補題 3.1　B_{ij} は結合抵抗テンソル C_{ij} と転置の関係，すなわち $B_{ij} = C_{ji}$ が成り立つ．

証明　ローレンツの相反定理（定理 2.12）を用いる．2 つの同じ形状 S の物体を考える．一方は並進速度 $\boldsymbol{U}$ の並進運動のみを行い，もう一方は回転角速度 $\hat{\boldsymbol{\Omega}}$ の回転運動のみを行っているとする．並進運動，回転運動のそれぞれの境界条件の下での流れ場を $\boldsymbol{u}, \hat{\boldsymbol{u}}$ とする．並進運動による応力を $f_i = -\Sigma_{ij}U_j$，回転運動による応力を $\hat{f}_i = -\Pi_{ij}\hat{\Omega}_j$ と表して，ローレンツの相反定理を用いると，$\int_S u_i \hat{f}_i\,dS = \int_S \hat{u}_i f_i\,dS$ であり，物体表面で流れ場は物体の運動の速度に一致することから，$\int_S U_i \Pi_{ij}\hat{\Omega}_j\,dS = \int_S \epsilon_{ijk}\hat{\Omega}_j r_k \Sigma_{i\ell}U_\ell\,dS$ を得る．これを変形すると，$\left(\int_S \Pi_{ij}\,dS - \int_S \epsilon_{\ell jk} r_k \Sigma_{\ell i}\,dS\right) U_i \hat{\Omega}_j = 0$．この式は，任意のベクトル $U_i, \hat{\Omega}_j$ で成り立つので，カッコ内がゼロであることがわかり，これは，結局 $B_{ij} = C_{ji}$ を示している．■

以上をまとめると，次を得る．

命題 3.1（**剛体運動に対するストークスの抵抗則**）　式 (3.1) の剛体運動をする物体がストークス流体から受ける力 $\boldsymbol{F}$ とトルク $\boldsymbol{M}$ はそれぞれ，

$$F_i = -K_{ij}U_j - C_{ji}\Omega_j, \quad M_i = -C_{ij}U_j - Q_{ij}\Omega_j \tag{3.6}$$

となる.

3つの抵抗テンソルをブロック状に並べて作った**拡大抵抗テンソル**[5]（grand resistance matrix）$\mathcal{K} = \begin{pmatrix} \mathbf{K} & \mathbf{C}^T \\ \mathbf{C} & \mathbf{Q} \end{pmatrix}$ と2つの速度ベクトルを縦に並べた6次元のベクトル $\mathcal{U} = \begin{pmatrix} \mathbf{U} \\ \mathbf{\Omega} \end{pmatrix}$, $\mathcal{F} = \begin{pmatrix} \mathbf{F} \\ \mathbf{M} \end{pmatrix}$, $\mathcal{F}^{\text{ext}} = \begin{pmatrix} \mathbf{F}^{\text{ext}} \\ \mathbf{M}^{\text{ext}} \end{pmatrix}$ を用いると, $\mathcal{F}_i = -\mathcal{K}_{ij}\mathcal{U}_j$ と書ける. ただし, $i, j = 1, 2, \cdots, 6$ である.

　外からの力 $\mathbf{F}^{\text{ext}}$ やトルク $\mathbf{M}^{\text{ext}}$ がかかっている場合には, 力とトルクのつりあいの式 $\mathbf{F} + \mathbf{F}^{\text{ext}} = \mathbf{0}$, $\mathbf{M} + \mathbf{M}^{\text{ext}} = \mathbf{0}$ が物体の運動方程式に対応しており, ここから物体の運動速度 $\mathbf{U}$ と $\mathbf{\Omega}$ を求めることができる.

　6次元ベクトルで力とトルクのつりあいの式を書き直すと, $\mathcal{F}_i = -\mathcal{K}_{ij}\mathcal{U}_j$ より, $-\mathcal{K}_{ij}\mathcal{U}_j + \mathcal{F}_i^{\text{ext}} = 0$ を得る. 拡大抵抗テンソルの逆テンソルを $\mathcal{M} = \mathcal{K}^{-1}$ で書けば, $\mathcal{U}_i = \mathcal{M}_{ij}\mathcal{F}_j^{\text{ext}}$ で運動の速度が求まる. $\mathcal{M}$ は**拡大移動度テンソル**（grand mobility tensor）と呼ばれる.

　以降, これらの抵抗テンソルの性質を調べる. まずは, 拡大抵抗テンソルが常に逆を持つこと, すなわち常に運動が求まることを示そう.

命題 3.2　抵抗テンソル $\mathcal{K}$ は正定値対称である.

証明　（対称性）ここでもローレンツの相反定理を用いる. 同じ形状 S の2つの物体の周りの流れ場を考える. 2つの物体は, それぞれ速度 $\mathbf{U}$, $\hat{\mathbf{U}}$ の並進運動を行っているとし, 周りの流れ場の解を $\mathbf{u}$, $\hat{\mathbf{u}}$, 表面力ベクトルを $f_i = -n_i\sigma_{ij}$, $\hat{f}_i = -n_i\hat{\sigma}_{ij}$ とする. ローレンツの相反定理より, $\int_S u_i\hat{f}_i \, dS = \int_S \hat{u}_i f_i \, dS$ であるから, S で $u_i = U_i$, $\hat{u}_i = \hat{U}_i$ が成り立つことを用いて, $U_i\hat{F}_i = \hat{U}_i F_i$ を得る. ここで, $F_i = -K_{ij}U_j$, $\hat{F}_i = -K_{ij}\hat{U}_j$ は流体から物体に働く力で, これらを用いると結局, $(K_{ij} - K_{ji})U_i\hat{U}_j = 0$. 任意のベクトル $\mathbf{U}$, $\hat{\mathbf{U}}$ で成り立つので, $K_{ij} = K_{ji}$. すなわち, 推進抵抗テンソル K_{ij} は対称. 2つの回転運動をおこなう物体に対してローレンツの相反定理を用いると, 同様にして Q_{ij} が対称であることもわかり, 抵抗テンソル $\mathcal{K}$ が対称であることが示される.

---

[5]単に抵抗テンソル（あるいは抵抗行列）と呼ぶことも多い.

（正定値性）2.2.4 節で導入した粘性によるエネルギー散逸率の正値性 $\Phi = \int_S u_i \sigma_{ij} n_j \, dS \geq 0$ を用いる．任意の剛体運動 $\boldsymbol{u} = \boldsymbol{U} + \boldsymbol{\Omega} \times \boldsymbol{r}$ を考えると，$\Phi = -\int_S u_i f_i \, dS = -(U_i F_i + \Omega_i M_i)$ となるので，$\Phi = -\mathcal{U}_i \mathcal{F}_i$. ここで，$\mathcal{F}_i = -\mathcal{K}_{ij} \mathcal{U}_j$ を使えば，$\Phi = \mathcal{U}_i \mathcal{K}_{ij} \mathcal{U}_j \geq 0$. 等号成立条件は $\mathcal{U}_i = 0$ なので，抵抗テンソル $\mathcal{K}$ は正定値．当然ブロックごとに取り出した K_{ij}, Q_{ij} も正定値．■

これらの抵抗テンソルを具体的な形状に対して解析的に求めることは通常簡単ではない．解析的に求まる最も簡単で重要な球の例で計算してみよう．

例 3.1（球の流体抵抗） 半径 a の球に対する抵抗テンソルを求めてみよう．まず，並進速度 $\boldsymbol{U}$ で移動する場合，球の中心を原点とすると，例 2.1 でみたように，速度場は $u_i = \left[\frac{a}{r} \delta_{ij} - \frac{a}{4}(r^2 - a^2)\left(\frac{\delta_{ij}}{r^3} - \frac{3x_i x_j}{r^5}\right) \right] U_j$，圧力場は $p = -\frac{3\mu a x_i}{2r^3} U_i$ である．ただし，$|\boldsymbol{x}| = r$ とした．ニュートン流体の応力テンソルの定義に従って計算を行い $r = a$ を代入すれば，並進表面力抵抗テンソル $\Sigma_{ij} = \frac{3\mu}{2a} \delta_{ij}$ が求まる．半径 a の球面で積分することにより，並進抵抗テンソルは $K_{ij} = 6\pi\mu a \, \delta_{ij}$ となり，よく知られた**ストークスの法則**を導くことができる．

回転運動の場合も同様に考えよう．回転角速度 $\boldsymbol{\Omega}$ で球が回転している場合は，例 2.2 でみたように，速度場は $u_i = \left(\frac{a^3}{r^3} \epsilon_{ijk} x_k \right) \Omega_j$，圧力場は $p = 0$ である．同様に，応力テンソルを計算し $r = a$ を代入すれば，回転表面力抵抗テンソル $\Pi_{ij} = \frac{3\mu}{a} \epsilon_{ijk} x_k$ が求まる．定義に従って球面で積分すると，$Q_{ij} = \frac{3\mu}{a} \int_S (a^2 \delta_{ij} - x_i x_j) dS$ の形になり，これを計算すると，回転抵抗テンソル $Q_{ij} = 8\pi\mu a^3 \delta_{ij}$ を得る．

結合抵抗テンソルは，物体の対称性とストークス流れの時間反転対称性（命題 2.2）より，$C_{ij} = 0$. よって，球の場合には抵抗テンソル $\mathcal{K}$ は対角的で並進と回転の 2 つの抵抗係数で表現できる．

例 3.2（ボルボックスの重力走性） ボルボックス（*Volvox*）は直径数百ミクロン程度の球状の藻の仲間で，2 本の鞭毛がついた数千の細胞が層をなして球を形成している[6]．この細胞集団には前後が存在し，個々の鞭毛の動きも場所

---

[6]球状の細胞集団は群体（colony）と呼ばれる．

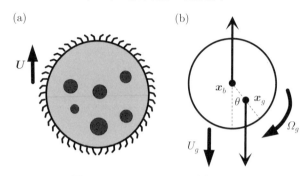

図 3.1　ボルボックスの重力走性.

によって異なるため，全体として図 3.1 (a) のように決まった方向に泳ぐ．また，体細胞は水よりも密度がほんの少し大きく，遊泳をやめると重力によって沈んでしまう[24]．ボルボックスを半径 a の球として，この沈降速度 U_g を求めてみよう．細胞と周りの流体の質量密度をそれぞれ ρ_c, ρ_0 とし，密度差を $\rho' = \rho_c - \rho_0$，重力加速度を g，まわりの水の粘性係数を μ とすれば，重力（浮力）と流体抵抗のつりあいの式より，$\frac{4\pi a^3}{3}\rho' g = 6\pi\mu U_g a$．よって，$U_g = \frac{2a^2}{9\mu}\rho' g$．実験的に沈降速度を求めることにより，この式から密度差 ρ' を見積もることができる．*Volvox carteri* という種では，$\rho' \approx 1 - 2 \times 10^{-3}\,\mathrm{g/cm^3}$ と僅かに周りの水よりも密度が高い．

　球の中には次の世代の小さな細胞集団を内部に抱えており，全体の重心は球の中心とずれている．浮力の中心は球の中心であるから，これらの力は回転のトルクを生じる（図 3.1 (b)）．重心と球の中心の間の距離を d とすると，トルクのつりあいの式より，$\frac{4\pi a^3}{3}\rho_c\, gd\sin\theta = 8\pi\mu a^3\Omega_g$ となる．ここで，$\Omega_g = \frac{d\theta}{dt}$ に注意して，この式を解くことで，回転の緩和時間スケール $\tau = \frac{6\mu}{\rho' gd}$ でボルボックスの重心の位置は鉛直線上に来ることがわかる．つまり，重力の作用により，ちょうど起き上がりこぼしのようにボルボックスの向きが一定になる．常に密度の大きい側が鉛直下側になるので，この力学的な状態はボトムヘビー[7)]と呼ばれる．*V. carteri* では $\tau \approx 10\,\mathrm{s}$ 程度であり，これより $d \approx 6\,\mu\mathrm{m}$ と見積もられる．この作用により，ボルボックスの推進方向は鉛直上向きとな

[7)]bottom heavy. もともとは船舶用語のようだ.

図 3.2　らせん状の物体の例．回転トルクを加えることにより回転
運動と同時に並進運動を生じる．

り重力に逆らって遊泳する．遊泳速度が十分速ければ，沈降せずに太陽光の当
たる水面付近に居続けることができる．一般に，重力に対する生物の応答を**重
力走性**（gravitaxis）というが，特に重力によって受動的に生物の向きが整え
られる作用を**ジャイロ走性**（gyrotaxis）と呼ぶ．

　物体の対称性が低く，結合テンソルがゼロでない場合には，物体を回転させ
ることで並進の抵抗が生まれる．例えば，バクテリアの鞭毛に見られるらせん
状の物体（図 3.2）がそうである．バクテリアは，らせん状の鞭毛を回転させ
ることで，スクリューのように流体中で推進力を生み出すことができる．

例 3.3（バクテリアの遊泳推進機構）　図 3.2 のような，らせん状の物体を長軸
の周りに回転させることを考える．物体は長軸方向に沿って運動するとしよう．
並進の速度 U と回転の角速度 Ω を求めてみよう．6×6 の拡大抵抗テンソルの
うち，長軸方向の並進と回転の成分を抜き出した 2×2 の行列 $\mathbf{K} = \begin{pmatrix} A & C \\ C & D \end{pmatrix}$
を用いて，並進と回転による抵抗を表すことにする[8]．これは，長軸方向以外
の運動と長軸方向の運動の間には結合がなく分離できていることを意味してい
る[9]．$A, D > 0$ は，それぞれ長軸方向への並進と回転による力とトルクに関す
る抵抗係数で，非対角成分 C はらせんの向きによって正負が異なる．物体に
回転のトルク M^{ext} を加えたときの物体の力とトルクのつりあいの式は，

$$\begin{pmatrix} 0 \\ M^{\text{ext}} \end{pmatrix} = \mathbf{K} \begin{pmatrix} U \\ \Omega \end{pmatrix}$$

と書ける．$\mathbf{K}$ の逆行列 $\mathbf{M} = \mathbf{K}^{-1}$ を求めることにより，推進速度と回転角速

---

[8] 文献 [115] には印象的なイラストと共に，いくつか例が示されている．
[9] 3.4.2 節で詳しく述べる．

度はそれぞれ,

$$U = -\frac{CM^{\text{ext}}}{AD - C^2}, \quad \Omega = \frac{AM^{\text{ext}}}{AD - C^2} \tag{3.7}$$

と求まる. 行列 $\mathbf{K}$ の正定値性 (命題 3.2) より, $AB - C^2 > 0$ であること, そして非対角成分 C が回転から並進運動を生み出していることがわかる. これがバクテリアの鞭毛による遊泳のメカニズムである.

バクテリアの遊泳における鞭毛駆動トルク M^{ext} は細胞内部の分子モーターによって生み出されている. このような回転の駆動力を人工的に与えることで, マイクロスケールの遊泳ロボットを作ることもできる. 例えば, 図 3.2 のような, らせん状の物体を磁化させ, 外部から磁場をかけることで運動を制御することができる. このような磁性マイクロロボットは, ドラッグデリバリー用のマイクロロボットとしても研究が進められている[10]. 磁化ベクトルは外部の磁場ベクトルに揃うように運動が生じるため, 磁化ベクトルをらせんの軸と垂直になるように設計すれば, 外部の磁場ベクトルをらせん軸の周りを時間的に回転させるように印加することで, 物体にらせん軸方向の回転トルクが加わる. このトルクにより, 回転運動と同時に推進運動が生まれる.

3.1.2 流体抵抗中心

抵抗テンソル K_{ij}, C_{ij}, Q_{ij} はいずれも物体の形状 S のみで定まる量であった. ただし, C_{ij}, Q_{ij} の具体的な値を求めるには物体座標系の原点 $\boldsymbol{X}$ も同時に指定する必要がある. 一方, 2.1.4 節で詳しく見たように, 慣性の無視できる微生物流体力学では物体座標系の原点を各時刻ごとに好きに取り直しても問題ない. 微生物の形状は一般には球のような幾何学的な対称性を持っているとは限らないため, これらのテンソルの表示が簡単になる物体座標系を選ぶのが良さそうである. 結合抵抗テンソルは並進運動と回転運動を文字通り結合させてしまうことから, 運動の解析が複雑になる. 重力の作用が重心に働くように, 流体抵抗の働く作用点が分かれば, 結合抵抗テンソルの表現が単純になるだろう. そのような点が次に示す**流体抵抗中心**である.

---

10)不妊補助用精子ロボット[98] なども提案されている.

命題 3.3（流体抵抗中心の存在と一意性） ある点 $\boldsymbol{x}_0$ のまわりの結合抵抗テンソル C_{ij} を考える．結合テンソル C_{ij} は基準点 $\boldsymbol{x}_0$ に依存する量であり，C_{ij} が対称テンソルになる点 $\boldsymbol{x}_0$ が存在する．このような点 $\boldsymbol{x}_0$ を**流体抵抗中心**（hydrodynamic center of resistance）[11]という．任意の形状の物体に対して，流体抵抗中心がただ 1 つ存在する．

証明 物体が速度 $\boldsymbol{U}$ で並進運動を行っている状況を考え，2 つの点 $\boldsymbol{x}_1$，$\boldsymbol{x}_2$ のまわりの結合テンソルの違いを調べよう．物体の表面を S として，点 $\boldsymbol{x}_1$，$\boldsymbol{x}_2$ のまわりの物体に働くトルク $\boldsymbol{M}^{(1)}$，$\boldsymbol{M}^{(2)}$ の差 $\boldsymbol{M}^{(1)} - \boldsymbol{M}^{(2)}$ は，$\int_S (\boldsymbol{x} - \boldsymbol{x}_1) \times \boldsymbol{f}\, dS - \int_S (\boldsymbol{x} - \boldsymbol{x}_2) \times \boldsymbol{f}\, dS = -(\boldsymbol{x}_1 - \boldsymbol{x}_2) \times \boldsymbol{F}$. ここで，2 つの基準点の結合抵抗テンソル $C_{ij}^{(1)}$，$C_{ij}^{(2)}$ を $M_i^{(1)} = -C_{ij}^{(1)} U_j$，$M_i^{(2)} = -C_{ij}^{(2)} U_j$ で定め，$F_{ij} = -K_{ij} U_j$ を用いると，2 つの結合抵抗テンソルの関係，$C_{ij}^{(2)} = C_{ij}^{(1)} - \epsilon_{ik\ell}(\boldsymbol{x}_2 - \boldsymbol{x}_1)_k K_{\ell j}$ を得る．これから，$C_{ij}^{(2)} - C_{ji}^{(2)} = C_{ij}^{(1)} - C_{ji}^{(1)} - (\boldsymbol{x}_2 - \boldsymbol{x}_1)_k (\epsilon_{ik\ell} K_{\ell j} - \epsilon_{jk\ell} K_{\ell i})$．ここで，$\boldsymbol{x}_2 = \boldsymbol{x}_c$ が流体抵抗中心であれば，左辺は定義からゼロになる．全体に，$\epsilon_{mi\ell}$ を乗じて，整理すると

$$\left[K_{mk} - K_{ii}\delta_{mk} \right](\boldsymbol{x}_c - \boldsymbol{x}_1)_k = \frac{1}{2}\epsilon_{mij}\left(C_{ij}^{(1)} - C_{ji}^{(1)} \right) \tag{3.8}$$

となるが，左辺のテンソル $A_{mk} = K_{mk} - K_{ii}\delta_{mk}$ の逆を求めることができれば，$\boldsymbol{x}_c$ を具体的に構成できる．K_{ij} は対称テンソルであるから，直交する固有ベクトル（主軸）を用いて対角化可能であり，正定値性より固有値（主値）K_i はすべて正である．物体座標系 $\tilde{\boldsymbol{e}}_i$ としてこの固有ベクトルを用いて物体座標系で表示すれば，

$$A_{ij} = -\begin{pmatrix} K_2 + K_3 & 0 & 0 \\ 0 & K_3 + K_1 & 0 \\ 0 & 0 & K_2 + K_3 \end{pmatrix} \tag{3.9}$$

となる．それゆえ，A_{ij} は負定値であることが分かるので，必ず逆を持ち，$\boldsymbol{x}_c$ の存在を示すことができる．流体抵抗中心は 1 つしか存在しないことも同様に示すことができる．式 (3.8) の $\boldsymbol{x}_1$ として別の流体抵抗中心 $\boldsymbol{x}_c'$ を考えると，定

---

[11]あるいは単に流体中心，抵抗中心ともいう．

義より，右辺はゼロである．A_{ij} が逆をもつことから，$\boldsymbol{x}_c - \boldsymbol{x}_c' = \boldsymbol{0}$ となり，流体抵抗中心は任意の形状の物体に対してただ1つ存在することがわかる．■

例 3.4（植物プランクトンの形状と流体抵抗中心） 赤潮の原因の1つである単細胞の植物プランクトン *Heterosigma akashiwo* はラフィド藻と呼ばれる仲間に属するが，細胞壁のような外被をもたず細胞膜が露出しているため，形が変化しやすい．例 3.2 のボルボックスと同様に周囲の水よりも細胞密度は大きく，また核の配置位置によって，重力中心 $\boldsymbol{x}_g$ と浮力中心 $\boldsymbol{x}_b$ が異なる．図 3.3 にあるような楕円体とゆで卵のような歪んだ軸対称形の細胞を考えよう．前後対称的な楕円体の細胞（図 3.3 (a)）の場合，流体抵抗中心 $\boldsymbol{x}_c$ は浮力中心と一致し，重力のトルクのために，ボトムヘビーの状態が安定になる．しかし，前方が細くなっているゆで卵状の細胞の場合には，流体抵抗中心が相対的に尖った先端方向に移る．ここで，$\boldsymbol{x}_c$ 周りのトルクを考えよう．$|\boldsymbol{x}_b - \boldsymbol{x}_c| = d_c$，$|\boldsymbol{x}_b - \boldsymbol{x}_g| = d_g$ とし，細胞と周りの流体の質量密度をそれぞれ ρ_c, ρ_0 と書けば，図 3.3 (b) の紙面時計回りのトルクは，$[(d_c - d_g)\rho_c - d_c\rho_0]Vg$ である．ここで V は細胞の体積，g は重力加速度である．物体の対称性より流体中心 $\boldsymbol{x}_c$ のまわりの結合抵抗テンソルはゼロになる．そのため，物体の並進運動と回転運動は完全に分離でき，トルクが正になる条件は重力と浮力を比べることで，

$$\frac{d_g}{d_c} < \frac{\rho'}{\rho_c}$$

であることが分かる．ここで，密度差を $\rho' = \rho_c - \rho_0$ とした．形状の前後対称性が破れ先端が細くなれば，d_c が大きくなりこの条件が満たされる．すると，

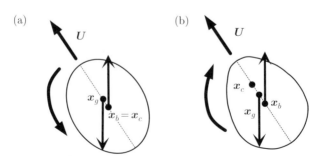

図 3.3　ラフィド藻 *H. akashiwo* の流体抵抗中心．

形状効果により重心が浮力中心よりも上側にあるトップヘビー状態が安定になる．このように少しの形態の違いにより，鉛直上向きと下向きに泳いでいく細胞群に分かれる[126]．

実際に形状から流体抵抗中心 x_c は一意に定まる（命題 3.3）が，具体的な形状に対してその位置を計算しようとすると，ストークス方程式を解くことになる．そのため，摂動論や近似理論，および直接数値計算法などを利用し数値的に求める必要が出てくる．これらの解析手法については 4.3 節で紹介する．例 3.2, 3.4 では，遊泳の効果を無視して考察を行った．では，遊泳の効果はどのようにして取り入れられるべきであろうか．

3.2 流体中の物体の遊泳

続いて，物体が変形し，流体中を遊泳する場合を考えよう．

3.2.1 流体中の物体の遊泳

変形体の表面の速度は，2.1.4 節（命題 2.1）で議論したように，物体の並進と回転に対応する剛体運動と変形速度に分離することができ，

$$u(x) = U + \Omega \times (x - X) + u' \tag{3.10}$$

と書ける．ここで，U は物体の並進速度，Ω は物体座標系 $\{\tilde{e}_i\}$ の原点 X のまわりの回転角速度，u' は変形に起因する表面速度である．

3.1.1 節（命題 3.1）で見たように，流体中の変形しない物体（剛体）に働く力 F^{drag} とトルク M^{drag} は，抵抗テンソルを用いて，

$$F_i^{\mathrm{drag}} = -K_{ij}U_j - C_{ji}\Omega_j, \quad M_i^{\mathrm{drag}} = -C_{ij}U_j - Q_{ij}\Omega_j \tag{3.11}$$

と書けた．物体の変形に起因する表面速度 u' がある場合には，流体を介した力・トルクとして，推進力 F^{prop} と推進トルク M^{prop} が加わる．

命題 3.4（微小遊泳体の推進力） 微小遊泳体のまわりの流体がストークス方程式に従うとき，物体に働く力 F とトルク M はそれぞれ，$F = F^{\mathrm{drag}} + F^{\mathrm{prop}}$，$M = M^{\mathrm{drag}} + M^{\mathrm{prop}}$ となる．ただし，推進の力とトルクはそれぞれ

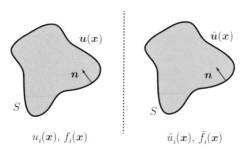

図 3.4　同じ物体表面 S を持つ領域での異なる 2 つのストークス方
　　　程式の解.

$$F_j^{\mathrm{prop}} = -\int_S u_i' \Sigma_{ij}\, dS, \quad M_j^{\mathrm{prop}} = -\int_S u_i' \Pi_{ij}\, dS \qquad (3.12)$$

で表される．Σ_{ij} と Π_{ij} はそれぞれ並進と回転に対する表面力抵抗テンソル
（3.1.1 節参照）である．

証明　ローレンツの相反定理（定理 2.12）を用いる．再び，図 3.4 にあるよ
うに，同じ表面 S に対して異なる 2 つの境界条件の下でのストークス方程
式の解を考える．速度場 u_i と表面力 $f_j = -n_i \sigma_{ij}$ は今考えたい変形体に対
する解で，境界条件として式 (3.10) を採用する．もう 1 つは任意の剛体運動
$\hat{\boldsymbol{u}} = \hat{\boldsymbol{U}} + \hat{\boldsymbol{\Omega}} \times (\boldsymbol{x} - \boldsymbol{X})$ で，解を $\hat{u}_i$, $\hat{f}_j = -n_i \hat{\sigma}_{ij}$ と書こう．$\boldsymbol{r} = \boldsymbol{x} - \boldsymbol{X}$ と
おけば，ローレンツの相反定理から得られる式 $\int_S u_i \hat{f}_i\, dS = \int_S \hat{u}_i f_i\, dS$ の左
辺は，

$$\int_S \left(U_i + \epsilon_{ijk}\Omega_j r_k + u_i' \right) \hat{f}_i\, dS = \left(U_i \hat{F}_i + \Omega_i \hat{M}_i \right) + \int_S u_i' \hat{f}_i\, dS \quad (3.13)$$

となる．ここで，$\hat{\boldsymbol{F}}$ と $\hat{\boldsymbol{M}}$ はそれぞれ剛体運動 $\hat{\boldsymbol{u}}$ をしている物体に働く力
とトルクである．3.1.1 節で詳しく見たように，剛体運動の表面力ベクトル
は $\hat{f}_i = -\Sigma_{ij}\hat{U}_j - \Pi_{ij}\hat{\Omega}_j$ と分解できるので，式 (3.13) の右辺最後の式は
$\int_S u_i' \hat{f}_i\, dS = -\int_S u_i' \Sigma_{ij}\hat{U}_j\, dS - \int_S u_i' \Pi_{ij}\hat{\Omega}_j\, dS$ となる．
　一方，相反定理の式の右辺は

$$\int_S \hat{u}_i f_i\, dS = \int_S \left(\hat{U}_i + \epsilon_{ijk}\hat{\Omega}_j r_k \right) f_i\, dS = F_i \hat{U}_i + M_i \hat{\Omega}_i$$

である．ここで，6 次元のベクトル

$$
\mathcal{U} = \begin{pmatrix} \boldsymbol{U} \\ \boldsymbol{\Omega} \end{pmatrix}, \quad
\hat{\mathcal{U}} = \begin{pmatrix} \hat{\boldsymbol{U}} \\ \hat{\boldsymbol{\Omega}} \end{pmatrix}, \quad
\mathcal{F} = \begin{pmatrix} \boldsymbol{F} \\ \boldsymbol{M} \end{pmatrix}, \quad
\hat{\mathcal{F}} = \begin{pmatrix} \hat{\boldsymbol{F}} \\ \hat{\boldsymbol{M}} \end{pmatrix}, \quad
\mathcal{F}^{\mathrm{prop}} = \begin{pmatrix} \boldsymbol{F}^{\mathrm{prop}} \\ \boldsymbol{M}^{\mathrm{prop}} \end{pmatrix}
$$

を用いると，相反定理の式は，まとめて $\mathcal{U}_i\hat{\mathcal{F}}_i + \mathcal{F}_i^{\mathrm{prop}}\hat{\mathcal{U}}_i = \mathcal{F}_i\hat{\mathcal{U}}_i$ と表すことができる．拡大抵抗テンソル $\mathcal{K}$ を用いると，$\hat{\mathcal{F}}_i = -\mathcal{K}_{ij}\hat{\mathcal{U}}_j$ であるので，

$$
\left(-\mathcal{U}_i\mathcal{K}_{ij} + \mathcal{F}_j^{\mathrm{prop}}\right)\hat{\mathcal{U}}_j = \mathcal{F}_j\hat{\mathcal{U}}_j \tag{3.14}
$$

と書ける．この式 (3.14) は任意のベクトル $\hat{\mathcal{U}}_j$ で成り立つので，$\mathcal{F}_j = -\mathcal{U}_i\mathcal{K}_{ij} + \mathcal{F}_j^{\mathrm{prop}}$．拡大抵抗テンソル $\mathcal{K}$ の対称性（命題 3.2）を用いれば，$\mathcal{F}_i = -\mathcal{K}_{ij}\mathcal{U}_j + \mathcal{F}_i^{\mathrm{prop}}$ が分かる．■

命題 3.4 より，変形（物体座標系での形状の時間変化）が与えられると，遊泳速度 $\mathcal{U}_i$ を力とトルクのつりあいの関係式，$\mathcal{F}_i = -\mathcal{K}_{ij}\mathcal{U}_j + \mathcal{F}_i^{\mathrm{prop}} = 0$ から求めることができる．移動度テンソル $\mathcal{M} = \mathcal{K}^{-1}$ を用いると，

$$
\mathcal{U}_i = \mathcal{M}_{ij}\mathcal{F}_j^{\mathrm{prop}} \tag{3.15}
$$

となることがわかる．これにより，原理的には変形によって遊泳する物体の運動を完全に解くことができるが，物体表面 $S(t)$ の関数である $\mathcal{K}$ や Σ_{ij}，Π_{ij} を解析的に求めることは，実際にはほとんどの場合不可能である．

式 (3.12) から，推進力は，表面に速度場が与えられていれば生じる．まずは変形の代わりに，表面の速度場によって遊泳を行う物体を考えてみよう．

3.2.2 スクワーマ

図 3.5 のように，表面速度場によって遊泳する物体の数理モデルを**スクワーマ**（squirmer）という．スクワーマという言葉はライトヒル（J. Lighthill）の1952 年の論文[87]に由来する．squirm は「もぞもぞ動く」という意味の英単語で，彼は微小変形によって遊泳する球形の微生物モデル[12]を考えた．

---

12)ライトヒルモデル，ライトヒルのスクワーマともいう．ライトヒルの計算に誤りがあることを指摘したブレイク（John Blake）[9]と合わせて，ライトヒル–ブレイクのスクワーマと呼ばれることもある．

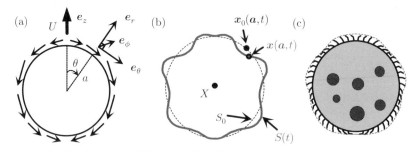

図 3.5　(a) 表面の速度で推進する球形スクワーマ.（b) 微小変形に
よる遊泳モデル.（c) 繊毛虫の遊泳モデルとしての球形スク
ワーマ（包絡線モデル）.

　しかし現在では，むしろ表面の速度場によって駆動される遊泳体一般を指し
て用いられることが多い．たくさんの繊毛で駆動する繊毛虫の遊泳モデルとし
て用いる場合には，表面で速度場が生じているとしてスクワーマを用いる．ま
た，表面張力の不均一性による流れ[13]やその他の物体表面の非平衡状態によっ
て駆動される流れ（電気泳動，拡散泳動，熱泳動など）によっても表面流が発
生する[2], [94]．このような表面流を自律的に発生させる仕組みを作れば，遊泳
する粒子（**自己推進粒子**，self-propelled particle）を人工的に作ることができ
る．その一例が，コロイド粒子の前半面と後半面に異なるコーティングを施し
たヤヌス[14]粒子（Janus particle）である．表面の前後で異なる化学反応が起
こることにより表面流が発生し，自律的に流体中を遊泳することができる．ヤ
ヌス粒子のような人工の自己推進粒子は近年非平衡物理学，ソフトマター物理
学，化学物理など分野で精力的に研究されているが，スクワーマは，このよう
な自己推進粒子の数理モデルとしてもよく用いられる．

例 3.5（球形スクワーマ）　遊泳速度の計算に必要となる $\mathcal{K}$ や Σ_{ij}, Π_{ij} といっ
た量は，一般には複雑な形状をもつ表面 $S(t)$ の関数となり計算が難しい．し
かし，球形のスクワーマの場合には，球のまわりの流れ場の解を用いて具体的
に計算することができる．球の半径を a として，推進速度の具体的な表式を求

---

[13] マランゴニ（Marangoni）効果と呼ばれる.

[14] 2 つの顔を持つローマ神話の神，ヤヌスに由来する.

めてみよう.

例 3.1 で求めたように,半径 a の球に対する表面力テンソルは $\Sigma_{ij} = \frac{3\mu}{2a}\delta_{ij}$,$\Pi_{ij} = \frac{3\mu}{a}\epsilon_{ijk}x_k$ であり,式 (3.12) に代入すれば,$\boldsymbol{F}^{\mathrm{prop}}$ と $\boldsymbol{M}^{\mathrm{prop}}$ が得られる.力のつりあいの式 $\boldsymbol{F} = 0$ を解けば,$K_{ij} = 6\pi\mu a\delta_{ij}$,$C_{ij} = 0$ に注意して,

$$U_i = -\frac{1}{4\pi a^2} \int_S u_i' \, dS. \tag{3.16}$$

同様に,トルクのつりあいは $Q_{ij} = 8\pi\mu a^3\delta_{ij}$(例 3.1)より,

$$\Omega_i = -\frac{3}{8\pi a^4} \int_S u_j'\epsilon_{jik}x_k \, dS = -\frac{3}{8\pi a^3} \int_S [\boldsymbol{e}_r \times \boldsymbol{u}']_i \, dS \tag{3.17}$$

と書ける.ただし,$\boldsymbol{e}_r$ は法線方向の単位ベクトルである(図 3.5 (a)).

より具体的な計算を進めるため,表面の速度 $\boldsymbol{u}'$ が軸対称(軸方向を $\boldsymbol{e}_z$ とする)だと仮定する.図 3.5 (a) のような極座標 (r, θ, ϕ) を用いて,$\boldsymbol{u}'(\theta) = u_r'(\theta)\boldsymbol{e}_r + u_\theta'(\theta)\boldsymbol{e}_\theta + u_\phi'(\theta)\boldsymbol{e}_\phi$ と書こう.極角 θ の関数 u_r', u_θ', u_ϕ' をルジャンドル級数展開した形で書く.

$$u_r' = \sum_{n=1}^{\infty} A_n P_n(\cos\theta), \quad u_\theta' = \sum_{n=1}^{\infty} B_n V_n(\cos\theta), \quad u_\phi' = \sum_{n=1}^{\infty} C_n V_n(\cos\theta).$$

ここで,$P_n(x)$ はルジャンドル多項式であり,$V_n(x) = \frac{2\sqrt{1-x^2}}{n(n+1)}\frac{d}{dx}P_n(x)$ で与えられる[15].今,軸対称性より,運動は z 軸方向であり,速度 U とその周りの角速度 Ω だけが値を持つ.具体的な表式を得るには,ルジャンドル級数展開の表式を式 (3.16), (3.17) に代入して積分を実行すればよい.ルジャンドル多項式の直交性,

$$\int_{-1}^{1} P_n(x)P_m(x) \, dx = \frac{2\delta_{nm}}{2n+1}, \quad \int_{-1}^{1} V_n(x)V_m(x) \, dx = \frac{8\delta_{nm}}{n(n+1)(2n+1)}$$

を用いると,

$$U = \frac{2}{3}B_1 - \frac{1}{3}A_1, \quad \Omega = -\frac{C_1}{a} \tag{3.18}$$

と求めることができる.$P_1(\cos\theta) = \cos\theta$ より,A_1 モードは並進速度と一致

---

[15] $V_n(x)$ はルジャンドルの陪多項式 $P_n^1(x)$ を用いれば $V_n(x) = -\frac{2}{n(n+1)}P_n^1(x)$ と等しい.

する. 一方, $V_1(\cos\theta) = \sin\theta$ より C_1 モードは球の剛体回転を表す. 表面速度場を並進・回転の速度と分離して表記する場合には, $A_1 = C_1 = 0$ となることに注意. このとき, 推進速度は B_1 モード (図 3.5 (a)) によって与えられる.

3.2.3　微 小 変 形 理 論

変形が微小だとした場合には, 摂動展開によって遊泳速度の一般的な表式を逐次的に求めることができる. 変形に関する最低次の遊泳速度は, 表面の速度場として記述することができる. すなわち, スクワーマは微小変形の最低次の記述になっている.

変形する物体の表面 $S(t)$ の位置ベクトルを, 変形しない境界 S_0 からの微小なずれとして記述する. 図 3.5 (b) のように, S_0 の表面の位置ベクトルをラグランジュ座標 $\boldsymbol{a}$ を用いて, $\boldsymbol{x}_0(\boldsymbol{a}, t)$ と書く. 変形をする表面 $S(t)$ 上の点の位置ベクトルを $\boldsymbol{x}(\boldsymbol{a}, t) = \boldsymbol{x}_0(\boldsymbol{a}, t) + \boldsymbol{s}(\boldsymbol{a}, t)$ と表そう. ここで, 変形 $\boldsymbol{s} = \epsilon\alpha_i(\boldsymbol{a}, t)\tilde{\boldsymbol{e}}_i$ が $O(\epsilon)$ であるとして (α_i は $O(1)$), $\epsilon \ll 1$ に関する摂動展開を行う. $\tilde{\boldsymbol{e}}_i$ は物体座標系の正規直交基底である. 命題 2.1 より, $S(t)$ 上の点の速度は $\boldsymbol{u}_s(\boldsymbol{a}, t) = \boldsymbol{U} + \boldsymbol{\Omega} \times (\boldsymbol{x} - \boldsymbol{X}) + \boldsymbol{u}'$ である. ここで $\boldsymbol{u}' = \epsilon\dot{\alpha}_i\tilde{\boldsymbol{e}}_i$ であり, 記号「ドット」はラグランジュ的な時間微分を表す.

変形物体の周りの流体方程式の境界条件は, この $S(t)$ 上での滑りなし境界条件であるが, 境界の形状が一般には複雑になるので, 解くことが難しい. ここで, ストークス方程式が境界値を定めると解が一意に定まる境界値問題であったことを思い出そう. $S(t)$ 上での境界条件を満たすように, 代わりに S_0 で付加的な表面速度場 $\boldsymbol{u}_0' = A_i(\boldsymbol{a}, t)\tilde{\boldsymbol{e}}_i$ を与える. すると, S_0 上の点の速度は $\boldsymbol{u}_{s0}(\boldsymbol{a}, t) = \boldsymbol{U} + \boldsymbol{\Omega} \times (\boldsymbol{x}_0 - \boldsymbol{X}) + \boldsymbol{u}_0'$ と書ける. あとで $\boldsymbol{u}_0'$ の係数 $A_i(\boldsymbol{a}, t)$ を $S(t)$ での境界条件を満たすように定めるのである.

> **命題 3.5**　物体の形状変形が微小 ($\epsilon \ll 1$) であるとき, 遊泳速度を $\boldsymbol{U} = \epsilon\boldsymbol{U}^{(1)} + \epsilon^2\boldsymbol{U}^{(2)} + \cdots$, $\boldsymbol{\Omega} = \epsilon\boldsymbol{\Omega}^{(1)} + \epsilon^2\boldsymbol{\Omega}^{(2)} + \cdots$ と級数展開する. 同様に, $A_i = \epsilon A_i^{(1)} + \epsilon^2 A_i^{(2)} + \cdots$ と書けば, 展開の最低次は $A_i^{(1)} = \dot{\alpha}_i$ であり, $\boldsymbol{U}^{(1)}$, $\boldsymbol{\Omega}^{(1)}$ は, S_0 で表面速度 $\boldsymbol{u}_0' = \epsilon A_i^{(1)}(\boldsymbol{a}, t)\tilde{\boldsymbol{e}}_i$ を持つスクワーマの遊泳速度に等しい.

証明　流体の速度場 $\boldsymbol{u}(\boldsymbol{x})$ を $\boldsymbol{x}_0$ の周りでテイラー展開すると, $\boldsymbol{u} = O(\epsilon)$,

$\boldsymbol{x} - \boldsymbol{x}_0 = \boldsymbol{s} = O(\epsilon)$ に注意して,

$$\boldsymbol{u}(\boldsymbol{x}, t) = \boldsymbol{u}(\boldsymbol{x}_0, t) + \boldsymbol{s} \cdot \nabla \boldsymbol{u} + O(\epsilon^3). \tag{3.19}$$

S_0 での滑りなし境界条件 $\boldsymbol{u}(\boldsymbol{x}_0, t) = \boldsymbol{u}_{s0} = \epsilon \boldsymbol{U}^{(1)} + \epsilon \boldsymbol{\Omega}^{(1)} \times (\boldsymbol{x}_0 - \boldsymbol{X}) + \epsilon A^{(1)} \tilde{\boldsymbol{e}}_i + O(\epsilon^2)$ と $S(t)$ での滑りなし境界条件 $\boldsymbol{u}(\boldsymbol{x}, t) = \boldsymbol{u}_s = \epsilon \boldsymbol{U}^{(1)} + \epsilon \boldsymbol{\Omega}^{(1)} \times (\boldsymbol{x} - \boldsymbol{X}) + \epsilon \dot{\alpha}_i \tilde{\boldsymbol{e}}_i + O(\epsilon^2)$ を, 式 (3.19) に代入して $O(\epsilon)$ の寄与を比較する. これにより, $A_i^{(1)} = \dot{\alpha}_i$ となることがわかる. 式 (3.12) からもわかるように, $\boldsymbol{u}_0' = \epsilon A_i^{(1)} \tilde{\boldsymbol{e}}_i$ とおけば, 推進の力とトルクの $O(\epsilon)$ の寄与は表面 S_0 をもつスクワーマの表式

$$F_j^{\mathrm{prop}} = -\int_{S_0} u_{0i}' \Sigma_{0ij} \, dS + O(\epsilon^2), \quad M_j^{\mathrm{prop}} = -\int_{S_0} u_{0i}' \Pi_{0ij} \, dS + O(\epsilon^2)$$

で与えられる. ここで, Σ_{0ij}, Π_{0ij} は S_0 の表面力テンソルであることを意味している. 抵抗 $\boldsymbol{F}^{\mathrm{drag}}, \boldsymbol{M}^{\mathrm{drag}}$ も最低次では S_0 の抵抗テンソルを用いて得られるので, 式 (3.15) より $O(\epsilon)$ の表式 $\boldsymbol{U}^{(1)}, \boldsymbol{\Omega}^{(1)}$ は変形をしない表面 S_0 のスクワーマの遊泳速度に一致する. ∎

例 3.6（球形スクワーマ） 微小変形理論を例 3.1 の球形スクワーマに対して適用する. 変形 $\boldsymbol{s}$ を $\boldsymbol{s} = s_r \boldsymbol{e}_r + s_\theta \boldsymbol{e}_\theta + s_\phi \boldsymbol{e}_\phi$ と展開し, ルジャンドル多項式で展開した形

$$s_r = \epsilon \sum_{n=1}^{\infty} \alpha_n P_n(\cos\theta), \quad s_\theta = \epsilon \sum_{n=1}^{\infty} \beta_n V_n(\cos\theta), \quad s_\phi = \epsilon \sum_{n=1}^{\infty} \gamma_n V_n(\cos\theta)$$

で書けば, 命題 3.5 と式 (3.18) より,

$$U = \frac{\epsilon}{3} \left(2\dot{\beta}_1 - \dot{\alpha}_1 \right), \quad \Omega = -\frac{\epsilon}{a} \dot{\gamma}_1 \tag{3.20}$$

を得る. 変形が時間周期的だとすれば, その 1 周期 T での遊泳距離 X は, 時刻 $t = 0$ から T まで積分して, $X = \int_0^T U \, dt = 0$. 同様に, 変形の 1 周期後の回転角も $\Theta = \int_0^T \Omega \, dt = 0$ となり, 変形の 1 周期で元の位置に向きも含めて戻ってくることがわかる. 実行的な遊泳を果たすためには, 変形の 2 次の量まで調べる必要がある. より一般に, 往復運動と呼ばれる行きと帰りの変形が一致するような変形の場合には, 変形の 1 周期で元の位置に向きを含めて戻って

くる．この事実は帆立貝定理（scallop theorem）として知られているが，詳細は次節に譲る．

　$O(\epsilon^2)$ 以降は，同様の展開を進めることで得られる．特にライトヒルのオリジナルの微小変形球の遊泳[87] では，軸対称な微小変形に対して，$O(\epsilon^2)$ までの表式が得られている[9],[110]．遊泳速度は式 (3.18) のルジャンドル係数 A_1 や B_1 を $O(\epsilon^2)$ まで求めることで計算することができる．しかし，A_1 や B_1 の表式は変形のルジャンドル係数の無限級数和になっており，具体的な表面変形に対して遊泳速度がどのようになっているかはすぐにはわからない．

注 3.1　微小変形モデルは，ゾウリムシやテトラヒメナなどの多数の繊毛によって泳ぐ微生物の遊泳に用いられている．繊毛は，行きは大きな振幅を持った有効打（effective stroke）によって推進力を生み出し，帰りは抵抗を少なく小さな振幅を持った回復打（recovery stroke）を行う（図 3.6）．これらの個々の繊毛の周期的な運動の位相が場所ごとに異なるため，サッカースタジアムの観客席のウェーブのように波が伝わっていくように見える（図 3.7）．これを繊毛波（metachronal wave）という．図 3.5 (c) のように，無数の繊毛の先端の包絡線（envelope）（図の点線部）を仮想的な物体の表面だと見なせば，微小変形モデルを適用することができ，これは包絡線近似，あるいは包絡線モデル[9]と呼ばれている．特に，例 3.2 でも触れた球形の藻の仲間であるボルボックスは $O(\epsilon^2)$ までの微小変形球モデルで定量的によく記述できることがわかっている[110]．ここでの展開係数 ϵ は繊毛の長さとボルボックスの球の半径の比で，実験から $\epsilon \approx 0.03$–0.04 程度と見積もられている．

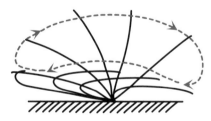

図 3.6　繊毛の動きの模式図．推進を生み出す有効打（右向き）と抵抗を少なくする回復打（左向き）．

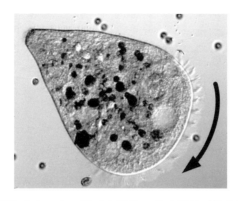

図 3.7 細胞前方にある繊毛が波状に動く様子（筆者撮影）．矢
印の方向に波が移動している．高速カメラによる映像は
YouTube[150] で見ることができる．

　特に，物体表面で法線方向に変形速度を持っている場合には，$S(t)$ の形状に
応じて抵抗テンソルを求める必要があるため，遊泳速度を解析的に求めること
は難しくなる．一方，変形が接線方向に限られている場合には，具体的な計算
を進めることができる場合がある．次の例を考えてみよう．

例 3.7　表面が接線方向に変形する球の遊泳を考える．球の半径を a として，
図 3.5 (a) のように球座標 (r, θ, ϕ) をとる．変形が θ 方向のみとして，変形し
ない表面 S_0 のラグランジュ座標を極角 θ_0 とし，$S(t)$ の表面上の点が進行波
状の変形 $\theta(\theta_0, t) = \theta_0 + \epsilon \cos(n\theta_0 - \omega t)$ をする場合を考える．この場合，物
体の形状は球のまま変化しないので，球面上の速度場を変形の関数から求める
ことができれば，式 (3.16) から遊泳速度を求めることができる．

　表面速度 $\boldsymbol{u}_0'(\theta_0) = u_{\theta_0} \boldsymbol{e}_{\theta_0}$ を (3.19) のテイラー展開を用いて計算する．
$\boldsymbol{u}'(\theta) = a \frac{\partial \theta}{\partial t} \boldsymbol{e}_\theta$ に注意して，$\boldsymbol{u}_0'(\theta_0) = \boldsymbol{u}'(\theta) - a(\theta - \theta_0) \boldsymbol{e}_{\theta_0} \cdot \nabla \boldsymbol{u}'|_{\theta_0} + O(\epsilon^3)$
より，

$$u_{\theta_0}(\theta_0) = \epsilon a \omega \sin(n\theta_0 - \omega t) - \epsilon^2 n a \omega \cos^2(n\theta_0 - \omega t) + O(\epsilon^3). \quad (3.21)$$

式 (3.16) から遊泳速度を求める．$\boldsymbol{e}_z$ 方向の時間平均速度を $\langle U \rangle$ と書けば，
(3.21) の右辺第 1 項目からは，時間周期的な遊泳速度が得られるため，速度の
時間平均量はゼロ．よって，$\langle U \rangle$ は $O(\epsilon^2)$ であり，具体的に求めると，その最

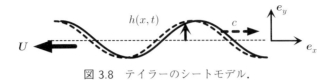

図 3.8　テイラーのシートモデル.

低次の値は

$$\langle U \rangle = -\frac{\pi}{8}\epsilon^2 n\omega a \tag{3.22}$$

となることがわかる. また, $n > 0$ のとき, 変形の定常進行波は θ の大きい方向, すなわち図 3.5 の $-z$ 方向に進み, 遊泳の方向も $-z$ 方向である.

　最後に, テイラー（Taylor）のシートモデルと呼ばれている 2 次元遊泳体モデルを取り上げよう. テイラー[16])は 20 世紀最大の流体力学者の一人であり, このテイラーの 1951 年の微生物遊泳の数理モデル[135] は現代生物流体力学の源流とも言える.

例 3.8（テイラーシート）　図 3.8 のような 2 次元のシートを考える. シートの広がっている方向を x 軸とし, シート上の各物質点は y 軸方向に時間的に変動する. その変位を, x 軸の正の方向に速さ $c = \frac{\omega}{k}$ の定常進行波で表し, $h(x, t) = b\sin(kx - \omega t)$ としよう. 注 3.1 で述べたように, 多数の繊毛の包絡線を表面変形とみなせば, テイラーシートは繊毛遊泳のモデルである. テイラー自身は, 精子のような鞭毛遊泳の数理モデルとして, このシートモデルを考えた.

　ここでも変形が微小だとして, シートの遊泳速度を考える. シート表面で滑りなし境界条件と x 方向の力のつりあい条件から遊泳速度が求まる. $\epsilon = bk \ll 1$ を仮定し, 遊泳速度 U を ϵ のべき乗で展開する. ϵ に比例する項はゼロとなり, 遊泳速度は $O(\epsilon^2)$ となる. 具体的な計算の結果は

$$\boldsymbol{U} = -\frac{c}{2}\epsilon^2 \boldsymbol{e}_x + O(\epsilon^4) \tag{3.23}$$

となる. 精子の鞭毛遊泳と同様, シート変形波の進行方向と逆向きに推進する.

---

[16])G.I. Taylor（1886–1975）. テイラーの低レイノルズ数流れの講義映像[137] が残っている.

3.3 パーセルの帆立貝定理

次に，微生物流体力学の重要な結果の一つであるパーセルの帆立貝定理を詳しく見ていこう．

3.3.1 パーセルの帆立貝定理

ストークス方程式には時間反転対称性がある（命題 2.2）．そのため，テイラーの実験（例 2.3）のように，境界を動かして流れを誘起したとしても，形状変化をたどるように元の境界形状に戻せば，流体中の粒子は元の位置に戻ってくる．では，変形により遊泳する物体に対して適用すればどのようになるであろうか．パーセル（Purcell）[17]は微生物の流体力学を解説した講演[115]で，この問題を取り上げた．物体の形状を，行きの変形をたどるように帰りの形状を変化させ，元の形状になったとき，物体は変形の 1 周期で元の位置に戻ってくるであろう，と述べている．さらに，貝を開閉するだけの帆立貝のような運動ではストークス流れの下ではどこにも泳いでいくことはできない，と付け加えた．講演の OHP シートには手書きの帆立貝のイラストとともに「The Scallop Theorem」と書き添えられている．これが，現在パーセルの帆立貝定理（あるいは単に帆立貝定理，scallop theorem）として知られている内容である（図 3.9 (a)）．

注 3.2 実際の帆立貝は泳ぐことができる．帆立貝は 1 つの開閉自由度しかもたない変形の例として挙げられているだけで，慣性の効果が無視できる微生物に対してしか成り立たない定理である．

帆立貝の貝の開閉に見られるような「行きの変形をたどるように帰りの形状を変化させる形状変化」をパーセルは**往復運動**（reciprocal motion）と呼んだ．ただし，このままでは「往復運動」という述語は明確な意味を持たない．流体中の生物の変形を，命題 2.1 で詳しく見たように，形状 $S(t)$ の時間変化として記述しよう．

---

[17]パーセル（Edward Purcell）は核磁気共鳴現象（NMR）の発見によりノーベル物理学賞（1952 年）を受賞した物理学者．

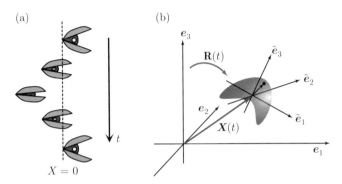

図 3.9　パーセルの帆立貝定理. (a) 往復運動では微生物は移動する
ことができない. (b) 慣性座標系と物体座標系.

図 3.9 (b) のように, 慣性座標系 $\{e_i\}$ $(i = 1, 2, 3)$ に加えて, 生物に固定さ
れた座標系 (物体座標系) $\{\tilde{e}_i\}$ を取る. 物体座標系の原点の位置ベクトルを
X_i, 座標系の向きを表す回転行列を R_{ij} とする. 生物表面 $S(t)$ 上の点の位置
ベクトルをラグランジュ座標 $\boldsymbol{a}$ を用いて, $\boldsymbol{x}(\boldsymbol{a}, t) = \boldsymbol{X}(t) + \boldsymbol{s}(\boldsymbol{a}, t)$ と書くこ
とにする. ここで変形を物体座標系の形状関数を用いて, $\boldsymbol{s}(\boldsymbol{a}, t) = \alpha_i(\boldsymbol{a}, t)\tilde{e}_i$
と表した. 初期時刻 $t = 0$ で $X_i(0) = 0$, $R_{ij}(0) = \delta_{ij}$ を満たすとする. 命題
2.1 より, 表面の速度は $\boldsymbol{u}_s = \boldsymbol{U} + \boldsymbol{\Omega} \times (\boldsymbol{x} - \boldsymbol{X}) + \boldsymbol{u}'$ と書けたことを思い出そ
う. ここで, 並進・回転・変形の速度はそれぞれ $\frac{dX_i}{dt} = U_i$, $\frac{dR_{ij}}{dt} = \epsilon_{ik\ell}\Omega_k R_{\ell j}$,
$u'_i = R_{ij}\dot{\alpha}_j$ を満たす. ただし, $\dot{\alpha}_i = \frac{D\alpha_i}{Dt}$ と書いた. これらの準備の下, パー
セルのいう往復運動を次のように定義しよう.

> **定義 3.1 (往復運動)**　生物が $[0, T]$ で往復運動をするとは, 区分的に滑らか
> な連続関数 $g(t) : [0, T] \to [0, T]$ が存在し $g(0) = g(T) = 0$ かつ, 形状変化
> が $\alpha_i(t) = \alpha_i(g(t))$ を満たすことである. 区間の幅 T を変形の周期, あるい
> は往復運動の周期と呼ぶ.

注 3.3　$g(t)$ は変形の行きの時刻と帰りの時刻を対応付ける写像である. あ
る時刻 $T_0 \in (0, T)$ を折り返しの時刻として, 時刻 $[0, T_0]$ を行きの変形,
$[T_0, T]$ を帰りの変形とする. 帰りの時刻を行きの時刻に対応付ける連続関数
$g_0 : [T_0, T] \to [0, T_0]$ とする. 当然 $g_0(T_0) = T_0$, $g_0(T) = 0$ である. ここで,
$g(t)$ として,

$$g(t) = \begin{cases} t & (0 \le t \le T_0), \\ g_0(t) & (T_0 \le t \le T) \end{cases} \tag{3.24}$$

とすればよい. 関数 g としては例えば $g_0(t) = T_0 \left(1 - \frac{t-T_0}{T-T_0}\right)$ とした折れ線がある. このように, 行きの変形の速さと帰りの変形の速さは一般に異なっている.

注 3.4 行きと帰りの変形の対応が物体座標系での成分表示 $\alpha_i(\boldsymbol{a}, t)$ に課せられている点に注意したい. 2.1.4 節でも述べたように, ある変形を与えたときの流体中の運動を求める問題に対しては, 変形は物体座標系での成分表示で与えられなければならない. 実際, $\tilde{\boldsymbol{e}}_i = \mathbf{R}\boldsymbol{e}_i$ より, 変形 $\boldsymbol{s}$ の慣性座標系での成分表示 $s_i = R_{ij}\alpha_j$ は, 本来求めたい回転行列 $R_{ij}(t)$ に陽に依存している. また, 物体の慣性と粘性の比である粒子レイノルズ数 Re_s がゼロの極限で, 流体中の運動は, 変形を指定するための物体座標系の取り方に依存しなくなる. 変形の自然な記述は, 周りに流体がないとした仮想的な生物の形状変化を用いる[51],[52] ものであり, このとき, 運動量と角運動量の保存が変形 $\boldsymbol{s}$ に自然に課されている.

以上の準備の下, 帆立貝定理の内容は次のようにまとめられる.

定理 3.1 (帆立貝定理) 慣性項がすべて無視できる ($Re = Re_\omega = Re_s = 0$) とき, 生物が周期 T の往復運動をすれば, 時刻 T で初期の位置に向きを含めて元に戻る. すなわち, $X_i(T) = 0$ かつ $R_{ij}(T) = \delta_{ij}$.

証明 変形に伴う推進による遊泳速度は, 6 次元のベクトルを用いて (命題 3.4)

$$\mathcal{U}_i = \mathcal{M}_{ij}\mathcal{F}_j^{\text{prop}} \tag{3.25}$$

と書けた. ここで, $\mathcal{M}_{ij}$ は 6 行 6 列の拡大移動度行列である. 往復運動の仮定は変形を記述する物体座標系でのみ用いることができるので, 式 (3.25) の物体座標系での成分表示を求めてゆく.

$\tilde{\boldsymbol{e}}_i = \mathbf{R}\boldsymbol{e}_i$ より, $F_j^{\text{prop}} = -\int_S u_i' \Sigma_{ij} \, dS = -\int_S R_{i\ell}\dot{\alpha}_\ell \Sigma_{ij} \, dS$ と書ける. ここで, 表面力抵抗テンソルが $S(t)$ のみの関数であるので, 記号チルダで物体

座標系での成分表示を表すと，回転行列を用いて $\Sigma_{i\ell} = R_{ij}\tilde{\Sigma}_{jk}R_{k\ell}^{-1}$. よっ
て，$F_\ell^{\mathrm{prop}} = -\int_S \dot{\alpha}_i \tilde{\Sigma}_{ij} R_{j\ell}^{-1}\, dS$. ここで，回転行列の性質 $R_{ij}^{-1} = R_{ji}$ と物
体座標系のみの量 $\tilde{F}_j^{\mathrm{prop}} = -\int_S \dot{\alpha}_i \tilde{\Sigma}_{ij}\, dS$ を用いると $F_\ell^{\mathrm{prop}} = R_{\ell j}\tilde{F}_j^{\mathrm{prop}}$ と
なることがわかる．往復運動の仮定より，表面力抵抗テンソルの物体座標
系での成分表示が時刻 t と $t' = g(t)$ で等しくなっていることに注意して，
$F_j^{\mathrm{prop}}(t) = -\int_{S(t)} \dot{\alpha}_i(t)\tilde{\Sigma}_{ij}(t)\, dS = -\int_{S(t')} \dot{\alpha}_i(t)\tilde{\Sigma}_{ij}(t')\, dS = F_j^{\mathrm{prop}}(t')\frac{dg}{dt}$.
$M_\ell^{\mathrm{prop}} = R_{\ell j}\tilde{M}_j^{\mathrm{prop}}$ に対しても同様の関係式を得る．回転行列を対角的に 2
つ並べた 6 行 6 列の行列を $\mathcal{R}_{ij}$ とする．先と同様，記号チルダで物体座標系
での成分表示を表すと，$\mathcal{M}_{i\ell} = \mathcal{R}_{ij}\tilde{\mathcal{M}}_{jk}\mathcal{R}_{k\ell}^{-1}$, $\mathcal{F}_j^{\mathrm{prop}} = \mathcal{R}_{ij}\tilde{\mathcal{F}}_j^{\mathrm{prop}}$ となる．往
復運動の仮定より，

$$\tilde{\mathcal{M}}_{ij}(t) = \tilde{\mathcal{M}}_{ij}(t'), \quad \mathcal{F}_i^{\mathrm{prop}}(t) = \mathcal{F}_i^{\mathrm{prop}}(t')\frac{dg}{dt} \tag{3.26}$$

となることに注意．これら物体座標系の成分表示を用いると，式 (3.25) は

$$\mathcal{R}_{ij}^{-1}\mathcal{U}_j = \tilde{\mathcal{M}}_{ij}\tilde{\mathcal{F}}_j^{\mathrm{prop}} \tag{3.27}$$

と書き直すことができる．往復運動の仮定より，式 (3.26), (3.27) を用いれば，
時刻 t と時刻 $t' = g(t)$ での間の関係式

$$\mathcal{R}_{ij}^{-1}(t)\mathcal{U}_j(t) = \mathcal{R}_{ij}^{-1}(t')\mathcal{U}_j(t')\frac{dg}{dt} \tag{3.28}$$

を得る．ここで微分方程式

$$\frac{dR_{ik}(t)}{dt} = R_{ij}(t)A_{jk}(t) \tag{3.29}$$

により，新たな行列 A_{ij} を導入すると，回転角速度 $\boldsymbol{\Omega}$ の定義を用いて，
$A_{ij}(t) = -\epsilon_{\ell kp}R_{\ell i}R_{kj}\Omega_p(t) = -\epsilon_{ijk}\left(R_{k\ell}^{-1}(t)\Omega_\ell(t)\right)$ と変形できる．ここで，
行列式の定義より，$\epsilon_{\ell kp}R_{\ell i}R_{kj}R_{pq} = \det(R)\epsilon_{ijq}$ となることと，回転行列の性
質を用いた．よって，式 (3.28) より

$$A_{ij}(t) = A_{ij}(t')\frac{dg}{dt} \tag{3.30}$$

となることがわかる．この関係式を用いると，

$$\frac{dR_{ik}(t')}{dt} = \frac{dg}{dt}\frac{dR_{ik}}{dt}(t') = \frac{dg}{dt}R_{ij}(t')A_{jk}(t') = R_{ij}(t')A_{jk}(t) \tag{3.31}$$

を得る. 式 (3.29) と (3.31) の 2 つの微分方程式を比べると,初期条件 $R_{ij}(g(0)) = R_{ij}(0) = \delta_{ij}$ が一致しているので,2 つの微分方程式は等しい解を与える. すなわち,$R_{ij}(t) = R_{ij}(t')$. 当然 $R_{ij}(T) = R_{ij}(0) = \delta_{ij}$. これを用いれば,式 (3.28) から $U_i(t) = U_i(t')\frac{dg}{dt}$ がわかる. 先と同様に,

$$\frac{dX_i(t')}{dt} = \frac{dg}{dt}\frac{dX_i}{dt}(t') = \frac{dg}{dt}U_i(t') = U_i(t) \tag{3.32}$$

となるが,U_i の定義式 $\frac{dX_i(t)}{dt} = U_i(t)$ と比較し,初期条件 $X_i(g(t)) = X_i(0) = 0$ が一致することから,$X_i(t) = X_i(t')$. これより,$X_i(T) = X_i(0) = 0$ も分かり,帆立貝定理が証明される. ∎

注 3.5　変形による流体中の遊泳問題は,非可換ゲージ理論として捉えなおすことができる[77],[128]. ここでのゲージ自由度は並進と回転を表す特殊ユークリッド群 SE(3) であり,底空間は形状空間(形状を表すパラメータ変数の空間)である. 式 (3.29) の行列 A_{ij} は接続(の一部)に対応し,変形の 1 周期での並進・回転は形状空間でのループ C のホロノミーである. 往復運動はループ C が曲線に潰れてしまっている状況であり,帆立貝定理はそのときのホロノミーがゼロであることに対応している. このような微分幾何学的な取扱いは,しばしば微小遊泳体の制御理論の文脈で用いられる. しかし,具体的な形状変化に対しては,流体方程式(ストークス方程式)を直接的ないし近似的に解く必要があることに変わりはない.

3.3.2　帆立貝定理の周辺

　ストークス流れの下で,変形によって移動するには往復運動でない変形を行う必要がある. 帆立貝のような 1 つの開閉自由度しかない場合には,往復運動しかできずに正味の遊泳を行うことができない. 微小ロボットを動かすにはどのように設計すればよいか,あるいは実際の微生物がどのような機構を用いて遊泳しているのか,帆立貝定理が成り立つ条件に注目しながら見ていこう.

例 3.9(パーセルスイマー)　まず簡単に思いつくのは図 3.10 のような 2 つの開閉自由度を持った物体であろう. この例は,パーセルの講演[115] で取り上げ

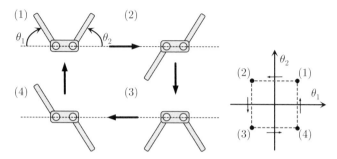

図 3.10 パーセルスイマー. (1)→(2)→(3)→(4)→(1) の変形は往復運動ではなく，形状の変数の空間ではループを描く.

られたため，**パーセルスイマー**と呼ばれている[18]. 2 つの 蝶 番 の角度 θ_1, θ_2 を図のように変形させる. このような変形は，形状変数の空間ではループを描いており，行きと帰りの形状が異なっているため，往復運動ではない. 往復運動の場合には，ループがつぶれて曲線状になっている. では，図のような変形を行う場合，変形の 1 周期でどの方向に移動・回転するだろうか. この問題はパーセルの講演[115] の中で出された「学生用の演習問題」である. 変形の対称性から 1 周期後には図の水平方向（点線の方向）に移動するが，実際には変形の振幅や腕の長さなどのパラメータによって左右のどちらにも移動することができる[6].

2 つの変形自由度で移動する遊泳体の数理モデルとして，理論解析が比較的簡単なモデルを考えよう. 図 3.11 (a) のような直線上の 3 つの球が抵抗のない棒で繋がれたモデルは，**3 つ球スイマー**（three-sphere swimmer），あるいは提唱者にちなんでナジャフィ-ゴレスタニアン（Najafi–Golestanian）モデル[35], [101] という名前で知られる.

例 3.10（3 つ球スイマー） 図 3.11 (a) のように半径 a_1, a_2, a_3 の球を 1 直線上に並べ，流体抵抗を受けない仮想的な棒でつなぐ. 左側と右側の棒（腕）の長さをそれぞれ図のように L_1, L_2 とし，この長さを変化させることで全体として変形をして遊泳を行う. 左右の腕を図のように，「左腕を縮める → 右

---

[18])3 リンクモデル（three-link model）とも呼ばれる.

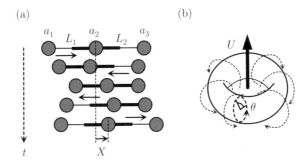

図 3.11　(a) 3つ球スイマーモデル．(b) 円環状（トロイダル）スイ
マーモデル．

腕を縮める → 左腕を伸ばす → 右腕を伸ばす」の順番で変化させると，変形
の1周期でゼロでない変位を生む．具体的な計算を行うには，球が十分離れて
いるという条件，$a_1, a_2, a_3 \ll L_1, L_2$ が必要である．さらに，ここでは簡単の
ため，腕の長さの変化が小さいとする．すなわち，腕の自然長を ℓ_1, ℓ_2 として
$L_1(t) = \ell_1 (1 + \epsilon_1(t)), L_2(t) = \ell_2 (1 + \epsilon_2(t))$ と書いたとき，変位量 ϵ_1, ϵ_2 が
小さい，すなわち $|\epsilon_1|, |\epsilon_2| \ll 1$ が成り立つとする．変形の1周期の時間を T
として，1周期での時間平均を $\langle \cdot \rangle$ で表せば，平均の遊泳速度 $\langle U \rangle$ の最低次の
表式は，

$$\langle U \rangle = \frac{K}{2} \langle \epsilon_1 \dot{\epsilon_2} - \dot{\epsilon_1} \epsilon_2 \rangle \tag{3.33}$$

と計算される．ただし，定数 K は球の半径と腕の自然長で定まる定数で，

$$K = \frac{3a_1 a_2 a_3 \ell_1 \ell_2}{(a_1 + a_2 + a_3)^2} \left[\frac{1}{\ell_1^2} + \frac{1}{\ell_2^2} + \frac{1}{(\ell_1 + \ell_2)^2} \right] \tag{3.34}$$

である．$a = a_1 = a_2 = a_3, \ell = \ell_1 = \ell_2$ のとき，$K = \frac{7a}{12}$ となる．式 (3.33) の
時間積分は ϵ_1-ϵ_2 平面内で変形の1周期で囲む面積に書き直すことができて，

$$\langle U \rangle = \frac{K}{T} \oint \epsilon_2 \, d\epsilon_1 \tag{3.35}$$

と書ける．行きと帰りの変形が往復運動のとき，変形の1周期後に元に戻って
くる帆立貝定理が成り立っていることが確認できる．

　実際の微生物の多くも，複数の変形自由度によって往復運動でない変形を行

い遊泳している．繊毛の有効打と回復打の形状が大きく異なっていることは，推進を生み出す上で非常に効率的であることがわかる．これら真核生物の繊毛や鞭毛は，長さ方向の繊維に沿って分子モーターが配置されており，どの部分でも屈曲が可能であることで，変形の自由度を増やしている例といえる．例 3.8 のテイラーシートに見られるような進行波状の変形は繊毛や鞭毛による遊泳でもよく見られる．変形の進行波が行ったり来たりせず，例えば精子の場合，常に頭部から尾部に波が伝わることで，遊泳が可能になっている．

変形の自由度が 1 つであっても往復運動でない変形をすることが可能である．その例が図 3.11 (b) のような円環状のスイマー（トロイダルスイマー）のモデルである．このモデルもテイラー（G.I. Taylor）[136] による．パーセルの講演[115] でも取り上げられており，テイラー–パーセルのトロイダルスイマーとも呼ばれる．

例 3.11（トロイダルスイマー）　トーラスの表面がトレッドミルのように動くことにより遊泳している．3.2.2 節で取り上げたスクワーマの枠組みで記述することが可能であり，表面の形状は角度の自由度 θ で指定することができる（図 3.11 (b)）．例 3.6 の微小変形球と異なり，θ を常に増加（あるいは減少）させる方向に変化させ続けることが可能である．θ を 0 から 2π まで変化させると，形状としては元の形に一致するが，この変形は往復運動ではない．そのため，帆立貝定理を避けて遊泳が可能である．このモデルは，アメーバ運動のモデルとしてもしばしば用いられるが，鞭毛を 3 次元的に回転させてトロイダルスイマーのように遊泳する種類も見つかってきている[45]．

回転自由度を用いることで，1 変数でも往復運動をせずに遊泳する微生物の代表例が，バクテリアのべん毛である．例 3.3 でも触れたように，バクテリアのべん毛はらせん状の構造をしており，菌体との付け根の基部にある分子モーターによって回転しスクリューのように推進力を生む．この場合も回転角度 θ を 0 から 2π まで変化させると，形状としては元の形に一致するが，変形は往復運動ではない．往復運動は $\tau \in [0,1]$ でパラメータ付けされる変形と言える．

変形を生み出す入力が往復運動であっても実現される形状が往復運動になっていない場合がある．形状そのものを未知関数として扱う物体構造連成問題（2.1.4 節参照）として問題を定式化した場合には，形状を指定する自由度が新

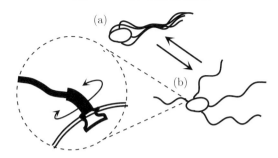

図 3.12 バクテリアのラン・アンド・タンブル運動. (a) 直進（ラン）状態. (b) 方向転換（タンブル）状態.

たに生じる. 最も単純な例は大腸菌の運動であろう. 大腸菌は菌体に複数のらせん状のべん毛を持ち基部の分子モーターによって回転している（図 3.12）. すべてのモーターが順方向に回転しているときにはべん毛は束になってバンドルと呼ばれる構造をとり, 細胞は一方向に進む（ラン状態, run 状態）. 一方モーターがすべて逆回転すると, バンドルはバラバラにほどけてしまう（タンブル状態, tumble 状態）. その際に細胞は方向を変えることができ, これらを繰り替えることで, 大腸菌は自身を好ましい環境に導くことができる. これらの一連の運動は**ラン・アンド・タンブル**（run-and-tumble）運動と呼ばれているが, モーターの回転が順方向回転から逆回転への時間反転的な入力になっているにも関わらず, 運動は時間反転対称的でなく遊泳が可能である. これはべん毛と菌体の接合部にあるフックと呼ばれる柔らかい部位による自由度の存在によって理解できる.

注 3.6 帆立貝定理は微生物流体力学の中心的な理論的結果の 1 つであるが, この定理を可能にしているのはストークス方程式の線形性からくる時間反転対称性である. より一般の流体方程式の下で, 同様の定理は成り立つであろうか.

まずは, **慣性の効果**を考えよう. 帆立貝定理は, ナビエ-ストークス方程式とニュートン-オイラーの運動方程式に現れる慣性に関する無次元量 Re, Re_ω, Re_s がすべてゼロの極限の定常ストークス流れの下で成立する定理であった. いずれかの無次元量が非ゼロの値を持っている場合には, 一般には往復運動でも遊泳が可能である. スクワーマなどの簡単な数理モデルに対して, 無次元量

Re, Re_ω, Re_s に関する漸近解析を行うことで調べられている．ゾウリムシのような大型の繊毛虫では，回避行動の際に非常に素早い同期した繊毛打が見られ，これは慣性を利用した遊泳行動と言える．また，レイノルズ数が $O(10)$ 程度まで大きくなると流体運動の非線形性のために往復運動をする生物周りの流れ場が不安定化し，質的に異なる遊泳に変化する．大型のプランクトンや水生生物の幼体，小型の昆虫などの運動に対応するが，理論的な取扱いが難しく，数値的な研究が中心となる．

　ナビエ–ストークス方程式は非圧縮のニュートン流体を記述する数理モデルであった．**流体の非ニュートン性**がある場合にはどのようになるであろうか．生体内には種々のタンパク質等の高分子が存在し，流体が非ニュートン性を示すことは少なくない．ニュートン流体の構成方程式は，応力テンソル σ_{ij} が歪み速度テンソル E_{ij} の1次関数であるという仮定の下で得られていた．しかし，一般には σ_{ij} は E_{ij} の高次項や時間の履歴を含む項を持つこともある．これらの非線形項により，往復運動でも遊泳が可能になる．実際にマイクロロボットを用いた実験的検証も行われている[116]．

3.4　流体中の運動と物体の対称性

次に，物体そのものの幾何学的な対称性と運動の対称性の関係に注目してみる．

3.4.1　流体運動的対称性

変形体の表面の速度は，物体の並進と回転に対応する剛体運動と変形速度に分離することができ（命題 2.1），$\boldsymbol{u}(\boldsymbol{x}) = \boldsymbol{U} + \boldsymbol{\Omega} \times (\boldsymbol{x} - \boldsymbol{X}) + \boldsymbol{u}'$ と書けた．ここで，$\boldsymbol{U}$ は物体の並進速度，$\boldsymbol{\Omega}$ は物体座標系 $\{\tilde{\boldsymbol{e}}_i\}$（$i = 1, 2, 3$）の原点 $\boldsymbol{X}$ まわりの回転角速度，$\boldsymbol{u}'$ は変形に起因する表面速度である（図 3.13）．

　3.2.1 節で詳しく見たように，周りの流体から物体にはたらく力 $\boldsymbol{F}$ とトルク $\boldsymbol{M}$ は抵抗と推進の双方の和として記述できた．$\boldsymbol{F} = \boldsymbol{F}^{\mathrm{drag}} + \boldsymbol{F}^{\mathrm{prop}}$，$\boldsymbol{M} = \boldsymbol{M}^{\mathrm{drag}} + \boldsymbol{M}^{\mathrm{prop}}$．流体からの抵抗力 $\boldsymbol{F}^{\mathrm{drag}}$ とトルク $\boldsymbol{M}^{\mathrm{drag}}$ は，抵抗テンソルを用いて（命題 3.1），それぞれ

$$F_i^{\mathrm{drag}} = -K_{ij}U_j - C_{ji}\Omega_j, \quad M_i^{\mathrm{drag}} = -C_{ij}U_j - Q_{ij}\Omega_j, \tag{3.36}$$

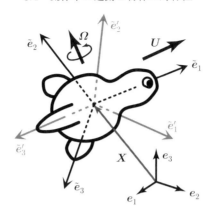

図 3.13 慣性座標系 $\{e_i\}$ と物体座標系 $\{\tilde{e}_i\}$. 物体座標系の原点を移動させない座標の取り替えによる新しい物体座標系 $\{\tilde{e}_i'\}$.

と書け，推進の力とトルクはそれぞれ（命題 3.4）

$$F_j^{\text{prop}} = -\int_S u_i' \Sigma_{ij}\, dS, \quad M_j^{\text{prop}} = -\int_S u_i' \Pi_{ij}\, dS \tag{3.37}$$

で表された．Σ_{ij} と Π_{ij} はそれぞれ並進と回転に対する表面力抵抗テンソルであった．抵抗テンソル K_{ij} と Q_{ij} は対称なので，式 (3.36) に現れる 3 つのテンソルの成分は合わせて 21 だけある．これらはいずれも物体の形状と向きのみで定まっている．特定の外力や推進力の下では，流体中の運動はこれらの抵抗テンソルのみで決定される．通常，物体の「かたち」は無限次元の自由度をもつが，流体中の運動のみを考える場合には，わずか 21 の有限自由度しか持たないことを意味している．このような流体方程式を介して見た物体形状の対称性を**流体運動的対称性**（hydrokinetic symmetry）[19]という．以下で詳しく見ていこう．

　ストークス流れにおけるエネルギー散逸率は拡大抵抗テンソル（命題 3.2）を用いて，

$$\Phi = \mathcal{U}_i \mathcal{K}_{ij} \mathcal{U}_j \tag{3.38}$$

と 2 次形式で書けた．本書ではこれまでベクトルやテンソルを，ある慣性座

---

[19]この訳語はラムの訳書[79] から拝借した.

標系 $\{e_i\}$ での成分表示と同一視してきた．例えば速度ベクトル $\boldsymbol{U}$ であれ
ば $\boldsymbol{U} = U_i e_i$ の成分 U_i を用いるといった具合である．3.4 節では，物体座
標系 $\{\tilde{e}_i\}$ での成分表示が重要となってくる．成分表示でもチルダをつけて，
$\boldsymbol{U} = \tilde{U}_i \tilde{e}_i$ と書くことにしよう．

　ここで，物体座標系の取り替えにより，各成分がどのように変換されるか復
習しておく．今，物体座標系の取り替えとして，物体座標系の原点を移動させ
ない変換を考える．新しい物体座標系 $\{\tilde{e}_i'\}$ での成分表示を $\boldsymbol{U} = \tilde{U}_i' \tilde{e}_i'$ のよう
に書くことにしよう（図 3.13）．位置ベクトル $\tilde{x}_i$ は $\tilde{x}_i'$ に，変換行列 $\mathbf{A} = (a_{ij})$
によって

$$\tilde{x}_i' = a_{ij}\tilde{x}_j \tag{3.39}$$

と変換される．ここで $\mathbf{A}$ は 3 次直交行列であり，3 次元回転と 3 軸に関する
鏡映から成る．直交行列の行列式は $\det \mathbf{A} = \pm 1$ であり，鏡映変換を含む変換
は行列式が -1 になる．この変換によって，速度ベクトルは $\tilde{U}_i' = a_{ij}\tilde{U}_j$ とな
るが，角速度ベクトルは鏡映に対して反転する[20]ため，$\tilde{\Omega}_i' = (\det \mathbf{A})a_{ij}\tilde{\Omega}_j$ と
なる．エネルギー散逸率は物体座標系の選び方に依らない，すなわち $\tilde{\Phi} = \tilde{\Phi}'$
を満たし，抵抗テンソルは，

$$\tilde{K}_{ij}' = a_{im}a_{jn}\tilde{K}_{mn}, \quad \tilde{C}_{ij}' = (\det \mathbf{A})a_{im}a_{jn}\tilde{C}_{mn}, \quad \tilde{Q}_{ij}' = a_{im}a_{jn}\tilde{Q}_{mn} \tag{3.40}$$

のように変換される[21]．

定義 3.2（流体運動的対称性）　ある物体座標系の取り替えの変換 $\mathbf{A} = (a_{ij}) \in \mathrm{O}(3)$ に対して，すべての抵抗テンソルが不変，すなわち $\tilde{K}_{ij}' = \tilde{K}_{ij}$，$\tilde{C}_{ij}' = \tilde{C}_{ij}$，$\tilde{Q}_{ij}' = \tilde{Q}_{ij}$ を満たすとき，この物体は $\mathbf{A}$ で定まる**流体運動的対称性**をもつという．

---

[20]このような性質をもつ物理量を擬ベクトル（pseudo-vector），あるいは軸性ベクトル（axial vector）と呼び，通常のベクトルあるいは極性ベクトル（polar vector）と区別する．角運動量や磁束密度も擬ベクトル量．

[21]式 (3.40) の結合抵抗テンソル C_{ij} のような変換則を持つ物理量は擬テンソル（pseudo-tensor）と呼ばれる．

注 3.7 流体運動的対称性の概念は 1800 年代後半にケルビン卿（ウィリアム・トムソン）らによって理想流体（完全流体）[22]中の物体の運動に関する理論の中で生まれてきたものである[79]．そこでは，特に非圧縮非粘性の渦なし流れを対象にしている．流れ場は $\boldsymbol{u} = \nabla\phi$ で定義される速度ポテンシャル ϕ で定まっており，これがラプラス方程式 $\nabla^2\phi = 0$ に従っている．流体のもつ運動エネルギー T は式 (3.38) と同様の 2 次形式で書け，$T = \frac{1}{2}\mathcal{U}_i\mathcal{N}_{ij}\mathcal{U}_j$ である．ここで，$\mathcal{N}_{ij}$ は仮想質量テンソル（あるいは有効質量テンソルや誘導質量テンソルとも）[49],[134] と呼ばれる．拡大抵抗テンソルと同様，正定値対称である．

3.4.2 軸 対 称 物 体

微生物の形状は多様であり，すべての流体運動的対称性を本書で網羅することは到底できない．そこで，理論的にも実用的にも重要な軸対称物体に対して，特に対称性によって抵抗テンソルの表示がどのように簡略化されるのかを具体的に見ていくことにする．

通常，軸対称物体といえば，物体形状がある軸の周りに任意の角度 θ 回転させたときに，物体の形状が不変である**回転体**のことを指す．球や円柱，回転楕円体などストークス方程式の解析解が得られている物体を含むため，生物のモデルを考える際，特に重要である．

回転対称軸を $\tilde{\boldsymbol{e}}_1$ にとると，角度 θ の回転を表す変換は式 (3.39) より

$$\mathbf{A} = (a_{ij}) = \begin{pmatrix} 1 & 0 & 0 \\ 0 & \cos\theta & \sin\theta \\ 0 & -\sin\theta & \cos\theta \end{pmatrix} \tag{3.41}$$

である．物体の表面形状を表す関数形を $f(\tilde{x}_1, \tilde{x}_2, \tilde{x}_3) = 0$ と書けば，軸対称物体はこの変換で得られる $\tilde{x}_i'$ に対して，$f(\tilde{x}_1', \tilde{x}_2', \tilde{x}_3') = 0$ が成り立つことに対応する．しかし，式 (3.41) の変換行列で定まる流体運動的対称性を有する物体は回転体とは限らない．

---

[22]歴史的に非粘性流体（inviscid fluid）のことを理想流体（ideal fluid）や完全流体（perfect fluid）と呼ぶ．

命題 3.6 物体座標系の取り替えが式 (3.41) の変換で与えられるとき，抵抗テンソルが不変となる（$\tilde{K}'_{ij} = \tilde{K}_{ij}$, $\tilde{C}'_{ij} = \tilde{C}_{ij}$, $\tilde{Q}'_{ij} = \tilde{Q}_{ij}$）流体運動的対称性を**らせん対称性**（helicoidal symmetry）[23]といい，この性質を満たす物体を**らせん物体**（helicoidal object）という．らせん物体の抵抗テンソルは，正の定数 K_1, K_2, Q_1, Q_2 と符号の定まらない定数 C_0, C_1, C_2 を用いて，

$$\tilde{K}_{ij} = \begin{pmatrix} K_1 & 0 & 0 \\ 0 & K_2 & 0 \\ 0 & 0 & K_2 \end{pmatrix}, \quad \tilde{C}_{ij} = \begin{pmatrix} C_1 & 0 & 0 \\ 0 & C_2 & C_0 \\ 0 & -C_0 & C_2 \end{pmatrix}, \quad \tilde{Q}_{ij} = \begin{pmatrix} Q_1 & 0 & 0 \\ 0 & Q_2 & 0 \\ 0 & 0 & Q_2 \end{pmatrix}$$

$$(3.42)$$

と表される．

証明 愚直であるが，式 (3.40) を直接計算して抵抗テンソルが不変となる場合の関係式を求めよう．回転の変換 (3.41) は行列式が 1 なので，得られる関係式はどれも同じである．$\tilde{C}_{ij}$ について計算してみる．例えば，

$$\tilde{C}'_{12} = \tilde{C}_{12}\cos\theta + \tilde{C}_{13}\sin\theta, \quad \tilde{C}'_{13} = -\tilde{C}_{12}\sin\theta + \tilde{C}_{13}\cos\theta, \quad (3.43)$$

$$\tilde{C}'_{21} = \tilde{C}_{21}\cos\theta + \tilde{C}_{31}\sin\theta, \quad \tilde{C}'_{31} = -\tilde{C}_{21}\sin\theta + \tilde{C}_{31}\cos\theta \quad (3.44)$$

のような関係式が得られる．今 θ として任意の角度を考えているので，同じ関係式は θ を $-\theta$ にしても成り立つ．抵抗テンソルの不変性 $\tilde{C}'_{ij} = \tilde{C}_{ij}$ より．式 (3.43)〜(3.44) は $\tilde{C}_{12} = \tilde{C}_{13} = \tilde{C}_{21} = \tilde{C}_{31} = 0$ に帰着される．$\tilde{C}'_{22}$ と $\tilde{C}'_{33}$ を計算することで，同様の議論から $\tilde{C}_{23} + \tilde{C}_{32} = 0$ を得る．最後に $\tilde{C}'_{23}$ と $\tilde{C}'_{32}$ の計算より $\tilde{C}_{33} - \tilde{C}_{22} = 0$ がわかる．$\tilde{C}_{23} = C_0$, $\tilde{C}_{22} = C_2$ とおけば，らせん物体の $\tilde{C}_{ij}$ の表式が得られる．$\tilde{K}_{ij}$ と $\tilde{Q}_{ij}$ については，これらが対称行列であること（命題 3.2）からすぐに従う．定数が正であることは $\tilde{K}_{ij}$ と $\tilde{Q}_{ij}$ の正定値性からわかる．■

注 3.8 らせん対称性は本質的には離散対称性である．任意の角度 θ に対する不変性を要請せずともよい．N 回回転対称性を考え $\theta = \frac{2\pi}{N}$ とすると，導出

---

[23]この訳語もラムの訳書[79] から拝借した．

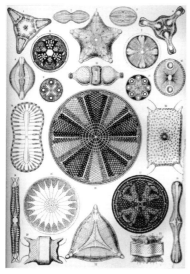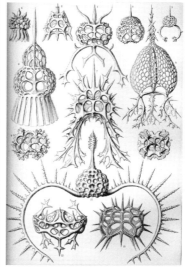

図 3.14　ヘッケルのスケッチ[42]．（左）珪藻（Diatomea）．（右）放
散虫（Spyroidea）．

の際に使用したのは θ と $-\theta$ に対しての関係性であり，$N \geq 3$ であれば同じ
表現 (3.42) が得られる．離散的な回転対称性を有する微生物も多く存在する．
図 3.14 のヘッケル[42] のスケッチに現れる幾何学的な微生物の形状は特に印象
的であろう．ガラス質の殻をもつ珪藻の中には正三角形や正五角形，あるいは
星型の形をしているもの（トリセラチウムやトリゴニウムなど）[100] がいる．珪
藻と同じく化石からも見つかる放散虫の仲間の多くも回転対称性をもつ．植物
の花粉にも同様に離散回転対称性を有するものが多く知られている．また，生
物ではないが雪の結晶も同様の離散回転対称性をもつことは有名である．これ
らの空気中のダイナミクスも同様に議論することができる．

　式 (3.42) よりすぐに，外力下および推進力が与えられたときの，らせん
物体の運動の式が得られる．物体座標系を慣性座標系と同じ向きに取ろう
（$e_i = \tilde{e}_i$）．力とトルクのつりあいの式は，$\mathcal{K}_{ij}\mathcal{U}_j = \mathcal{F}_i^{\mathrm{ext}} + \mathcal{F}_i^{\mathrm{prop}}$ と書けてい
るが（3.2 節），抵抗テンソルの表現 (3.42) から，回転対称軸と垂直な方向の運
動は回転軸方向と分離されていることがわかる．ただし，回転対称軸（e_1 軸）

方向の並進運動と回転運動は独立ではなく,

$$\begin{pmatrix} F_1^{\text{ext}} + F_1^{\text{prop}} \\ M_1^{\text{ext}} + M_1^{\text{prop}} \end{pmatrix} = \begin{pmatrix} K_1 & C_1 \\ C_1 & Q_1 \end{pmatrix} \begin{pmatrix} U_1 \\ \Omega_1 \end{pmatrix} \tag{3.45}$$

と C_1 によって結合している. これは例 3.3 で取り上げた, らせん状の物体の運動である. また, 回転軸と垂直な方向の運動は C_2 の項のためにこれ以上分離することはできず, e_2 軸方向の並進・回転, e_3 軸方向の並進・回転の運動はすべて結合している.

例 3.12（バクテリアの運動） 例 3.3 のバクテリアの遊泳をもう少し詳細に見てみよう. 図 3.15 のような球形の菌体にらせん状の鞭毛が e_1 軸方向に沿って結合している状況を考える. e_1 軸方向の運動（並進と回転）のみを考える. 菌体の半径を a, 並進と回転の速度をそれぞれ U, Ω とする. 鞭毛は結合基部の分子モーターによって, 菌体の回転方向と逆方向の向きに, 菌体に対して回転角速度 ω で回転している. バクテリアの遊泳速度を ω を用いて表してみよう. 外からの力・トルクはないので, つりあいの式は,

$$\begin{pmatrix} 0 \\ 0 \end{pmatrix} = \begin{pmatrix} 6\pi\mu a & 0 \\ 0 & 8\pi\mu a^3 \end{pmatrix} \begin{pmatrix} U \\ \Omega \end{pmatrix} + \begin{pmatrix} K_1 & C_1 \\ C_1 & Q_1 \end{pmatrix} \begin{pmatrix} U \\ \Omega - \omega \end{pmatrix} \tag{3.46}$$

となる. ここでは, 簡単のため菌体と鞭毛の間の流体相互作用を無視し, 運動は球形の菌体に働く流体抵抗（例 3.1）と, らせん対称性を持つ鞭毛の運動（右辺第 2 項）の和として記述した. 今, ω に比例する項が推進力および推進のトルクになっている. 整理すると,

$$\begin{pmatrix} K_1 + 6\pi\mu a & C_1 \\ C_1 & Q_1 + 8\pi\mu a^3 \end{pmatrix} \begin{pmatrix} U \\ \Omega \end{pmatrix} = \omega \begin{pmatrix} C_1 \\ Q_1 \end{pmatrix} \tag{3.47}$$

図 3.15 らせん物体の例. バクテリア遊泳のモデル.

となるので，左辺の行列の行列式を D とすれば，これは正定値性より $D > 0$ となる．よって，

$$U = \frac{C_1}{D} \cdot 8\pi\mu a^3 \omega \tag{3.48}$$

と求まる．式 (3.48) の表式はこれまで議論してきたストークス流中の遊泳の大切な要素をいくつか含んでいる．まず，U は鞭毛モーターによる回転角速度 ω に比例しており，ストークス流れの線形性および時間反転対称性を反映している．次に，U は C_1 に比例している．C_1 はらせんのキラリティによって符号を変える．当然 $C_1 = 0$ では遊泳速度はゼロになってしまう．最後は遊泳速度 U が菌体の大きさが小さくなる極限（$a \to 0$）でゼロに近づくという点である．純粋ならせん物体（鞭毛）しかない場合には，その回転のみでは形状そのものは変化せず，推進力・推進トルクは発生しない．

注 3.9　先の例 3.12 ではらせん状のバクテリア鞭毛をらせん物体として記述したが，実際のらせんはらせん対称性を完全に満たしているわけではない．それでもバクテリア鞭毛のように巻数が十分ある場合には，らせん対称性を近似的に満たしている．とくに，遊泳中のバクテリア鞭毛は分子モーターによって 100 Hz 程度の高速回転をしており，時間平均的な遊泳ダイナミクスを記述する観点からは，らせん物体として記述してよい[61], [62]．また，バクテリア鞭毛に限らず，時間平均的な遊泳のダイナミクスの記述に限れば，精子やその他の微生物の遊泳においても適用できることが分かってきており，らせん対称性の適用範囲はかなり広いと言えるだろう．

　このように，流体運動的対称性においては，ある軸周りの回転に対する不変性は，我々に馴染みのある回転体とは異なる物体のクラスを記述する．回転体に対する流体運動的対称性は，回転対称性に加えて，もう 1 つ鏡映対称性が必要である．言い換えると，流体運動的対称性の立場に立てば，回転体はらせん物体の対称性のクラスのサブクラスに属する．

命題 3.7　回転体は，回転軸を $\tilde{e}_1$ としたとき，$\tilde{e}_1$ 軸まわりの回転と $\tilde{e}_1$ 軸に垂直な面に対する鏡映に対する流体運動的対称性を持つ．また，回転体の抵抗テンソルは，正の定数 K_1, K_2, Q_1, Q_2 と符号の定まらない定数 C_0 を用いて，

$$\tilde{K}_{ij} = \begin{pmatrix} K_1 & 0 & 0 \\ 0 & K_2 & 0 \\ 0 & 0 & K_2 \end{pmatrix}, \quad \tilde{C}_{ij} = \begin{pmatrix} 0 & 0 & 0 \\ 0 & 0 & C_0 \\ 0 & -C_0 & 0 \end{pmatrix}, \quad \tilde{Q}_{ij} = \begin{pmatrix} Q_1 & 0 & 0 \\ 0 & Q_2 & 0 \\ 0 & 0 & Q_2 \end{pmatrix}$$

$$\tag{3.49}$$

と表される.

証明　今, $\tilde{e}_1$ 軸周りの回転対称性より, 鏡映面を $\tilde{e}_3$ 軸にとっても構わない. すると, この鏡映反転の変換は

$$a_{ij} = \begin{pmatrix} 1 & 0 & 0 \\ 0 & 1 & 0 \\ 0 & 0 & -1 \end{pmatrix} \tag{3.50}$$

である. らせん対称性のときと同様に, 式 (3.40) を直接計算する. すでにらせん対称性から抵抗テンソルは (3.42) の形でかけていることに注意すると, まず $\tilde{K}_{ij}$ と $\tilde{Q}_{ij}$ に関しては自明な関係式しか得られない. しかし, 式 (3.50) の行列の行列式が -1 であることから, $\tilde{C}_{ij}$ については, $\tilde{C}_{11} = -\tilde{C}_{11}$, $\tilde{C}_{22} = -\tilde{C}_{22}$, $\tilde{C}_{33} = -\tilde{C}_{33}$ が得られる. ∎

　先と同様に $\boldsymbol{e}_i = \tilde{\boldsymbol{e}}_i$ として回転体の運動の式を書き下すと, $C_1 = 0$ より, 式 (3.45) の $\boldsymbol{e}_1$ 軸方向の並進と回転運動は分離されている. また, 回転軸と垂直方向の運動も

$$\begin{pmatrix} F_2^{\text{ext}} + F_2^{\text{prop}} \\ M_3^{\text{ext}} + M_3^{\text{prop}} \end{pmatrix} = \begin{pmatrix} K_2 & -C_0 \\ -C_0 & Q_2 \end{pmatrix} \begin{pmatrix} U_2 \\ \Omega_3 \end{pmatrix} \tag{3.51}$$

のように書ける.

注 3.10　球や円柱, 回転楕円体などの回転体はさらに回転対称軸の前後面に関する鏡映対称性を持っている. この場合, 同様の議論から $C_0 = 0$ となることがわかる. 命題 3.3 で見たように, 結合テンソル $\tilde{C}_{ij}$ は流体抵抗中心の周りでは対称になる. 前後対称をもつ回転体の場合には, 回転軸の中央が流体抵抗中心であることに対応している. また, 前後の対称性がない一般の回転体やらせん物体においても, 流体抵抗中心が回転対称軸上に存在し, これを物体座標

系の原点に選べば，$C_0 = 0$ とすることができる．

例 3.13 回転楕円体に対しては，上記の K_1, K_2, Q_1, Q_2 の値が解析的に求められている[18],[19],[79]．具体的な表式は少々煩雑なので，ここでは細長い極限（slender limit）での表式を紹介することにする．回転楕円体の長半軸，短半軸の長さをそれぞれ a, b とし，細長さを表すパラメータとして楕円率 $\epsilon = \frac{b}{a} \ll 1$ を考える．長軸の長さを $L = 2a$ とすると，

$$K_1 = \frac{2\pi\mu L}{\ln\left(\frac{2}{\epsilon}\right) - \frac{1}{2}} + O(\epsilon^2), \quad K_2 = \frac{4\pi\mu L}{\ln\left(\frac{2}{\epsilon}\right) + \frac{1}{2}} + O(\epsilon^2), \tag{3.52}$$

$$Q_1 = \frac{2}{3}\pi\mu\epsilon^2 L^3 + O\left(\epsilon^4 \ln\left(\frac{2}{\epsilon}\right)\right), \quad Q_2 = \frac{\frac{1}{3}\pi\mu L^3}{\ln\left(\frac{2}{\epsilon}\right) + \frac{1}{2}} + O(\epsilon^2) \tag{3.53}$$

で与えられる．K_1, K_2 の主要項は $E = \left(\ln\left(\frac{2}{\epsilon}\right)\right)^{-1}$ のオーダーである．この2つの比は，

$$\frac{K_2}{K_1} = 2 + O(E) \tag{3.54}$$

となっており，軸方向の運動に対して垂直方向の抵抗係数はおおよそ2倍大きい．細長い物体はミクロスケールの流体力学における重要な対象であり，バクテリア鞭毛や真核生物の鞭毛・繊毛，長い高分子などが含まれる．一般に細長い曲がった物体に対する流体抵抗を求める理論（**細長物体理論**，slender-body theory）においても上記の漸近形が登場する．これにより，式 (3.46) に現れるバクテリア鞭毛の抵抗係数も近似的な計算が可能になる．理論の詳細は 4.3 節で扱う．バクテリア鞭毛の場合には $\epsilon \sim 10^{-3}$，精子などの真核細胞鞭毛の場合で $\epsilon \sim 10^{-2}$ 程度である．式 (3.54) の主要項からの誤差は $E = \left(\ln\left(\frac{2}{\epsilon}\right)\right)^{-1}$ のオーダーであるが，上の例ではそれぞれ $E \sim 0.13$，$E \sim 0.19$ とそれほど小さな値にはならないことにも注意したい．

円柱の回転運動から知られている回転の抵抗係数は $Q_{\mathrm{cyl}} = \pi\mu\epsilon^2 L^3$ であり，形状の詳細が Q_1 の係数 $\frac{2}{3}$ に反映されている．Q_2 は K_2 と同じ分母の形を有している．例えば $\tilde{e}_2$ 軸回りに角速度 Ω で回転させたときのトルクを計算すると，$M = \int_{-a}^{a} K_2 \Omega x \, dx = Q_2 \Omega + O(\epsilon^2)$ となっていることわかり，自然な表式であることが確かめられる．

注 3.11 今節では，特に軸対称物体に注目して議論してきたが，もう1つ重

要な対称性について触れておきたい. それは直交する 3 軸に関する鏡映対称性であり, 直方体や楕円体がその例である. 楕円体の 2 軸の長さが同じものが回転楕円体であるが, 3 軸とも長さの異なる一般の楕円体についても抵抗係数の解析的な表現が知られている[79]. このような 3 軸対称物体の抵抗テンソルの表現は, 対角的であり, 正の定数 K_i, Q_i を用いて,

$$
\tilde{K}_{ij} = \begin{pmatrix} K_1 & 0 & 0 \\ 0 & K_2 & 0 \\ 0 & 0 & K_3 \end{pmatrix}, \quad \tilde{Q}_{ij} = \begin{pmatrix} Q_1 & 0 & 0 \\ 0 & Q_2 & 0 \\ 0 & 0 & Q_3 \end{pmatrix} \tag{3.55}
$$

と表され, $\tilde{C}_{ij} = 0$ である.

第4章

流れ場の構造

　これまで流体中の物体の運動に注目して話を進めてきた．この章では，物体の周りの流れ場のもつ構造に焦点を当てていく．

4.1　ストークス極と多重極

4.1.1　グリーン関数とストークス極

　ストークス方程式は線形の方程式であるから，重ね合わせにより解を形式的に書き下すことができる．流体の占める領域を Ω とし，位置 $\boldsymbol{x}_0 \in \Omega$ に流体に加えられた点外力（point force）$\boldsymbol{g}$ によって誘起される速度場 $\boldsymbol{u}(\boldsymbol{x})$ を考える．ただし，Ω の境界は静止した壁，もしくは無限遠とする．このときのストークス方程式は

$$-\nabla p + \mu \nabla^2 \boldsymbol{u} = -\boldsymbol{g}\,\delta(\boldsymbol{x} - \boldsymbol{x}_0), \quad \nabla \cdot \boldsymbol{u} = 0 \tag{4.1}$$

と書ける．ここで，$\delta(\boldsymbol{x})$ はディラック（Dirac）のデルタ関数である．方程式の線形性より，形式的に $u_i(\boldsymbol{x}) = \frac{1}{8\pi\mu}\mathcal{G}_{ij}(\boldsymbol{x}, \boldsymbol{x}_0)g_j$ と書くことができる．ただし，$\mathcal{G}_{ij}$ は一般に領域 Ω に依存するテンソル関数で，ストークス流れのグリーン関数（Green's function）という．

> **命題 4.1（グリーン関数の相反性）**　グリーン関数は相反的である．すなわち，
>
> $$\mathcal{G}_{ij}(\boldsymbol{x}, \boldsymbol{x}_0) = \mathcal{G}_{ji}(\boldsymbol{x}_0, \boldsymbol{x}) \tag{4.2}$$
>
> が成り立つ．

証明　位置 $\boldsymbol{x}_1$ での外力 $\boldsymbol{g}$ による流れ場を $\boldsymbol{u}(\boldsymbol{x})$，位置 $\boldsymbol{x}_2$ での外力 $\boldsymbol{h}$ による流れ場を $\boldsymbol{u}'(\boldsymbol{x})$ とする．グリーン関数 $\mathcal{G}_{ij}$ を用いると，それぞれ

$u_i(\boldsymbol{x}) = \frac{1}{8\pi\mu}\mathcal{G}_{ij}(\boldsymbol{x},\boldsymbol{x}_1)g_j$, $u_i'(\boldsymbol{x}) = \frac{1}{8\pi\mu}\mathcal{G}_{ij}(\boldsymbol{x},\boldsymbol{x}_2)h_j$ と表すことができる.
対応する応力テンソルを σ_{ij}, σ_{ij}' と書こう. ここで, 2.2.5 節のローレンツの
相反定理の証明の際に登場した式 (2.56)

$$\frac{\partial}{\partial x_j}\left(u_i'\sigma_{ij} - u_i\sigma_{ij}'\right) = u_i'\frac{\partial\sigma_{ij}}{\partial x_j} - u_i\frac{\partial\sigma_{ij}'}{\partial x_j} \tag{4.3}$$

を思い出そう. 外力がなければ右辺は $\frac{\partial\sigma_{ij}}{\partial x_j} = \frac{\partial\sigma_{ij}'}{\partial x_j} = 0$ となりローレンツの相
反定理が得られるが, 今は外力があるため, 右辺は

$$-\frac{1}{8\pi\mu}\left[\mathcal{G}_{ij}(\boldsymbol{x},\boldsymbol{x}_2)h_j g_i\delta(\boldsymbol{x}-\boldsymbol{x}_1) - \mathcal{G}_{ij}(\boldsymbol{x},\boldsymbol{x}_1)g_j h_i\delta(\boldsymbol{x}-\boldsymbol{x}_2)\right] \tag{4.4}$$

となっている. 式 (4.3) の左辺を領域 Ω で積分すると, Ω の境界は静止
壁もしくは無限遠なので, ガウスの定理よりゼロとなる. デルタ関数で
与えられる外力のもとでも, 応力テンソルが特異性を持たないことは, ス
トークス方程式 $\frac{\partial\sigma_{ij}}{\partial x_j} = -g_i\delta(\boldsymbol{x}-\boldsymbol{x}_1)$ を, $\boldsymbol{x}_1$ を含む微小領域で積分す
ることでわかる. 左辺と同様に (4.3) の右辺を領域 Ω で積分することで,
$g_k h_i\left(\mathcal{G}_{ki}(\boldsymbol{x}_1,\boldsymbol{x}_2) - \mathcal{G}_{ik}(\boldsymbol{x}_2,\boldsymbol{x}_1)\right) = 0$. $\boldsymbol{g}$ と $\boldsymbol{h}$ は任意のベクトルであるから,
求めたい関係式 (4.2) が導かれる. ∎

　領域 Ω が 3 次元空間全体のときのグリーン関数が**ストークス極**（ストー
クスレット, Stokeslet）であり, ストークス方程式の基本解（fundamental
solution）とも呼ばれる.

命題 4.2（**ストークス極**）　境界のない 3 次元空間におけるストークス方程
式 (4.1) の解は

$$u_i(\boldsymbol{x}) = \frac{1}{8\pi\mu}G_{ij}g_j, \quad p(\boldsymbol{x}) = \frac{1}{8\pi}P_j g_j, \quad \sigma_{ik} = \frac{1}{8\pi}T_{ijk}g_j \tag{4.5}$$

の形で書ける. ただし,

$$G_{ij} = \frac{\delta_{ij}}{r} + \frac{r_i r_j}{r^3}, \quad P_j = \frac{2r_j}{r^3}, \quad T_{ijk} = -6\frac{r_i r_j r_k}{r^5} \tag{4.6}$$

であり, $\boldsymbol{r} = \boldsymbol{x} - \boldsymbol{x}_0$, $r = |\boldsymbol{r}|$ とした. $G_{ij}(\boldsymbol{x},\boldsymbol{x}_0)$ を**ストークス極**（ストー
クスレット, Stokeslet）[1]という. また, $\boldsymbol{g}$ を**ストークス極の強さ**[2]という.
圧力 p は定数の不定性があることに注意.

証明 フーリエ変換を用いた標準的な導出を与えよう．速度場 $\boldsymbol{u}(\boldsymbol{x})$ を $\boldsymbol{u}(\boldsymbol{x}) = \frac{1}{(2\pi)^3} \int_{\mathbb{R}^3} \tilde{\boldsymbol{u}}(\boldsymbol{k}) e^{i\boldsymbol{k}\cdot\boldsymbol{x}} dV_{\boldsymbol{k}}$ とフーリエ変換する．$\tilde{\boldsymbol{u}}(\boldsymbol{k})$ はフーリエ成分である．圧力 p についても同様にフーリエ変換を行い，フーリエ成分を $\tilde{p}(\boldsymbol{k})$ と書こう．$\boldsymbol{r} = \boldsymbol{x} - \boldsymbol{x}_0$ として，デルタ関数のフーリエ変換 $\delta(\boldsymbol{x} - \boldsymbol{x}_0) = \frac{1}{(2\pi)^3} \int_{\mathbb{R}^3} e^{i\boldsymbol{k}\cdot\boldsymbol{r}} dV_{\boldsymbol{k}}$ を用いると，ストークス方程式 (4.1) はフーリエ成分で

$$ik_i\tilde{p} + \mu k^2 \tilde{u}_i = g_i, \quad k_i\tilde{u}_i = 0 \tag{4.7}$$

と書ける．これらを $\tilde{p}, \tilde{u}_i$ について解けば，

$$\tilde{u}_i = \frac{1}{\mu k^2}\left(\delta_{ij} - \frac{k_i k_j}{k^2}\right)g_j, \quad \tilde{p} = -\frac{ik_j}{k^2}g_j \tag{4.8}$$

を得る．ここで，3 次元ラプラス方程式の基本解の性質より，

$$\nabla^4\left(\frac{r}{8\pi}\right) = \nabla^2\left(\frac{1}{4\pi r}\right) = -\delta(\boldsymbol{r}) \tag{4.9}$$

となるので，

$$\frac{1}{4\pi r} = \frac{1}{(2\pi)^3}\int_{\mathbb{R}^3}\frac{e^{i\boldsymbol{k}\cdot\boldsymbol{r}}}{k^2}dV_{\boldsymbol{k}}, \quad \frac{r}{8\pi} = -\frac{1}{(2\pi)^3}\int_{\mathbb{R}^3}\frac{e^{i\boldsymbol{k}\cdot\boldsymbol{r}}}{k^4}dV_{\boldsymbol{k}} \tag{4.10}$$

が成り立つ．これらを用いて，式 (4.8) をフーリエ逆変換しよう．まず，$\tilde{u}_i$ については，

$$u_i = \frac{1}{\mu}\left[\frac{\delta_{ij}}{4\pi r} + \frac{\partial^2}{\partial r_i \partial r_j}\left(\frac{r}{8\pi}\right)\right]g_j = \frac{1}{8\pi\mu}\left(\frac{\delta_{ij}}{r} + \frac{r_j r_k}{r^3}\right)g_j. \tag{4.11}$$

同様に $\tilde{p}$ については，

$$p = -\left[\frac{\partial}{\partial r_i}\left(\frac{1}{4\pi r}\right)\right]g_i = \frac{r_i g_i}{4\pi r^3} \tag{4.12}$$

となることがわかる．これより G_{ij}, P_j の表式を得る．応力テンソルの表式に

---

[1] ストークス源，オセーン（Oseen）テンソル，オセーン–バーガース（Oseen–Burgurs）テンソルなどとも呼ばれる．8π や $8\pi\mu$ で割って定義する場合もある．また，点外力によって誘起される速度場に対してストークスレットと呼ぶこともある．

[2] ストークス極のモーメント，ストークス極の係数，と呼ばれることもある．

ついては，定義より得られる関係式

$$T_{ijk} = -P_j\delta_{ik} + \frac{\partial G_{ij}}{\partial r_k} + \frac{\partial G_{kj}}{\partial r_i} \tag{4.13}$$

に G_{ij}, P_j の表式を直接代入すれば良い．■

　一般に外力分布が与えられているときのストークス方程式は

$$-\nabla p + \mu\nabla^2 \boldsymbol{u} = -\boldsymbol{g}(\boldsymbol{x}), \quad \nabla \cdot \boldsymbol{u} = 0 \tag{4.14}$$

となるが，グリーン関数を用いると

$$u_i(\boldsymbol{x}) = \frac{1}{8\pi\mu} \int_\Omega \mathcal{G}_{ij}(\boldsymbol{x}, \boldsymbol{y}) g_j(\boldsymbol{y})\, dV_{\boldsymbol{y}} \tag{4.15}$$

と書ける．これは速度場の空間積分による表示と言えよう．

4.1.2　境界積分表示

　生物まわりの流れに話を戻そう．生物の表面を S，その周りの流体領域を Ω とし，その他に境界はないとする．このとき，流体領域では外力はゼロであるとする．流体領域 Ω は一般には複雑で，グリーン関数を求めることは通常難しい．しかし，境界がないときのグリーン関数であるストークス極を用いることで，流体の速度場 $\boldsymbol{u}(\boldsymbol{x})$ を S での表面積分として書き下すことができる．

命題 4.3（境界積分表示）　表面 S で速度場 $\boldsymbol{u}_s$ が与えられているとする．このとき，位置 $\boldsymbol{x} \in \Omega$ での流体場 $\boldsymbol{u}(\boldsymbol{x})$ は

$$u_j(\boldsymbol{x}) = -\frac{1}{8\pi\mu} \int_S f_i(\boldsymbol{y}) G_{ij}(\boldsymbol{y}, \boldsymbol{x}) dS_{\boldsymbol{y}} + \frac{1}{8\pi} \int_S u_i(\boldsymbol{y}) H_{ij}(\boldsymbol{y}, \boldsymbol{x}) dS_{\boldsymbol{y}} \tag{4.16}$$

で書き表せる．これを速度場の**境界積分表示**（boundary integral representation）という．ここで，$f_i = -\sigma_{ij}n_j$ は生物表面にはたらく流体力，$H_{ij} = -T_{ijk}n_k$ は生物の表面にはたらく流体力のグリーン関数である．法線ベクトル $\boldsymbol{n}$ は流体領域から外向きにとっていることに注意．

証明　ここでもローレンツの相反定理を用いる．u_i, σ_{ij} を今考えている速度

場と応力テンソルとする．補助場として $\hat{u}_i, \hat{\sigma}_{ij}$ を考え，これを位置 $\boldsymbol{x}$ で強さ $\boldsymbol{g}$ のストークス極によって誘起される流れ場とストレステンソルとする．式 (4.4) を領域 Ω で積分することで

$$\int_S (u_i \hat{\sigma}_{ij} - \hat{u}_i \sigma_{ij}) n_j \, dS = \int_\Omega \left(u_i \frac{\partial \hat{\sigma}_{ij}}{\partial x_j} - \hat{u}_i \frac{\partial \sigma_{ij}}{\partial x_j} \right) dV \tag{4.17}$$

となる．左辺は $\hat{\sigma}_{ik} = \frac{1}{8\pi} T_{ijk} g_j$ より，

$$\frac{1}{8\pi} \int_S u_i(\boldsymbol{y}) T_{ikj}(\boldsymbol{y}, \boldsymbol{x}) n_j g_k dS_{\boldsymbol{y}} - \frac{1}{8\pi\mu} \int_S G_{ik}(\boldsymbol{y}, \boldsymbol{x}) \sigma_{ij} n_j g_k dS_{\boldsymbol{y}}. \tag{4.18}$$

また，式 (4.17) の右辺は

$$- \int_\Omega u_i(\boldsymbol{y}) g_i \delta(\boldsymbol{y} - \boldsymbol{x}) dV_{\boldsymbol{y}} = -u_k(\boldsymbol{x}) g_k \tag{4.19}$$

となる．g_i は任意のベクトルなので，(4.18) と (4.19) より，

$$u_k(\boldsymbol{x}) = \frac{1}{8\pi\mu} \int_S G_{ik}(\boldsymbol{y}, \boldsymbol{x}) \sigma_{ij} n_j dS_{\boldsymbol{y}} - \frac{1}{8\pi} \int_S u_i(\boldsymbol{y}) T_{ikj}(\boldsymbol{y}, \boldsymbol{x}) n_j dS_{\boldsymbol{y}} \tag{4.20}$$

となる．法線ベクトルの向きに注意すると求めたい表式が得られる．■

　当然，生物の表面 S 以外に壁のような境界がある場合でも一般のグリーン関数 $\mathcal{G}_{ij}$ や対応する $\mathcal{H}_{ij}$ を用いれば，そのまま境界積分表示が得られる．また，速度場の表現 (4.16) は $\boldsymbol{x}$ が生物の表面 S 上にあるときには成り立たないことに注意[3]．

　さて，境界積分表示 (4.16) の右辺第 1 項は**一重層ポテンシャル**（single-layer potential），右辺第 2 項は**二重層ポテンシャル**（double-layer potential）と呼ばれる[4]．一重層ポテンシャルをグリーン関数の相反性（命題 4.1）を用いて書き換えると，

$$\int_S G_{jk}(\boldsymbol{x}, \boldsymbol{y}) \left(\frac{-f_k(\boldsymbol{y})}{8\pi\mu} \right) dS_{\boldsymbol{y}} \tag{4.21}$$

となる．$-f_k(\boldsymbol{y})$ が位置 $\boldsymbol{y}$ での流体に働く力を表していることから，表面の力

---

[3]詳細は 4.3.1 節で触れる．

[4]静電ポテンシャルの表現との類似による呼び方である．

によって誘起される流れの重ね合わせによって位置 x での速度場が作られることを表している. 生物の体積が保存している場合, 表面 S からの流体の湧き出し[5]Q は

$$Q = -\int_S u_i n_i \, dS = 0. \tag{4.22}$$

条件 (4.22) の下では, 生物の表面 S での値を定めたとき, 生物の内部 B にも仮想的にストークス方程式に従う流れがあるとして, 流れ場 u と圧力場 p を拡張することができる[6]. これを用いることで, 一重層ポテンシャルのみで流れ場を記述することができ, これを**一般化境界積分表示**（generalized boundary intergral representation）という.

> **命題 4.4（一般化境界積分表示）** 流体領域 Ω 内の位置 x での速度場 $u(x)$ は, 生物の表面 S での面積分
>
> $$u_j(x) = -\frac{1}{8\pi\mu} \int_S q_i(y) G_{ij}(y, x) \, dS_y \tag{4.23}$$
>
> で書ける. ただし, $q_i = f_i - f_i'$ は表面 S での生物に働く内外の力の差であり, f_i' は S の内部の仮想的な流れにより求まる応力テンソル σ_{ij}' から $f_i' = -\sigma_{ij}' n_j$ で定められる. ここでも法線ベクトルは流体領域 Ω の外向きにとる.

証明　内部の仮想的なストークス流れを $\frac{\partial \sigma_{ij}'}{\partial x_j} = 0$ で定める. ただし, $\sigma_{ij}' = -p'\delta_{ij} + \mu(\frac{\partial u_i'}{\partial x_j} + \frac{\partial u_j'}{\partial x_i})$ と仮想的な内部の場をプライムをつけて表すことにしよう. 命題 4.3 の証明と同じ補助場を用いてローレンツの相反定理を適用する. ただし, 領域の積分は Ω でなく, 生物の内部領域 B で行う. すると, 式 (4.19) の体積積分は, $\int_B u_i(y) g_i \delta(y - x) \, dV_y$ に変わるが, これは $x \in \Omega$ なのでゼロ. よって, 内部の場の量に対しては, 式 (4.16) の代わりに,

$$0 = -\frac{1}{8\pi\mu} \int_S f_i'(y) G_{ij}(y, x) dS_y + \frac{1}{8\pi} \int_S u_i'(y) H_{ij}(y, x) dS_y \tag{4.24}$$

---

[5]n は流体領域から外向きに取っていることに注意.

[6]条件 (4.22) は内部領域でストークス方程式の解が存在するために必要な条件であった（注 2.9 参照）が, 実はこれは十分条件でもある. 詳細は文献 [78], [106] を参照のこと.

の関係式が得られる. 式 (4.16) と (4.24) の差を取れば, 二重層ポテンシャルが消えて, 求めたい表式を得る. ■

注 4.1 変形しないときは二重層ポテンシャルからの寄与はない. 実際物体の内部 B で $\boldsymbol{u}' = \boldsymbol{U} + \boldsymbol{\Omega} \times \boldsymbol{x}$ となる速度場を考えると, これはストークス方程式を満たし, 圧力 p' が定数であることがわかる. これより, 内部の仮想的な応力テンソルは $\sigma'_{ij} = -p'\delta_{ij}$ と求まる. 一般化境界積分表示式 (4.23) の内部力からの寄与は, $f'_i = -\sigma'_{ij} n_i$ より, $\int_S f'_i(\boldsymbol{y}) G_{ij}(\boldsymbol{y}, \boldsymbol{x}) dS_{\boldsymbol{y}} = p' \int_S n_i G_{ij}(\boldsymbol{y}, \boldsymbol{x}) dS_{\boldsymbol{y}}$ となるが, 速度場の非圧縮性より, $\frac{\partial G_{ij}}{\partial y_i} = 0$ が常に成り立つので, 表面積分をガウスの定理で体積積分に書き換えると, これがゼロになることがわかる. 以上より, 速度場 $\boldsymbol{u}(\boldsymbol{x})$ は通常の一重層ポテンシャルだけで表せ, $u_j(\boldsymbol{x}) = -\frac{1}{8\pi\mu} \int_S f_i(\boldsymbol{y}) G_{ij}(\boldsymbol{y}, \boldsymbol{x}) dS_{\boldsymbol{y}}$. つまり, 剛体運動のとき二重層ポテンシャルはゼロである. 変形により移動する遊泳の問題を考える際には, 二重層ポテンシャルの項は一般にはゼロではない.

変形を伴う一般の遊泳体に対しては内部からの力による一重層ポテンシャルからの寄与が存在する. しかし, 物体全体に働く力とトルクの表式には現れない.

命題 4.5 物体の表面に働く流体力 $\boldsymbol{F}$ とある点 $\boldsymbol{X}$ まわりの流体トルク $\boldsymbol{M}$ は, 内外の表面力の差 $\boldsymbol{q} = \boldsymbol{f} - \boldsymbol{f}'$ を用いて,

$$\boldsymbol{F} = \int_S \boldsymbol{q}\, dS, \quad \boldsymbol{M} = \int_S (\boldsymbol{x} - \boldsymbol{X}) \times \boldsymbol{q}\, dS \tag{4.25}$$

と表される.

証明 内部力からの寄与がゼロであることを示す. $f' = -\sigma'_{ij} n_j$ より, ガウスの定理を用いれば, $\int_S f'_i dS = \int_B \frac{\partial \sigma'_{ij}}{\partial x_j} dV$. これは, ストークス方程式よりゼロ. 内部トルクについては, $\int_S (\boldsymbol{x} - \boldsymbol{X}) \times \boldsymbol{f}' dS = \int_S \boldsymbol{x} \times \boldsymbol{f}' dS$ である. これにガウスの定理を用いると, $\epsilon_{ijk} \int_S x_j f'_k dS = \epsilon_{ijk} \int_B \left(\sigma'_{kj} + x_j \frac{\partial \sigma'_{k\ell}}{\partial x_\ell} \right) dV$. 最後の項は応力テンソルの対称性とストークス方程式からそれぞれゼロとなる. ■

4.1.3　多 重 極 展 開

　ストークス極による速度場は遠方で最も減衰の遅い寄与であった (2.2.1 節)．ストークス極 $G_{ij}(\boldsymbol{x}, \boldsymbol{y})$ は $G_{ij}(\boldsymbol{x} - \boldsymbol{y})$ と書ける．生物の物体座標系を原点とし，生物の表面上の点 $\boldsymbol{y}$ から十分離れた点 $\boldsymbol{x}$ での速度場を考えてみよう．$|\boldsymbol{x}| \gg |\boldsymbol{y}|$ であるので $G_{ij}(\boldsymbol{x} - \boldsymbol{y})$ を点 $\boldsymbol{x}$ のまわりでテイラー展開すると，

$$G_{ij}(\boldsymbol{x} - \boldsymbol{y}) = \sum_{n=0}^{\infty} \frac{(-1)^n}{n!} y_{k_1} y_{k_2} \cdots y_{k_n} \frac{\partial^n G_{ij}}{\partial x_{k_1} \partial x_{k_2} \cdots \partial x_{k_n}}(\boldsymbol{x}). \quad (4.26)$$

これを一般化境界積分表示 (4.23) に代入すれば，速度場は

$$u_i(\boldsymbol{x}) = -\frac{1}{8\pi\mu} \sum_{n=0}^{\infty} \frac{\partial^n G_{ij}}{\partial x_{k_1} \cdots \partial x_{k_n}}(\boldsymbol{x}) \frac{(-1)^n}{n!} \int_S q_j(\boldsymbol{y}) y_{k_1} \cdots y_{k_n} dS_{\boldsymbol{y}} \quad (4.27)$$

と表すことができる．ここで，表面力場の n 次のモーメントを $M^{(n)}_{j\,k_1 \cdots k_n} = \frac{1}{n!} \int_S q_j(\boldsymbol{y}) y_{k_1} \cdots y_{k_n} dS_{\boldsymbol{y}}$ で定め，式 (4.27) を書き直すと，次の展開表示を得る．

命題 4.6（速度場の多重極展開）　物体の体積が保存（$Q = 0$）しているとき，物体の遠方での速度場は次の形で展開できる．

$$u_i(\boldsymbol{x}) = -\frac{1}{8\pi\mu} \left[G_{ij} M_j^{(0)} + G_{ijk}^{\mathrm{D}} M_{jk}^{(1)} + G_{ijk\ell}^{\mathrm{Q}} M_{jk\ell}^{(2)} + O(r^{-4}) \right]. \tag{4.28}$$

ここで，$r = |\boldsymbol{x}|$ とした．また，

$$G_{ijk}^{\mathrm{D}} = -\frac{\partial G_{ij}}{\partial x_k} = O(r^{-2}), \quad G_{ijk\ell}^{\mathrm{Q}} = \frac{\partial^2 G_{ij}}{\partial x_k \partial x_\ell} = O(r^{-3}) \tag{4.29}$$

はそれぞれ**ストークス二重極**（Stokes dipole），**ストークス四重極**（Stokes quadrupole）である．展開の高次についても同様．

　ストークス方程式の線形性より，ストークス極 G_{ij} の空間微分もまたストークス方程式の解になっている．式 (4.28) はストークス方程式で記述される流れ場の多重極展開である．

　もとの境界積分表示 (4.16) を使って改めて速度場の多重極展開を行ってみよう．G_{ij} と同様に $|\boldsymbol{x}| \gg |\boldsymbol{y}|$ としてテイラー展開する．$H_{ij}(-\boldsymbol{x}) = -H_{ij}(\boldsymbol{x})$，

および $H_{ij} = -T_{ijk}n_k$ に注意すると，

$$H_{ij}(\boldsymbol{y} - \boldsymbol{x}) = T_{ijk}(\boldsymbol{x})n_k - \frac{\partial T_{ijk}}{\partial x_\ell}(\boldsymbol{x})n_k y_\ell + O(r^{-4}). \tag{4.30}$$

これと $G_{ij}(\boldsymbol{y} - \boldsymbol{x})$ のテイラー展開 (4.26) より，境界積分表示 (4.16) は，

$$\begin{aligned}
u_i(\boldsymbol{x}) = -\frac{1}{8\pi\mu}\Bigg[&G_{ij}(\boldsymbol{x})\int_S f_j(\boldsymbol{y})dS_{\boldsymbol{y}} - \frac{\partial G_{ij}}{\partial x_k}(\boldsymbol{x})\int_S f_j(\boldsymbol{y})y_k dS_{\boldsymbol{y}} \\
&+ \frac{1}{2}\frac{\partial^2 G_{ij}}{\partial x_k \partial x_\ell}(\boldsymbol{x})\int_S f_j(\boldsymbol{y})y_k y_\ell dS_{\boldsymbol{y}} - \mu T_{jik}(\boldsymbol{x})\int_S u_j(\boldsymbol{y})n_k dS_{\boldsymbol{y}} \\
&+ \mu\frac{\partial T_{jik}}{\partial x_\ell}(\boldsymbol{x})\int_S u_j(\boldsymbol{y})n_k n_\ell dS_{\boldsymbol{y}} \Bigg] + O(r^{-4})
\end{aligned} \tag{4.31}$$

のように展開できる．ここで，式 (4.13) を使って，T_{ijk} を P_j と G_{ij} の微分で書き換えると，式 (4.31) の $\big[\ \ \big]$ の中身は

$$G_{ij}F_j - \frac{\partial G_{ij}}{\partial x_k}F_{jk}^{\mathrm{D}} + \mu P_i Q + \frac{\partial^2 G_{ij}}{\partial x_k \partial x_\ell}F_{jk\ell}^{\mathrm{Q}} - \mu\frac{\partial P_i}{\partial x_j}Q_j^{\mathrm{D}} \tag{4.32}$$

とまとめることができる．ここで，F_{jk}^{D}, $F_{jk\ell}^{\mathrm{Q}}$ はそれぞれ**力の二重極** (force dipole)，**力の四重極** (force quadrupole) に対応している．これらは，$s_{ij} = -\mu(u_j n_k + u_k n_j)$ とすると[7]，

$$F_{jk}^{\mathrm{D}} = \int_S [f_j y_k - s_{jk}]dS_{\boldsymbol{y}}, \quad F_{jk\ell}^{\mathrm{Q}} = \frac{1}{2}\int_S [f_j y_k y_\ell - 2s_{jk}y_\ell]dS_{\boldsymbol{y}} \tag{4.33}$$

である．Q は表面 S を通じた内部の流体の流出量で，$P_i = \frac{2x_i}{r^3} = -2\frac{\partial}{\partial x_i}\left(\frac{1}{r}\right)$ は 2.2.1 節で導入した湧き出しのポテンシャル流れに対応していることがわかる．Q_j^{D} は二重湧き出しのモーメント，すなわち**ポテンシャル二重極** $Q_j^{\mathrm{D}} = -\int_S u_i n_i y_j dS_{\boldsymbol{y}}$ である．$P_{ij}^{\mathrm{D}} = -\frac{\partial P_i}{\partial x_j}$ と書いて，式 (4.29) のストークス二重極，ストークス四重極の表式で速度場の多重極展開を書き直すと，

$$u_i(\boldsymbol{x}) = -\frac{1}{8\pi\mu}\left[G_{ij}F_j + G_{ijk}^{\mathrm{D}}F_{jk}^{\mathrm{D}} + \mu P_i Q + G_{ijk\ell}^{\mathrm{Q}}F_{jk\ell}^{\mathrm{Q}} + \mu P_{ij}^{\mathrm{D}}Q_j^{\mathrm{D}} \right] + O(r^{-4})$$

とまとめることができる[8]．速度場の非圧縮性から $G_{ijj}^{\mathrm{D}} = -\frac{\partial G_{ij}}{\partial x_j} = 0$ である

---

[7] s_{ij} は応力テンソルを生み出す．注 4.2 参照．

[8] G_{ijk}^{D} や F_{ij}^{D} の係数については文献によって定義が異なる．また，G_{ijk}^{D} や G_{ijk}^{Q} やそれらによって作られる速度場に対しても区別なく力の二重極，四重極と呼ぶことも多い．

ので，力の二重極 F_{ij}^{D} の対角部分は速度場に影響しない．そこで，F_{ij}^{D} の対角部分 $\frac{1}{3}F_{ii}^{\mathrm{D}}\delta_{jk}$ を除いたものを考え，これの対称成分 S_{ij} と，反対称成分 A_{ij} を定義しよう．すなわち，$F_{ij}^{\mathrm{D}} - \frac{1}{3}F_{kk}^{\mathrm{D}}\delta_{ij} = S_{ij} + A_{ij}$ である．具体的に書き下すと，

$$S_{jk} = \frac{1}{2}\int_S \left[f_j y_k + f_k y_j - \frac{2}{3}f_i y_i \delta_{jk} - 2s_{jk} \right] dS_{\boldsymbol{y}}, \tag{4.34}$$

$$A_{jk} = \frac{1}{2}\int_S [f_j y_k - f_k y_j] dS_{\boldsymbol{y}} = -\frac{1}{2}\epsilon_{jk\ell}M_\ell. \tag{4.35}$$

ここで，M_ℓ は物体に働く流体トルクである．同様に，$G_{ijk}^{\mathrm{S}} = \frac{1}{2}\left(G_{ijk}^{\mathrm{D}} + G_{ikj}^{\mathrm{D}} \right)$，$G_{ijk}^{\mathrm{A}} = \frac{1}{2}\left(G_{ijk}^{\mathrm{D}} - G_{ikj}^{\mathrm{D}} \right)$ を定義すると，ストークス二重極の寄与は $G_{ijk}^{\mathrm{D}}F_{jk}^{\mathrm{D}} = G_{ijk}^{\mathrm{S}}S_{jk} + G_{ijk}^{\mathrm{A}}A_{jk}$ と 2 つに分けることができる．それぞれ，

$$G_{ijk}^{\mathrm{S}} = -\frac{x_i}{r^3}\delta_{jk} + 3\frac{x_i x_j x_k}{r^5}, \quad G_{ijk}^{\mathrm{A}} = \delta_{ij}\frac{x_k}{r^3} - \delta_{ik}\frac{x_j}{r^3} \tag{4.36}$$

である．

注 4.2 ここで，式 (4.13) より，$H_{ij} = -T_{ijk}n_k = P_j n_i + 2G_{ijk}^{\mathrm{S}}n_k$ であるから，二重層ポテンシャルに現れる被積分関数は，

$$\mu u_i(\boldsymbol{y})H_{ij}(\boldsymbol{y},\boldsymbol{x}) = -\mu P_j(\boldsymbol{x},\boldsymbol{y})u_i(\boldsymbol{y})n_i - G_{ikj}^{\mathrm{S}}(\boldsymbol{x},\boldsymbol{y})s_{ik}(\boldsymbol{y}) \tag{4.37}$$

と書ける．式 (4.37) の右辺第 1 項は表面の各点 $\boldsymbol{y}$ での吸い込み・湧き出しによって作られる流れに対応している．第 2 項は力の二重極の対称成分によって生成される流れである．ここで，$Q = 0$ を仮定して仮想的な内部流れによる仮想的な応力テンソルの物体領域 B での体積積分を考える．仮想的な内部流れの量をプライムの記号を付けて表すと，

$$\int_B \sigma'_{ik} dV_{\boldsymbol{x}} = \int_B \sigma'_{jj}\delta_{ik} dV_{\boldsymbol{x}} - \int_S (u'_i n_k + u'_k n_i) dS_{\boldsymbol{x}}$$
$$= \int_B \sigma'_{jj}\delta_{ik} dV_{\boldsymbol{x}} + \int_S s_{ij} dS_{\boldsymbol{x}} \tag{4.38}$$

となり，s_{ij} の表面積分は内部の応力テンソルを表していることがわかる．

命題 4.5 より，$M_j^{(0)} = F_j$ なので，表面力の 0 次のモーメントは流体力に一致している．表面力の 1 次のモーメント $M_{ij}^{(1)}$ の対角部分は速度場に影響しな

いので，上と同様に対角成分を除いて，その対称成分 M_{ij}^{S} と反対称成分 M_{ij}^{A} に分解する．命題 4.5 および，式 (4.38) より，$M_{ij}^{\mathrm{S}} = S_{ij}$, $M_{ij}^{\mathrm{A}} = A_{ij}$ がわかる．

(4.38) のように，力の二重極の対称成分 S_{ij} は応力テンソルを発生させることから**ストレスレット**（応力極，stresslet）と呼ばれる．また，反対称成分 A_{ij} は回転の偶力に対応することから**カップレット**（偶力極，couplet）と呼ばれる．ここで，

$$G_{i\ell}^{\mathrm{R}} = -\frac{1}{2} G_{ijk}^{\mathrm{A}} \epsilon_{jk\ell} = \frac{1}{2} \frac{\partial G_{ij}}{\partial x_k} \epsilon_{jk\ell} = \epsilon_{i\ell k} \frac{x_k}{r^3} \tag{4.39}$$

を定めると，直接流体トルク $\boldsymbol{M}$ を使って $G_{ijk}^{\mathrm{A}} A_{jk} = G_{ij}^{\mathrm{R}} M_j$ と表すことができる．G_{ij}^{R} は点トルク（point torque）によって生じる流れを表しており，**ロットレット**（回転極，rotlet）と呼ばれる（例 2.2 参照）．ただし，A_{ij} や G_{ijk}^{A} をロットレットと呼ぶことも多く，カップレットと同義とすることも多い[9]．

次節では，これらのストークス極やその多重極場と生物の周りの流れの関係について調べていこう．

4.2　微生物周りの流れ場

4.2.1　流れの遠距離場

4.1.3 節では，物体から離れた位置での流体場の表現を得た．これらをまとめると，次のようになる．

命題 4.7（速度場の遠距離場展開）　物体から離れた位置 $\boldsymbol{x}$ $(r = |\boldsymbol{x}| \gg 1)$ での速度場は $O(r^{-3})$ までの展開で，

$$u_i(\boldsymbol{x}) = -\frac{1}{8\pi\mu} \Big[G_{ij}(\boldsymbol{x})F_j + G_{ij}^{\mathrm{R}}(\boldsymbol{x})M_j + G_{ijk}^{\mathrm{S}}(\boldsymbol{x})S_{jk} + \mu P_i(\boldsymbol{x})Q$$

$$+ G_{ijk\ell}^{\mathrm{Q}}(\boldsymbol{x})F_{jk\ell}^{\mathrm{Q}} + \mu P_{ij}^{\mathrm{D}}(\boldsymbol{x})Q_j^{\mathrm{D}} \Big] + O(r^{-4}) \tag{4.40}$$

と表せる．ここで，F_i, M_i は物体に働く力とトルクであり，S_{jk} は力の二重極の対称成分（ストレスレット），$F_{jk\ell}^{\mathrm{Q}}$ は力の四重極である．また，Q は物体表面を通る流体の流量，Q_j^{D} はポテンシャルの二重極である．

---

[9] ストレスレット，ロットレットはもともと力の二重極に対して導入された用語[5] だが，対応するグリーン関数およびこれらが作る流れ場に対しても区別なく用いられる[18]．

注 4.3 2.2.1 節で，ストークス方程式の一般解であるラムの解を紹介し，3 つの調和関数 $p = \sum_n p_n$, $\phi = \sum_n \phi_n$, $p = \sum_n \chi_n$ ですべての解を表現できることを見た（定理 2.9）．p_{-2} による速度場はストークス極を表していた（式 (2.35)）．その高次項 p_{-3} はストークス二重極，p_{-4} はストークス四重極を表している．ポテンシャル場 ϕ_{-1} は $P_i Q$ の項である，ϕ_{-2} はポテンシャル二重極の項に対応している．ポロイダルポテンシャル χ_{-2} はロットレット G_{ij}^{R} による流れ場を表しており，χ_{-3} 以降はロットレットの多重極に対応している．実際，ロットレット二重極（rotlet dipole）は

$$G_{ijk}^{\mathrm{RD}} = -\frac{\partial G_{ij}^{\mathrm{R}}}{\partial x_k} = -\epsilon_{ij\ell}\left(\frac{\delta_{k\ell}}{r^3} - 3\frac{x_k x_\ell}{r^5}\right) \tag{4.41}$$

で定義されるが，$G_{ijk\ell}^{\mathrm{Q}}$ と $F_{jk\ell}^{\mathrm{Q}}$ について，j と k に関して反対称な成分 $G_{ijk\ell}^{\mathrm{QA}} = \frac{1}{2}(G_{ijk\ell}^{\mathrm{Q}} - G_{ikj\ell}^{\mathrm{Q}})$, $F_{jk\ell}^{\mathrm{QA}} = \frac{1}{2}(F_{jk\ell}^{\mathrm{Q}} - F_{kj\ell}^{\mathrm{Q}})$ を定めると，$G_{ijk\ell}^{\mathrm{QA}} F_{jk\ell}^{\mathrm{QA}} = G_{ijk}^{\mathrm{RD}} M_{jk}^{\mathrm{D}}$ となることがわかる．ここで，M_{jk}^{D} はトルクの二重極で，

$$M_{jk}^{\mathrm{D}} = \frac{1}{2}\int_S [\boldsymbol{y} \times \boldsymbol{f}(\boldsymbol{y})]_j \, y_k dS_{\boldsymbol{y}} \tag{4.42}$$

で表される．

このように，物体周りのストークス流れは G_{ij}, P_i, G_{ij}^{R} とその空間微分の線形和に展開できる．ここで，ストークス方程式より $P_{ij}^{\mathrm{D}} = -\frac{\partial P_i}{\partial x_j} = -\frac{\partial G_{ij}}{\partial x_k \partial x_k} = -\nabla^2 G_{ij}$ となるので，式 (4.40) の速度場は，ポテンシャルの二重極やその多重極も含め，ストークス極とその空間微分で表される．これより，一般に体積が保存する物体周りの流れはストークス多重極で展開できる（命題 4.6）．

自由遊泳をしている微生物の場合，力とトルクのつりあいの関係式より，$F_i = M_i = 0$．また，微生物の体積が変わらないことを仮定すれば，$Q = 0$．これらより，式 (4.40) の 6 つの項のうち 3 つの項が消える．残る 3 つの項の中でストレスレットによる項のみが唯一 $O(r^{-2})$ で，残りの 2 つは $O(r^{-3})$ である．よって，微生物周りの遠方での流れ場の支配項はストレスレットによって決定されていることがわかる．

生物の進行方向を x 軸正の方向に取り，x 軸のまわりに対称な流れ場を考えよう．ストレスレットは対称でトレースがゼロの行列なので，α を定数として，$S_{ij} = -\alpha(\delta_{i1}\delta_{j1} - \frac{1}{3}\delta_{ij})$ と対角行列で書ける．ここで，流体への力の作用

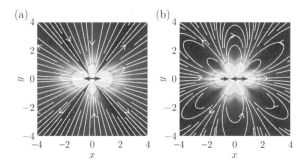

図 4.1　(a) x 軸のまわりに対称なプッシュ型（プッシャー）のストークス二重極（ストレスレット）による流れ場．(b) ストークス四重極の流れ場．中央の矢印は流体に働く力の二重極と四重極を模式的に表している．

は，物体への力の反作用であることに注意．のちの便宜上，α の前にマイナス符号を付けた．$\alpha = 1$ のときの流れ場の様子は図 4.1 (a) である．軸対称なストークス四重極での流れ場として先の S_{ij} を使って，$F_{jk\ell}^{Q} = S_{jk}\delta_{\ell 1}$ としたときの流れ場を図 4.1 (b) に示している．原点付近の矢印は流体に加えられる点外力の二重極と四重極を模式的に表している．

　$\alpha > 0$ のとき，図 4.1 (a) のように進行方向の前後から外向きに流れが生じ，周囲から生物の方向に流入している．このとき，生物を**プッシュ型**（pusher, プッシャー）という．逆に，$\alpha < 0$ ときは，**プル型**（puller, プラー）と呼ばれ，進行方向の前後から流入が生じ，側面から外向きに流れが生じる．$\alpha = 0$ は**中間型**（neutral, ニュートラル）と呼ばれ，遠方での速度場は $|\boldsymbol{u}| = O(r^{-3})$ となる．これらストレスレットによる遊泳微生物周りの流れの表現は，境界との流体相互作用（5.2 節）や微生物の個体間相互作用（5.3 節）を議論する際の出発点となる．ただ，生物近傍の流れ場は生物の形状や泳ぎ方に多く影響を受けるため，一般には単純ではない．

例 4.1（微生物遊泳との対応）　プッシュ型，プル型の用語は実際の微生物の遊泳機構と対応している．プッシュ型は後方の，プル型は前方の遊泳器官によって推進する．例えば，バクテリア[26] や精子[58] は後方の鞭毛によって流体を押し出して進むプッシュ型（図 4.2 右）であり，クラミドナス[25] やミドリム

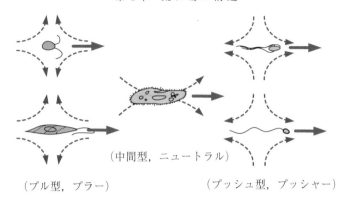

（中間型，ニュートラル）

（プル型，プラー）　　　　　　　　　（プッシュ型，プッシャー）

図 4.2　微生物の周りの流れの模式図.

シ[104] は前方の鞭毛を使って流体を引っ張ることで前に進むプル型（図 4.2 左）
である．体表面の繊毛を使って遊泳する繊毛虫の多くは中間型に近い（図 4.2
中央）．図 4.2 に示した微生物と流れ場の対応は時間平均量に対するものであ
る．クラミドモナスやヒト精子の場合には，変形の 1 周期の間に α の符号が切
り替わることが知られており，瞬時場はプッシュ型とプル型を行き来する．例
3.2 で取り上げた球形の藻の仲間であるボルボックスの場合には，周りの水と
の密度差による重力の効果により，$O(r^{-1})$ のストークス極の項が支配的であ
る[25]．

例 4.2（球形スクワーマ）　速度場の解析解が得られている重要な例と
して，球形スクワーマ（例 3.5）の周りの流れ場を考えよう．球の半径を
a，剛体運動を除いた表面速度を $\boldsymbol{u}'$ とし，これが軸対称（軸方向を $\boldsymbol{e}_x$ と
する）だと仮定する．図 4.3 の模式図のように極座標 (r, θ, ϕ) を用いて，
$\boldsymbol{u}'(\theta) = u'_r(\theta)\boldsymbol{e}_r + u'_\theta(\theta)\boldsymbol{e}_\theta + u'_\phi(\theta)\boldsymbol{e}_\phi$ と書こう．ここでは，表面に垂直な速度
成分を持たず（$u'_r = 0$），表面の滑り速度のみで遊泳する場合を考える．$u'_\theta(\theta)$,
$u'_\phi(\theta)$ を例 3.5 と同様にルジャンドル級数で展開し，

$$u'_\theta = \sum_{n=1}^{\infty} B_n V_n(\cos\theta), \quad u'_\phi = \sum_{n=2}^{\infty} C_n V_n(\cos\theta) \tag{4.43}$$

と表そう．ここで，$V_n(x)$ はルジャンドル多項式 $P_n(x)$ を用いて，$V_n(x) = \frac{2\sqrt{1-x^2}}{n(n+1)}\frac{dP_n}{dx}$ で定められる．今，軸対称性より運動は x 軸方向であり，その並

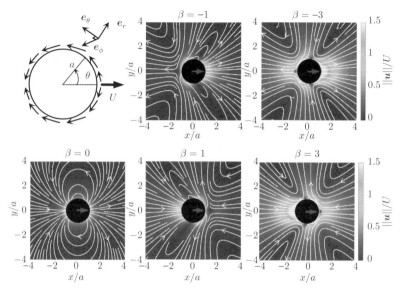

図 4.3 スクワーマの模式図とまわりの流れ場.

進速度 U は $U = \frac{2}{3}B_1$, 回転角速度は $\Omega = 0$ と求められた (例 3.5). 慣性座標系での流体場 $\boldsymbol{u} = u_r\boldsymbol{e}_r + u_\theta\boldsymbol{e}_\theta + u_\phi\boldsymbol{e}_\phi$ も解析的に解くことができ[110], $\xi = \cos\theta$ と書けば,

$$u_r = \frac{2}{3}\left(\frac{a}{r}\right)^3 B_1 P_1(\xi) + \sum_{n=2}^{\infty}\left[\left(\frac{a}{r}\right)^{n+2} - \left(\frac{a}{r}\right)^n\right] B_n P_n(\xi),$$

$$u_\theta = \frac{1}{3}\left(\frac{a}{r}\right)^3 B_1 V_1(\xi) + \frac{1}{2}\sum_{n=2}^{\infty}\left[n\left(\frac{a}{r}\right)^{n+2} - (n-2)\left(\frac{a}{r}\right)^n\right] B_n V_n(\xi),$$

$$u_\phi = \sum_{n=2}^{\infty}\left(\frac{a}{r}\right)^{n+1} C_n V_n(\xi) \tag{4.44}$$

となる. これより, ストレスレットの表式は

$$S_{ij} = 4\pi\mu a^3\left(\delta_{i1}\delta_{j1} - \frac{1}{3}\delta_{ij}\right) B_2 \tag{4.45}$$

と計算することができる[50]. このように速度場の遠距離場は B_2 の項で表せるので, まずは B_1 と B_2 の項のみを考え, $B_n = 0 \ (n \geq 3)$, $C_n = 0$ としよ

う．遊泳速度が B_1 のみで定まっていることから，スクワーマ周りの流れ場の構造は $\beta = \frac{B_2}{B_1}$ で定まる．β はしばしばスクワーマパラメータと呼ばれる．式 (4.45) より，$\beta > 0$ はプル型，$\beta < 0$ はプッシュ型だとわかる．図 4.3 は各 β での流れ場の様子である．$\beta = 0$ は中間型であり，このときの流れ場は $O(r^{-3})$ のポテンシャル二重極によって作られる流れ場になっている．実際，$u_i = -\frac{1}{8\pi} P_{ij}^{\mathrm{D}} \hat{Q}_j^{\mathrm{D}}$ の形で書くことができる．ただし，

$$\hat{Q}_j^{\mathrm{D}} = -\frac{4}{3}\pi a^3 \delta_{j1} B_1 \tag{4.46}$$

であり，$\hat{Q}_j^{\mathrm{D}}$ には Q_j^{D} に加えてストークス四重極からの寄与が加わっている．スクワーマパラメータ β はストレスレットとポテンシャル二重極の流れの強さの比を表している．

B_3 の項からは $O(r^{-3})$ のストークス四重極からの速度場が生じる．図 4.1 (b) の軸対称な力の四重極場だけでなく，ポテンシャル二重極への寄与も存在する．C_2 の項も同様にストークス四重極の速度場が生じるが，これはロットレット二重極の流れ場として記述することができ，その強さは

$$M_{jk}^{\mathrm{D}} = -\frac{8}{3}\pi\mu a^3 \delta_{ji}\delta_{k1} C_2 \tag{4.47}$$

と計算できる．

4.2.2 流れ場の極表現

前節で見たように，物体周りの流れ場は，しばしばストークス極とその空間微分である多重極の重ね合わせによって記述される．物体以外に境界がない状況を考えよう，物体内部領域 B にストークス多重極を分布させ，

$$u_i(\boldsymbol{x}) = \int_B G_{ij}(\boldsymbol{x}, \boldsymbol{y}) M_j^{(0)}(\boldsymbol{y}) dV_{\boldsymbol{y}} + \int_B G_{ijk}^{\mathrm{D}}(\boldsymbol{x}, \boldsymbol{y}) M_{jk}^{(1)}(\boldsymbol{y}) dV_{\boldsymbol{y}}$$
$$+ \int_B G_{ijk\ell}^{\mathrm{Q}}(\boldsymbol{x}, \boldsymbol{y}) M_{jk\ell}^{(2)}(\boldsymbol{y}) dV_{\boldsymbol{y}} + \cdots \tag{4.48}$$

の形で流れ場を記述することを流れ場の**極表現**（singularity representation）という．ストークス多重極の分布がデルタ関数のとき，式 (4.48) は多重極展開に一致する．以下では，物体表面での境界条件を満たす極表現の例をいくつか紹介しよう．

例 4.3（剛体運動をする球の周りの流れ） 半径 a の球の周りの流れ場を考えよう. 例 2.1 で見たように, 球が並進速度 $\boldsymbol{U}$ で移動しているときには, 球の中心 $\boldsymbol{x}_0$ に置かれたストークス極とポテンシャル二重極の重ね合わせで流れ場を表すことができた. G_{ij} と P_i の定義（命題 4.2）より, 球の周りの速度場 $\boldsymbol{u}(\boldsymbol{x})$ は

$$u_i(\boldsymbol{x}) = \frac{3}{4}aG_{ij}U_j - \frac{1}{8}a^3 P_{ij}^{\mathrm{D}}U_j = \frac{3}{4}a\left(1 + \frac{a^2}{6}\nabla^2\right)G_{ij}U_j \qquad (4.49)$$

と書ける. ただし, 最後の等式では, ストークス方程式から得られる関係式 $P_{ij}^{\mathrm{D}} = -\nabla^2 G_{ij}$ を用いた.

また, 例 2.2 で取り上げたように, 回転する球の周りの流れ場はロットレットで記述できた. 回転角速度を $\boldsymbol{\Omega}$ とすると,

$$u_i(\boldsymbol{x}) = a^3 G_{ij}^{\mathrm{R}}\Omega_j = \frac{a^3}{2}\frac{\partial G_{ij}}{\partial x_k}\epsilon_{jk\ell}\Omega_\ell. \qquad (4.50)$$

と表される.

例 4.4（剛体運動をする回転楕円体の周りの流れ） 回転楕円体の中で, 長軸が回転軸となっている長楕円体（prolate spheroid）を考える. 長半軸, 短半軸をそれぞれ a, b とする. 焦点長さは $e = \sqrt{a^2 - b^2}$ である. $\epsilon = \frac{e}{a}$ $(0 < \epsilon < 1)$ とする. 回転楕円体の中心を原点に取り, 長軸方向を $\boldsymbol{e}_1$ 軸にとる. このとき, 物体周りの流れ場はストークス極とポテンシャル二重極を 2 つの焦点の間 $(-e \leq x \leq e)$ に連続的に分布させることで得られる[19].

$$u_i(\boldsymbol{x}) = U_k a_{kj} \int_{-e}^{e} \left[G_{ij}(\boldsymbol{x}, s\boldsymbol{e}_1) - \alpha(s)P_{ij}^{\mathrm{D}}(\boldsymbol{x}, s\boldsymbol{e}_1)\right] ds. \qquad (4.51)$$

ただし, $\alpha(s) = \left(\frac{1-\epsilon^2}{4\epsilon^2}\right)(e^2 - s^2)$ である. a_{kj} は対角行列で, その対角成分は,

$$a_{11} = \frac{\epsilon^2}{-2\epsilon + (1+\epsilon^2)\ln\left(\frac{1+\epsilon}{1-\epsilon}\right)}, \quad a_{22} = a_{33} = \frac{-2\epsilon^2}{-2\epsilon + (1-3\epsilon^2)\ln\left(\frac{1+\epsilon}{1-\epsilon}\right)} \qquad (4.52)$$

で与えられる.

同様に, 長楕円体が角速度 $\boldsymbol{\Omega} = \Omega\boldsymbol{e}_1$ で長軸周りに回転しているときの物体

の周りの流れを考える.このときは長軸上にロットレットを分布させることにより流れ場を記述することができ[18],速度場は

$$u_i(\boldsymbol{x}) = \frac{\Omega}{\frac{2\epsilon}{1-\epsilon^2} - \ln\left(\frac{1+\epsilon}{1-\epsilon}\right)} \int_{-e}^{e} (e^2 - s^2) G_{i1}^{\mathrm{R}}(\boldsymbol{x}, se_1) ds \tag{4.53}$$

と書ける.

4.2.3 正則化ストークス極

4.1.1 節で,位置 $\boldsymbol{x}_0$ での流体への点外力 $\boldsymbol{g}\delta(\boldsymbol{x}-\boldsymbol{x}_0)$ による流れ場としてストークス方程式の基本解であるストークス極を求めた.微生物まわりの流れ場をストークス極やその多重極の重ね合わせとして記述する際には,ストークス極が点 $\boldsymbol{x}_0$ で発散するため,数値的な取り扱いに注意が必要である.そこで,デルタ関数 $\delta(\boldsymbol{x}-\boldsymbol{x}_0)$ を局所的だが滑らかな関数 $\psi_\epsilon(\boldsymbol{x}, \boldsymbol{x}_0)$ に置き換えることによって点 $\boldsymbol{x}_0$ での特異性を回避する方法が提案された[20].これを**正則化ストークス極**(regularized Stokeslet)という.

命題 4.8(正則化ストークス極) 滑らかな外力分布をもつストークス方程式

$$-\nabla p + \mu\nabla^2\boldsymbol{u} = -\boldsymbol{g}\psi_\epsilon(\boldsymbol{x}, \boldsymbol{x}_0), \quad \nabla\cdot\boldsymbol{u} = 0 \tag{4.54}$$

を考える.ここで,正則化関数 $\psi_\epsilon(\boldsymbol{x}, \boldsymbol{x}_0)$ は滑らかな関数で $\int_{\mathbb{R}^3} \psi_\epsilon(\boldsymbol{x}, \boldsymbol{x}_0) dV_{\boldsymbol{x}} = 1$ を満たすとする.$\epsilon > 0$ を正則化パラメータといい,$\epsilon \to 0$ で ψ_ϵ がデルタ関数に近づくものを考える.速度場を $u_i(\boldsymbol{x}) = \frac{1}{8\pi\mu} G_{ij}^\epsilon(\boldsymbol{x}, \boldsymbol{x}_0) g_j$ と書いたとき,G_{ij}^ϵ を**正則化ストークス極**という.さらに,無限遠でゼロとなる関数 A_ϵ と B_ϵ を

$$\nabla^2 A_\epsilon(\boldsymbol{x}, \boldsymbol{x}_0) = \psi_\epsilon(\boldsymbol{x}, \boldsymbol{x}_0), \quad \nabla^2 B_\epsilon(\boldsymbol{x}, \boldsymbol{x}_0) = A_\epsilon(\boldsymbol{x}, \boldsymbol{x}_0) \tag{4.55}$$

で定義すると,正則化ストークス極はこれらを用いて,

$$G_{ij}^\epsilon(\boldsymbol{x}, \boldsymbol{x}_0) = 8\pi\left[\frac{\partial^2 B_\epsilon}{\partial x_i \partial x_j}(\boldsymbol{x}, \boldsymbol{x}_0) - A_\epsilon(\boldsymbol{x}, \boldsymbol{x}_0)\delta_{ij}\right] \tag{4.56}$$

と表せる.

証明 ストークス方程式 (4.54) の第 1 式に対して,両辺の発散(div)を取

れば,

$$\nabla^2 \left[p - (\boldsymbol{g} \cdot \nabla) A_\epsilon \right] = 0. \tag{4.57}$$

ここで, 正則化により $\epsilon > 0$ では関数 A_ϵ は特異性を持たず無限遠でゼロに減衰するので, ラプラス方程式 (4.57) の解は定数関数に限られる. さらに, 圧力関数 p が無限遠でゼロになると仮定すれば, $p = \boldsymbol{g} \cdot \nabla A_\epsilon$ となる. この式を再びストークス方程式 (4.54) の第 1 式に代入すれば,

$$\mu \nabla^2 \boldsymbol{u}(\boldsymbol{x}) = \nabla^2 \left[(\boldsymbol{g} \cdot \nabla) \nabla B_\epsilon - A_\epsilon \, \boldsymbol{g} \right] \tag{4.58}$$

を得る. 再びラプラス方程式の解が定数関数に限られることと, $\boldsymbol{u}$ は無限遠でゼロになることを用いると $\mu \boldsymbol{u} = (\boldsymbol{g} \cdot \nabla) \nabla B_\epsilon - A_\epsilon \, \boldsymbol{g}$. これより式 (4.56) が得られる. ■

例 4.5 正則化関数 ψ_ϵ としてよく用いられるものとして,

$$\psi_\epsilon(\boldsymbol{x}, \boldsymbol{x}_0) = \frac{15\epsilon^4}{8\pi(r^2 + \epsilon^2)^{7/2}} \tag{4.59}$$

がある. $\boldsymbol{r} = \boldsymbol{x} - \boldsymbol{x}_0, r = |\boldsymbol{r}|$ とした. この関数は点 $\boldsymbol{x}_0$ でピークをもつ単峰関数であり, ピークの幅は ϵ 程度である. ここで, 2 つのポアソン方程式 (4.55) を解くことで, A_ϵ と B_ϵ が

$$A_\epsilon = -\frac{2r^2 + 3\epsilon^2}{8\pi(r^2 + \epsilon^2)^{3/2}}, \quad B_\epsilon = -\frac{1}{8\pi}(r^2 + \epsilon^2)^{1/2}$$

と求まる. これを (4.56) に代入することにより, 正則化ストークス極の表式

$$G_{ij}^\epsilon = \frac{(r^2 + 2\epsilon^2)\delta_{ij} + r_i r_j}{(r^2 + \epsilon^2)^{3/2}} \tag{4.60}$$

を得る. 確かに $\epsilon \to 0$ で G_{ij}^ϵ は点 $\boldsymbol{x}_0$ で特異性を持つストークス極に近づく.

例 4.6 (バクテリア周りの流れ場) 一本のらせん状の鞭毛をもつバクテリアの運動を考えよう. 鞭毛を回転させることにより細胞全体は回転しながら推進する. 図 4.4 (a) は, ストークス方程式の直接数値計算[10]によって求めた遊泳

---

[10] 境界要素法を用いた. 手法の詳細は, 4.3.1 節参照.

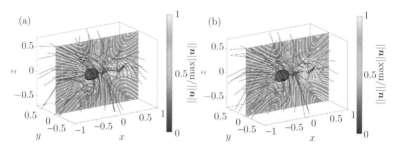

図 4.4　遊泳バクテリア周りの時間平均的な流れ場. (a) 境界要素法によるストークス方程式の直接数値計算. (b) 正則化ストークス極と正則化ロットレットの重ね合わせ.

バクテリア周りの流れ場の様子である. 鞭毛軸周りの平均速度場を図示している. 平面内の流れはプッシュ型でよく記述できていることがわかる. しかし, 回転運動に伴う 3 次元的な旋回流れはストレスレットの項のみでは表現することはできない. この流れ場を正則化ストークス極とその多重極によって表現してみよう[63].

　正則化ロットレット $G_{ij}^{\mathrm{R}\epsilon}$ を通常のロットレットと同様に, $G_{i\ell}^{\mathrm{R}\epsilon} = \frac{1}{2}\frac{\partial G_{ij}^{\epsilon}}{\partial x_k}\epsilon_{jk\ell}$ で定める. ここで, 流体中の 2 点 $\bm{x}_1$ と $\bm{x}_2$ に力 $(\bm{f}_1, \bm{f}_2)$ とトルク $(\bm{m}_1, \bm{m}_2)$ をそれぞれ加える. ただし, 全体の力とトルクのつりあいの関係式より, これらの力とトルクはお互いに逆向きでその和はゼロである ($\bm{f}_1 = -\bm{f}_2, \bm{m}_1 = -\bm{m}_2$). 図 4.4 (a) の流れ場を, これらの正則化ストークス極と正則化ロットレットの重ね合わせで近似したものが図 4.4 (b) である. 近距離場の流れも非常に精度良く表現できていることがわかる. このときの正則化パラメータはバクテリア菌体のサイズや鞭毛の長さと対応がついている.

4.3　微生物流体力学の計算法

　これまで, 生物の遊泳ダイナミクスや生物周りの流れ場について, その理論的側面を解説してきた. しかし, 生物の形状は一般には複雑であり, 数値的に解析することも多い. 今節では, これらを解析するための計算手法をいくつか紹介しよう.

4.3.1 境 界 要 素 法

速度場の境界積分表示（命題 4.3）を用いたストークス方程式の直接数値計算の手法が**境界要素法**（boundary element method, BEM）である．命題 4.3 で見たとおり，流体領域 Ω 内部の点 $\boldsymbol{x}$ での速度場 $\boldsymbol{u}(\boldsymbol{x})$ は，

$$u_j(\boldsymbol{x}) = -\frac{1}{8\pi\mu}\int_S f_i(\boldsymbol{y})G_{ij}(\boldsymbol{y},\boldsymbol{x})dS_{\boldsymbol{y}} + \frac{1}{8\pi}\int_S u_i(\boldsymbol{y})H_{ij}(\boldsymbol{y},\boldsymbol{x})dS_{\boldsymbol{y}} \quad (4.61)$$

の形で書けた．ここで，G_{ij} は速度場のグリーン関数であるストークス極，$f_i = -\sigma_{ij}n_j$ は生物表面に働く流体力，$H_{ij} = -T_{ijk}n_k$ は生物の表面に働く流体力を与えるグリーン関数である．法線ベクトル $\boldsymbol{n}$ は流体領域から外向きにとっていることに注意（図 4.5 (a)）．物体表面 S では，滑りなし境界条件より，速度場は剛体運動と変形運動の和に一致し，$\boldsymbol{u} = \boldsymbol{U} + \boldsymbol{\Omega} \times (\boldsymbol{x} - \boldsymbol{X}) + \boldsymbol{u}'$ が成り立つ（命題 2.1）．しかし，式 (4.61) は流体領域内部での表式であり，表面 S 上での速度場の表式を得るには，ストークス極の特異性を適切に評価する必要がある．

> **命題 4.9（表面上での速度場の境界積分表示）** 物体表面 S 上の点 $\boldsymbol{x}$ での速度場 $\boldsymbol{u}(\boldsymbol{x})$ は
>
> $$\frac{1}{2}u_j(\boldsymbol{x}) = -\frac{1}{8\pi\mu}\int_S f_i(\boldsymbol{y})G_{ij}(\boldsymbol{y},\boldsymbol{x})\,dS_{\boldsymbol{y}} + \frac{1}{8\pi}\int_S^{\text{p.v.}} u_i(\boldsymbol{y})H_{ij}(\boldsymbol{y},\boldsymbol{x})\,dS_{\boldsymbol{y}} \tag{4.62}$$
>
> と表現できる．ただし，右辺 2 項目の積分は主値積分を意味する．

証明 式 (4.61) の点 $\boldsymbol{x}$ を表面 S に近づける極限を考える．表面上の点 $\boldsymbol{x}$ を中

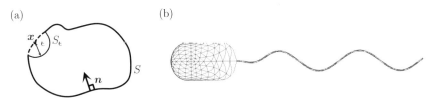

図 4.5 (a) 表面上の点における境界積分表示の導出．(b) 物体表面の要素分割の例．バクテリア遊泳の場合[60]．

心とした半径 ϵ の半球 H_ϵ を含む曲面 $S_\epsilon = H_\epsilon \cup R_\epsilon$ で，$\epsilon \to 0$ で $S_\epsilon \to S$ となるものを考える（図 4.5 (a)）．

式 (4.61) の右辺の積分を H_ϵ と R_ϵ に分割して計算を行う．右辺 1 項目の H_ϵ での一重層ポテンシャルは，半球上の点 $\boldsymbol{y}$ について $\boldsymbol{y} - \boldsymbol{x} = \epsilon \boldsymbol{n}$ であるから，

$$\lim_{\epsilon \to 0} \int_{H_\epsilon} f_i(\boldsymbol{y}) G_{ij}(\boldsymbol{y}, \boldsymbol{x}) \, dS_{\boldsymbol{y}} = f_i(\boldsymbol{x}) \lim_{\epsilon \to 0} \int_{H_\epsilon} \left[\frac{\delta_{ij}}{\epsilon} + \frac{n_i n_j}{\epsilon} \right] dS_{\boldsymbol{y}} = 0.$$

ここで，$dS_{\boldsymbol{y}}$ は半径 ϵ の半球上での積分なので ϵ^2 に比例し，積分はゼロに収束するため，ストークス極の特異性からの寄与は存在しない．二重層ポテンシャルについては，

$$\lim_{\epsilon \to 0} \int_{H_\epsilon} u_i(\boldsymbol{y}) H_{ij}(\boldsymbol{y}, \boldsymbol{x}) \, dS_{\boldsymbol{y}} = u_i(\boldsymbol{x}) \lim_{\epsilon \to 0} \int_{H_\epsilon} \left[\frac{6 n_i n_j}{\epsilon^2} \right] dS_{\boldsymbol{y}} = 4\pi u_j(\boldsymbol{x})$$

となり，特異性からの寄与が現れる．R_ϵ からの積分の極限は主値積分で与えられるから，結局

$$\lim_{\epsilon \to 0} \int_{S_\epsilon} u_i(\boldsymbol{y}) H_{ij}(\boldsymbol{y}, \boldsymbol{x}) \, dS_{\boldsymbol{y}} = 4\pi u_j(\boldsymbol{x}) + \int_S^{\text{p.v.}} u_i(\boldsymbol{y}) H_{ij}(\boldsymbol{y}, \boldsymbol{x}) \, dS_{\boldsymbol{y}}.$$

以上から，点 $\boldsymbol{x}$ を表面 S に近づける極限として，式 (4.62) が得られる．また，点 $\boldsymbol{x}$ を物体内部から表面に近づけた極限も一致する．■

注 4.4　上記の主値積分が存在するためには法線が連続であることが必要である．また，一重層ポテンシャルのみで表記した一般化境界積分表示（命題 4.4）は上で見たように特異性を含まないので，境界上でもそのまま成り立つ．つまり，一重層ポテンシャルは物体の内外で連続である．ただし，命題 4.4 でみたように，表面力は物体の表面上で不連続になる．一方，二重層ポテンシャルは物体表面上で不連続となるが，表面力は内外で連続である．

命題 4.9 あるいは命題 4.4 の表面上の速度場の積分表示を用いて遊泳物体のダイナミクスを数値的に求めることが可能になる．曲面上の積分を三角形等の要素に分割し数値的に計算することを考える（図 4.5 (b)）．N 個の要素に分割し，各要素の代表点を $\boldsymbol{x}^{(n)}$ $(n = 1, 2, \cdots, N)$ とする．表面での速度場を $\boldsymbol{u}^{(n)} = \boldsymbol{U} + \boldsymbol{\Omega} \times (\boldsymbol{x}^{(n)} - \boldsymbol{X}) + \boldsymbol{u}'(\boldsymbol{x}^{(n)})$，表面力を $\boldsymbol{f}^{(n)} = \boldsymbol{f}(\boldsymbol{x}^{(n)})$ とすると，

変形速度 u' が既知量であることに注意すれば，命題 4.9 あるいは命題 4.4 の表面上の速度場の積分表示は，$3N + 6$ 個の未知数 U, Ω, $f^{(n)}$ に関する線形方程式に帰着できる．方程式の数は S 上での境界条件から $3N$ 個，さらに物体の運動方程式に対応する力とトルクのつりあいの関係式を合わせると，$3N + 6$ 個になる．これより，線形問題の解として，瞬時の並進・回転の速度を求めることができる．境界要素法の数値計算の詳細は専門的なテキスト[112],[113] を参照されたい．

4.3.2 細長物体理論

境界要素法は 3 次元空間に計算格子を用意する必要がなく，代わりに 2 次元の表面分割を用いるため計算時間が大幅に削減できる．しかし，これまで見てきた微生物の遊泳器官は鞭毛や繊毛といった 1 次元的なひも状の物体が多く，1 次元的な物体表面に多数の表面分割を行うよりも，速度場を 1 次元的な線積分で表現したほうが計算速度の観点からは都合が良さそうである．物体の細長さを表すパラメータ $\epsilon(\ll 1)$ に関する漸近展開により，速度場を線積分で表現する試みが 1970 年代を中心に盛んに行われた．これらは総称して**細長物体理論**（slender-body theory, SBT）と呼ばれる．展開の手法により様々な漸近表現が知られているが，ここでは現代的に最も整備されているジョンソン（Robert E. Johnson）の結果[68] を紹介しよう．

断面が円となっている細長い物体を考える．物体の長さを $2L$，断面の円の最大半径を b とし，焦点の位置に対応する値 $e = \sqrt{L^2 - b^2}$ $(0 < e < L)$ を定め，細長さを表すパラメータとして $\epsilon = \frac{b}{L} \ll 1$ を考える．物体の端点では回転楕円体のように滑らかに端が閉じていることに注意する．また，物体の中心線は一般に曲線であるが，その曲率半径は断面の円の半径より十分大きく，また，自己交差はないものとする．

理論の出発点は例 4.6 で取り上げた回転楕円体の周りの流れである．例 4.6 では並進運動する回転楕円体のまわりの速度場は，ストークス極 G_{ij} とポテンシャル二重極 $P_{ij}^{\mathrm{D}} = -\frac{\partial^2}{\partial x_k^2} G_{ij}$ を 2 つの焦点の間に連続的に分布させることで得られた．これを念頭に，細長い物体周りの流れ場として次のような積分表示を考えよう．

$$u_i(\boldsymbol{x}) = -\frac{1}{8\pi\mu} \int_{-e}^{e} \left[G_{ij}(\boldsymbol{x}, \boldsymbol{x}_0(s)) f_j(\boldsymbol{x}_0(s)) + \mu P_{ij}^{\mathrm{D}}(\boldsymbol{x}, \boldsymbol{x}_0(s)) Q_j^{\mathrm{D}}(\boldsymbol{x}_0(s)) \right] ds.$$

ここで, $s \in [-L, L]$ は細長い物体の中心線のパラメータ付けを表し, $\boldsymbol{f}(s)$ は位置 s の微小線素に働く単位長さあたりの流体力, $\boldsymbol{Q}^{\mathrm{D}}$ はポテンシャル二重極の強さである. 細長い物体の中心線 $\boldsymbol{x}_0(s)$ に沿って, ストークス極とポテンシャル二重極を 2 つの焦点の間に連続的に配置し, その重ね合わせとして速度場を表現している. ジョンソンは ϵ に関する漸近解析によって最低次で $\boldsymbol{Q}^{\mathrm{D}}(s) = \frac{\epsilon^2}{4\mu}(e^2 - s^2)\boldsymbol{f}(s)$ が成り立つことを示した. この関係式は, 例 4.6 での極の強さの関係式と一致している. これにより, 速度場は

$$u_i(\boldsymbol{x}) = -\frac{1}{8\pi\mu} \int_{-e}^{e} \left[G_{ij} - \frac{\epsilon^2}{4}(e^2 - s^2) P_{ij}^{\mathrm{D}} \right] f_j(s) \, ds + O(\epsilon) \qquad (4.63)$$

の形で書けることがわかる.

　ジョンソンは, 接合漸近展開法 (matched asymptotic method) を用いてこの関係式を得た. 物体表面上の点 $\boldsymbol{x} = \boldsymbol{x}_0(s) + b(s)\boldsymbol{e}_r$ と中心線上の点 $\boldsymbol{x}_0(s')$ を考える. ここで, $\boldsymbol{x}$ は点 s での断面上にあり, $b(s)$ は位置 s での断面の円の半径, $\boldsymbol{e}_r$ は断面内の単位ベクトルである. この 2 点が十分離れている ($\frac{|s'-s|}{L} = O(1)$)「外部領域」と, 逆の極限 ($\frac{|s-s'|}{L} = O(\epsilon)$) である「内部領域」のそれぞれでストークス極やポテンシャル二重極の項を摂動展開し, 得られた 2 つの領域での表現を接続するという手法である. 内部領域では, 新たな変数 $\sigma = \frac{s'-s}{\epsilon L} = O(1)$ を導入し展開を行う. 外部領域での表現で $s' \to s$ の極限を取ったものが共通項と呼ばれ, 速度場の表式は内部領域と外部領域の各領域での速度場の和から共通項を除いたものとして得られる. これらの解析により, 式 (4.63) はさらに次のようにまとめられる.

命題 4.10（細長物体理論）　長さ $2L$ の細長い物体の中心線を $s \in [-L, L]$ でパラメータ付けし, s での中心線の曲率半径が, そこでの断面の半径 $b(s)$ に比べて十分大きいとする. 物体が十分細長い ($\epsilon = \frac{\max b(s)}{L} \ll 1$) とき, 中心線の接線ベクトルを $\boldsymbol{t}(s)$ とすると, 速度場 $\boldsymbol{u}(s)$ は局所的な流体相互作用 $\boldsymbol{u}^{\mathrm{L}}(s)$ と非局所的な相互作用 $\boldsymbol{u}^{\mathrm{NL}}(s)$ の和として $\boldsymbol{u}(s) = \boldsymbol{u}^{\mathrm{L}}(s) + \boldsymbol{u}^{\mathrm{NL}}(s) + O(\epsilon)$ と書ける. ただし,

$$u_i^{\mathrm{L}}(s) = - \left[L_{\mathrm{SBT}}(\delta_{ij} + t_i t_j) + (\delta_{ij} - 3t_i t_j) \right] \frac{f_j(s)}{8\pi\mu}, \tag{4.64}$$

$$u_i^{\mathrm{NL}}(s) = -\frac{1}{8\pi\mu} \int_{-L}^{L} \left[G_{ij}(s,s') f_j(s') - \frac{\delta_{ij} + t_i t_j}{|s - s'|} f_j(s) \right] ds'. \tag{4.65}$$

ここで，$\boldsymbol{f}(s)$ は位置 $\boldsymbol{x}_0(s)$ に働く単位長さあたりの流体力である．ただし，

$$L_{\mathrm{SBT}} = \ln\left(\frac{4(L^2 - s^2)}{b^2(s)} \right). \tag{4.66}$$

証明 具体的な展開の計算は煩雑な上，技術的なので省略する．局所的な相互作用による速度場 $u_i^{\mathrm{L}}(s)$ は内部領域の展開から得られる．非局所的な流体相互作用を表す $u_i^{\mathrm{NL}}(s)$ の第1項は外部領域の展開から，第2項は共通項から求まる．遠方ではポテンシャル二重項と比べてストークス極の寄与が支配的で，位置 s' での力により誘起された流れ場の重ね合わせに対応している．また，式 (4.64)–(4.66) は，境界積分表示（命題4.9）からも，接合漸近展開を用いて直接導くことができる[76]．∎

4.3.3 抵 抗 力 理 論

先の細長物体理論（命題4.10）の $\epsilon \to 0$ としたときの主要項は局所的な流体相互作用項 $\boldsymbol{u}^{\mathrm{L}}$ である．細長い物体の場合，流体相互作用を局所的な抵抗の係数のみで記述し，非局所的な相互作用を無視した近似がしばしば用いられる．この近似理論を**抵抗力理論**（resistive-force theory, RFT），あるいは局所抵抗理論（local drag theory）という．この近似の下で，式 (4.64) を流体力について書き直そう．物体断面の半径は回転楕円体のものを基準にして，$b(s) = b\frac{L^2 - s^2}{L^2}\eta(s)$ と書くことにする．ここで $\eta(s)$ は $\eta = O(1)$ の関数である．$L_{\mathrm{SBT}} = 2\ln\left(\frac{2L}{b}\right) - 2\ln(\eta) \approx 2\ln(\frac{2}{\epsilon})$ に注意すると，次が得られる．

命題 4.11（抵抗力理論） 細長い物体に働く単位長さあたりの流体力の主要部は，局所的な流体相互作用で記述され，

$$f_i(s) = - \left[c_{\parallel} t_i t_j + c_{\perp}(\delta_{ij} - t_i t_j) \right] u_j(s) \tag{4.67}$$

と表すことができる．ただし，2つの抵抗係数はそれぞれ，

$$c_\parallel = \frac{2\pi\mu}{\ln(\frac{2}{\epsilon}) - 0.5}, \quad c_\perp = \frac{4\pi\mu}{\ln(\frac{2}{\epsilon}) + 0.5}. \tag{4.68}$$

注 4.5 式 (4.68) は例 3.13 の回転楕円体の細長い極限での抵抗係数と一致していることがわかる．2 つの係数の比を ξ と書けば，

$$\xi = \frac{c_\perp}{c_\parallel} = 2 + O(E). \tag{4.69}$$

ただし，$E = (\ln\frac{2}{\epsilon})^{-1}$ とした．$O(E)$ の誤差項は物体の形状に依存し，様々な漸近表現の形が得られている．このように，抵抗力理論では相対誤差は $O(E)$ となるが，例 3.13 でも述べたように，鞭毛の場合 $\epsilon \sim 10^{-3}$–10^{-2} 程度であり，このとき，$E \sim 0.13$–0.19 とそれほど小さな値にはならないことにも注意したい．一方で，命題 4.10 の細長物体理論では，速度場に対する誤差項が ϵ のベキ（代数的）で与えられており，非局所的な相互作用により大幅に精度が改良れることがわかる．

それでも，速度や軌跡といった遊泳のダイナミクスは抵抗力理論で十分よく記述することができる．以下，精子鞭毛やバクテリア鞭毛を具体例として，抵抗力理論を用いた遊泳ダイナミクスを調べてみよう．

例 4.7（精子の遊泳） まずは精子の鞭毛波による遊泳を考える．精子の頭部は十分小さいとして無視し，鞭毛の波形による推進力と流体抵抗力のつりあいから，遊泳速度を求めてみよう．図 4.6 (a) のように速さ $c(> 0)$ で x 軸正の向きに進む定常進行波を考え，x 軸上の運動のみに制限する．遊泳速度は $\boldsymbol{U} = U\boldsymbol{e}_x$ とする．鞭毛は一定半径 d の細長い物体で，鞭毛波形は波長 λ を持つとする．細長さを表すパラメータを $\epsilon = \frac{d}{\lambda}$ で定めると，ヒトの精子の場合，おおよそ

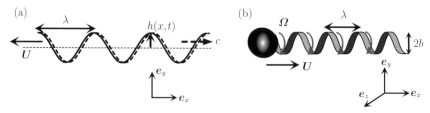

図 4.6 (a) 精子鞭毛のモデル．(b) バクテリア鞭毛のモデル．

$d \approx 0.3\,\mu\text{m}$, $\lambda \approx 30\,\mu\text{m}$ より，$\epsilon \approx 10^{-2}$ となる．鞭毛の運動はその中心線を表す関数 $h(x,t) = h(x - ct)$ で記述される．抵抗力理論（命題 4.11）による流体力の表現は中心線 $\boldsymbol{x}_0(x) = (x, h(x,t))$ の接線 $\boldsymbol{t}(s) = \frac{d\boldsymbol{x}_0}{ds}$ で定まる．ここで，s は弧長パラメータ $s(x) = \int_0^x \sqrt{1 + \{h'(x)\}^2}\,dx$ である．ただし，h' は h の x による微分を表す．新たにテンソル $\Sigma_{ij}(s) = c_{\parallel} t_i t_j + c_{\perp}(\delta_{ij} - t_i t_j)$ を導入[11]し，1 波長分の鞭毛に沿った長さを $\Lambda = s(\lambda)$ とすれば，1 波長分の鞭毛に働く流体力は，式 (4.67) より，

$$F_i = -\int_0^\Lambda \Sigma_{ij}(s) u_j(s)\,ds \tag{4.70}$$

と書ける．速度 $\boldsymbol{u}(s)$ は遊泳の並進速度 $\boldsymbol{U}$ と変形速度 $\boldsymbol{u}' = \frac{d\boldsymbol{x}_0}{dt}$ の和である．力のつりあい（$F_i = 0$）より，

$$U_i \int_0^\Lambda \Sigma_{ij}(s)\,ds = -\int_0^\Lambda \Sigma_{ij}(s) u'_j(s)\,ds \tag{4.71}$$

が成り立つ．この式より遊泳速度 U が求まる．接線ベクトルの表式，

$$\boldsymbol{t} = \frac{d\boldsymbol{x}_0}{ds} = \frac{1}{\sqrt{1 + h'^2}}(1, h', 0) \tag{4.72}$$

を用いると，$\Sigma_{ij}(s)$ は $i, j = 1, 2$ に対して，

$$\Sigma_{ij} = \frac{1}{1 + h'^2} \begin{pmatrix} c_{\parallel} + c_{\perp} h'^2 & (c_{\parallel} - c_{\perp}) h' \\ (c_{\parallel} - c_{\perp}) h' & c_{\parallel} h'^2 + c_{\perp} \end{pmatrix} \tag{4.73}$$

となる．新たなパラメータ β を

$$\beta\Lambda = \int_0^\Lambda \frac{ds}{1 + h'^2} = \int_0^\lambda \frac{dx}{\sqrt{1 + h'^2}} \tag{4.74}$$

で定めると，式 (4.71) へ (4.72)–(4.73) を代入して計算することで，

$$\frac{U}{c} = \frac{(c_{\parallel} - c_{\perp})(1 - \beta)}{c_{\perp} + (c_{\parallel} - c_{\perp})\beta} = \frac{(\xi - 1)(1 - \beta)}{(\xi - 1)\beta - \xi} \tag{4.75}$$

が求まる．2 つ目の等式では抵抗係数の比 $\xi = \frac{c_{\perp}}{c_{\parallel}}$ を用いて変形した．式

---

[11]単位長さあたりの並進表面力テンソル（3.1.1 節参照）に対応する．

(4.74) より波形のみに依存するパラメータ β は $0 < \beta < 1$ を満たすことがわかる．式 (4.69) より，通常 $\xi > 1$ であるから，$U < 0$．すなわち，鞭毛の進行波と逆向きに精子は遊泳する．鞭毛による遊泳において，鞭毛の接線方向と法線方向の抵抗係数が異なる，すなわち $\xi \neq 1$ であることで遊泳が可能になっている．式 (4.75) はグレイ（J. Gray）とハンコック（G.J. Hancock）[38] によって導かれ，実際のウニの精子の遊泳速度をよく再現することが示された．近年ではさらに，詳細な波形解析や理論解析が行われ，例えばウシの精子などで抵抗力理論がよく実験値と合致することが示されている[32]．

　最後に，具体的な鞭毛波形として正弦波 $h(x,t) = b\sin(k(x - ct))$ を考え，波の振幅が小さい（波長が長い），すなわち $\delta = bk \ll 1$ のときの式 (4.75) の遊泳速度を調べてみると，$\beta = 1 + O(\delta^2)$, $1 - \beta = \frac{\delta^2}{2} + O(\delta^4)$, $\xi = 2 + O(E)$ より，

$$\frac{U}{c} = -\frac{\delta^2}{2} + O(\delta^4, E) \tag{4.76}$$

が得られる．この式は例 3.8 のテイラーシートの遊泳速度に一致している．

例 4.8（バクテリアの遊泳）　例 3.12 で取り上げた単純らせん形状の鞭毛により遊泳するバクテリアを考える．図 4.6 (b) のように，らせんの軸は x 軸上にあり，その半径を b，らせんのピッチの長さを λ，らせんに沿った鞭毛の長さを L とする．x 軸方向の流体力 Fe_x とそのまわりのトルク Me_x は，x 軸方向の並進速度 Ue_x とそのまわりの回転角速度 Ωe_x を用いて，

$$\begin{pmatrix} F \\ M \end{pmatrix} = - \begin{pmatrix} K_1 & C_1 \\ C_1 & Q_1 \end{pmatrix} \begin{pmatrix} U \\ \Omega \end{pmatrix} \tag{4.77}$$

と書けた．K_1, C_1, Q_1 の値を抵抗力理論を用いて計算してみよう．例 4.7 の精子鞭毛のときと同様に鞭毛の中心線をパラメータ表示し，直接計算することもできるが，ここでは，らせんの接線ベクトル t と e_x のなす角度がどの点でも等しいことを利用する．この角度を $\Psi \in (0, \pi)$ とし，$\delta = \frac{2\pi b}{\lambda}$ を定めると，$t \cdot e_x = \cos\Psi = \frac{\pm 1}{\sqrt{1 + \delta^2}}$ である．ただし，図 4.6 (b) のような左巻きのらせんで正，右巻きのらせんで負になるように定める．この関係式を用いると，鞭毛の x 軸方向の並進運動によって生じる，単位長さあたりの流体力 fe_x は抵抗力理論 (4.67) より，$f = \boldsymbol{f} \cdot e_x = -(c_\parallel \cos^2\Psi + c_\perp \sin^2\Psi)U$ となる．これより，

$$K_1 = (c_\parallel \cos^2 \Psi + c_\perp \sin^2 \Psi)L \tag{4.78}$$

がわかる．次に x 軸回りの回転 $\Omega \boldsymbol{e}_x$ を考える．$(\Omega \boldsymbol{e}_x \times \boldsymbol{\xi}) \cdot \boldsymbol{t} = -b\Omega \sin \Psi$，$(\Omega \boldsymbol{e}_x \times \boldsymbol{\xi}) \cdot \boldsymbol{e}_x = 0$ を用いることで，らせんに働く流体力を計算し，

$$C_1 = (c_\perp - c_\parallel) \sin \Psi \cos \Psi bL \tag{4.79}$$

が求まる．らせんが右巻きか左巻きか，というキラリティによってその符号を変える．同様に，流体トルクを $m = \boldsymbol{e}_x \cdot (\boldsymbol{\xi} \times \boldsymbol{f}) = (\boldsymbol{\xi} \times \boldsymbol{e}_x) \cdot \boldsymbol{f}$ に注意して，計算することで，

$$Q_1 = (c_\parallel \sin^2 \Psi + c_\perp \cos^2 \Psi)b^2 L \tag{4.80}$$

が得られる．実際の大腸菌（*E. coli*）の典型的なパラメータは，$d \approx 0.02\,\mu\mathrm{m}$，$b \approx 0.2\,\mu\mathrm{m}$, $\lambda \approx 1\,\mu\mathrm{m}$, $L \approx 10\,\mu\mathrm{m}$ である．これより，$\epsilon = \frac{d}{\lambda} \sim 10^{-2}$ であり，$\Psi \sim 30°$ である．バクテリアの Ψ，遊泳速度を求めるには，例 3.12 の表式に，これらとともに，菌体の半径 $a \approx 1\,\mu\mathrm{m}$ を代入して計算すれば良い．抵抗力理論やその他の計算手法による比較については文献 [119] を参照されたい．

例 4.9（管状小毛） ストラメノパイル（不等毛類，ヘテロコンタとも呼ばれる）は鞭毛に管状小毛（管状マスチゴネマ）と呼ばれる小さな毛のような組織が備わっている（図 4.7 (a)）真核生物グループである．この生物グループは古くは藻類・菌類・原生動物と呼ばれていた生物グループにまたがっている．管状小毛を用いて遊泳するものとして，オクロモナス（*Ochromonas*）のような黄金色藻に分類される単細胞遊泳微生物や，コンブやワカメといった褐藻の鞭毛を持つ胞子（遊走子と呼ばれる）[74] などがある．この小毛を持つ鞭毛の遊泳は，例 4.7 の精子の鞭毛運動と同様の進行波であるが，遊泳方向は進行波の進

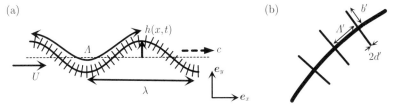

図 4.7　管状小毛（管状マスチゴネマ）を持つ真核生物の鞭毛．

む向きと同じになる[13],[31]. このことを，抵抗力理論を用いて考えてみよう.

図 4.7 (a) のように，例 4.7 と同様に速さ $c(>0)$ で x 軸正の向きに進む定常進行波状の鞭毛波形を考え，x 軸上の運動のみに制限する. 鞭毛は一定半径 d の細長い物体で，波形の波長を λ，1 波長分の鞭毛の長さを Λ とする. この鞭毛上に長さ $2b'$，半径 d' の管状小毛が鞭毛に沿って Λ' の間隔で垂直に生えている状況を考える（図 4.7 (b)）. 鞭毛の細長さを表すパラメータを $\epsilon = \frac{d}{\lambda}$，小毛の細長さを表すパラメータを $\epsilon' = \frac{d'}{2b'}$ とし，いずれも十分小さいとする. 流体力を抵抗力理論で計算することを考える. 鞭毛の抵抗係数を例 4.7 と同様に $c_\parallel$, $c_\perp$ とし，小毛の抵抗係数を $c'_\parallel$, $c'_\perp$ とする. 抵抗力理論では局所的な流体相互作用しか考えないので，鞭毛と管状小毛全体としての抵抗係数 $(c_\parallel^{\mathrm{eff}}, c_\perp^{\mathrm{eff}})$ は双方の和として表される. 互いが垂直になっていることに注意すると，

$$c_\parallel^{\mathrm{eff}} = c_\parallel + \frac{2b'}{\Lambda'} c'_\perp, \quad c_\perp^{\mathrm{eff}} = c_\perp + \frac{2b'}{\Lambda'} c'_\parallel \tag{4.81}$$

と書ける. 一般に微小パラメータ ϵ と ϵ' は異なるが，抵抗係数に現れる $\ln(\frac{2}{\epsilon})$ と $\ln(\frac{2}{\epsilon'})$ は大きくは変わらないことから，以下では簡単のために，$c_\parallel = c'_\parallel$, $c_\perp = c'_\perp$ としよう. すると，2 つの抵抗係数の比 $\xi^{\mathrm{eff}} = \frac{c_\perp^{\mathrm{eff}}}{c_\parallel^{\mathrm{eff}}}$ は，$p = \frac{2b'}{\Lambda'}$ とすると，

$$\xi^{\mathrm{eff}} = \frac{\xi + p}{1 + p\xi} \tag{4.82}$$

と書ける. 遊泳速度は，式 (4.75) の ξ を ξ^{eff} に置き換えることで得られる. $\xi = 2 + O(E) > 1$ であるが，管状小毛が存在し $p = 1$ を越えると，$\xi^{\mathrm{eff}} < 1$ となり，遊泳方向が逆転すること，すなわち遊泳方向が進行波と同じ方向になることがわかる.

第5章

流れの相互作用

微生物は背景流れや他の個体が作る流れによって力を受ける。この章では、このような流体相互作用を扱う。

5.1 流れの中の微生物の運動

まずは、背景流れがある場合の物体や遊泳体の運動を考えよう。

5.1.1 流れの中の物体に働く流体力

背景流れ $\boldsymbol{u}^\infty(\boldsymbol{x})$ としてストークス方程式 $\nabla p^\infty = \mu\nabla^2\boldsymbol{u}^\infty$, $\nabla\cdot\boldsymbol{u}^\infty = 0$ を満たすものを考え、この流れの中の生物の運動を調べる。生物が存在することによって生じる流れ場を擾乱場 $\boldsymbol{u}^d$ とすると、方程式の線形性より、全体の速度場は2つの速度の場の和 $\boldsymbol{u} = \boldsymbol{u}^\infty + \boldsymbol{u}^d$ である。$\boldsymbol{u}^d = \boldsymbol{u} - \boldsymbol{u}^\infty$ に対しては、これまでの静止流体中の遊泳ダイナミクスが適用できるので、そのときの流体力（および流体トルク）は剛体運動による流体抵抗力 $\boldsymbol{F}^{\mathrm{drag}}$ と変形による推進力 $\boldsymbol{F}^{\mathrm{prop}}$ の和で表される（命題 3.4）。生物に働く流体力の全体は、これに背景流れ場による流体力 $\boldsymbol{F}^\infty$ 加えれば良い。流体トルクについても同様である。

命題 5.1（背景場による流体力） ストークス方程式に従う背景流れ $\boldsymbol{u}^\infty(\boldsymbol{x})$ によって物体に働く流体力 $\boldsymbol{F}^\infty$、流体トルク $\boldsymbol{M}^\infty$ はそれぞれ、物体表面 S での表面積分として、

$$F_j^\infty = \int_S u_i^\infty \Sigma_{ij}\, dS, \quad M_j^\infty = \int_S u_i^\infty \Pi_{ij}\, dS \tag{5.1}$$

と表される。ここで、Σ_{ij} と Π_{ij} は並進表面力抵抗テンソルと回転表面力抵抗テンソル（3.1.1 節）であり、物体表面 S の形状のみに依存する量である。

証明 ローレンツの相反定理（定理 2.12）を用いる。背景流れ場中に置かれ静

止した物体を考える．そのときの攪乱場 (u_i^d, σ_{ij}^d) を考える．補助場として，同じ物体表面を持つが背景場がなく，剛体運動 $\hat{\boldsymbol{U}} + \hat{\boldsymbol{\Omega}} \times (\boldsymbol{x} - \boldsymbol{X})$ をしている物体周りの解 $(\hat{u}_i, \hat{\sigma}_{ij})$ を考える．ローレンツの相反定理より，この 2 つの解の間に $\int_S u_i^d \hat{\sigma}_{ij} n_j \, dS = \int_S \hat{u}_i \sigma_{ij}^d n_j \, dS$ の関係式が成り立つ．ここで，n_j は流体領域から外向きにとった表面の法線ベクトルである．流体から物体表面に作用する力は，2 つの表面力抵抗テンソルを用いて，$f_i = -\sigma_{ij} n_j = -\Sigma_{ij} \hat{U}_j - \Pi_{ij} \hat{\Omega}_j$ の形に分解できた（3.1.1 節）．背景場中の静止物体表面での滑りなし境界条件は $\boldsymbol{u} = \boldsymbol{0}$ なので，$\boldsymbol{u}^d = \boldsymbol{u} - \boldsymbol{u}^\infty = -\boldsymbol{u}^\infty$ である．さらに，$f_j^d = -\sigma_{ij}^d n_j$ を用いて，$\boldsymbol{F}^d = \int_S \boldsymbol{f}^d dS$, $\boldsymbol{M}^d = \int_S (\boldsymbol{x} - \boldsymbol{X}) \times \boldsymbol{f}^d dS$ を定めると，相反定理の式は次のように書き換えられる．

$$\hat{U}_j \int_S u_i^\infty \Sigma_{ij} \, dS + \hat{\Omega}_j \int_S u_i^\infty \Pi_{ij} \, dS = \hat{U}_i F_i^d + \hat{\Omega}_i M_i^d. \tag{5.2}$$

全体のストレステンソル σ_{ij} は背景場と攪乱場の和 $\sigma_{ij} = \sigma_{ij}^\infty + \sigma_{ij}^d$ である．背景場は物体の内部領域 B でも定義され，さらにストークス方程式の解であるから，$\int_S \sigma_{ij}^\infty n_j dS = -\int_B \frac{\partial \sigma_{ij}^\infty}{\partial x_j} dS = 0$ が成り立ち，背景場のストレステンソルは全体の流体力に寄与しない．つまり，$\boldsymbol{F}^d$, $\boldsymbol{M}^d$ が背景流れ $\boldsymbol{u}^\infty(\boldsymbol{x})$ によって物体に働く流体力 $\boldsymbol{F}^\infty$，流体トルク $\boldsymbol{M}^\infty$ に等しい．式 (5.2) が任意の $\hat{\boldsymbol{U}}$ と $\hat{\boldsymbol{\Omega}}$ に対して成立するので，求めたい表式 (5.1) が得られる．■

　式 (5.1) の背景場による流体力を求めるには，推進力と同様，表面力抵抗テンソル Σ_{ij} と Π_{ij} を計算する必要がある．ただし，表面の変形速度と異なり，$\boldsymbol{u}^\infty$ は物体内部領域で既知の量である．この事実に注目すると，背景場による流体力を流れ場の極表現（4.2.2 節）で書き下すことができ，簡単に計算できる場合がある．この**ファクセン（Faxén）の関係式**として知られる対応について見ていこう．流れ場の極表現とは，流体の速度場を物体内部に配置した多重極の積分として表現するものであった．多重極はストークス極の空間微分で与えられることから，並進速度 $\boldsymbol{U}$，回転角速度 $\boldsymbol{\Omega}$ の剛体運動を行う物体外部の流体場の極表現として，線形演算子 $\mathcal{L}_{ij}^T$ と $\mathcal{L}_{ij}^R$ を用いて，

$$u_j(\boldsymbol{x}) = U_k \mathcal{L}_{ki}^T[G_{ij}] + \Omega_k \mathcal{L}_{ki}^R[G_{ij}] \tag{5.3}$$

と書ける．例えば，半径 a の球の場合には，例 4.3 で見たように，

$$\mathcal{L}_{ki}^T[G_{ij}] = \frac{3a}{4}\left(1 + \frac{a^2}{6}\nabla^2\right)\delta_{ki}G_{ij}, \quad \mathcal{L}_{ki}^R[G_{ij}] = \frac{a^3}{2}\epsilon_{kj\ell}\frac{\partial G_{ij}}{\partial x_\ell} \tag{5.4}$$

であり，回転楕円体の場合には，ストークス極やその多重極を 2 つの焦点の間に分布させ線積分したものであった（例 4.4）．

命題 5.2（ファクセンの関係式） 背景流体場による流体力は，剛体運動の極表現を表す線形演算子 $\mathcal{L}_{ij}^T, \mathcal{L}_{ij}^R$ を用いて，次のように書ける．

$$F_i^\infty = 8\pi\mu\mathcal{L}_{ij}^T[u_j^\infty], \quad M_i^\infty = 8\pi\mu\mathcal{L}_{ij}^R[u_j^\infty]. \tag{5.5}$$

証明 物体表面での境界条件 $\boldsymbol{u} = \boldsymbol{U} + \boldsymbol{\Omega} \times (\boldsymbol{x} - \boldsymbol{X})$ より，式 (5.3) から，物体表面上で $\mathcal{L}_{ki}^T[G_{ij}] = \delta_{kj}$, $\mathcal{L}_{ki}^R[G_{ij}] = \epsilon_{kij}(\boldsymbol{x} - \boldsymbol{X})_i$ である．式 (5.3) のストークス極 G_{ij} を $H_{ij} = -T_{ijk}n_k$ に置き換えると，表面の流体力の表式 $f_j(\boldsymbol{x}) = -\mu U_k \mathcal{L}_{ki}^T[H_{ij}] - \mu\Omega_k\mathcal{L}_{ki}^R[H_{ij}]$ が得られるが，表面力抵抗テンソルによる表現，$f_i = -U_j\Sigma_{ij} - \Omega_j\Pi_{ij}$ と比較すると，$\Sigma_{jk} = \mu\mathcal{L}_{ki}^T[H_{ij}]$, $\Pi_{jk} = \mu\mathcal{L}_{ki}^R[H_{ij}]$ がわかる．ここで，背景場もストークス方程式の解であるから，速度場の境界積分表示（命題 4.3）が適用できる．速度場の境界積分表示は物体の内部領域でも適用できる（命題 4.4）ので，物体内部での背景場に対して，

$$u_i^\infty(\boldsymbol{x}) = -\frac{1}{8\pi\mu}\int_S G_{ij}(\boldsymbol{x},\boldsymbol{y})f_j^\infty(\boldsymbol{y})dS_{\boldsymbol{y}} + \frac{1}{8\pi}\int_S H_{ij}(\boldsymbol{x},\boldsymbol{y})u_j^\infty(\boldsymbol{y})dS_{\boldsymbol{y}}$$

が成り立つ．ここで，両辺に $\mathcal{L}_{ki}^T$ を作用させよう．右辺第 1 項目は物体表面上での境界条件 $\mathcal{L}_{kj}^T[G_{ij}] = \delta_{kj}$ を用いると，命題 5.1 の証明で見たとおり，背景場による流体力となり，これはゼロ．第 2 項目は $\Sigma_{jk} = \mu\mathcal{L}_{ki}^T[H_{ij}]$ と式 (5.1) を用いると，

$$\mathcal{L}_{ki}^T[u_i^\infty] = \frac{1}{8\pi}\int_S \mathcal{L}_{ki}^T[H_{ij}]u_j^\infty(\boldsymbol{y})dS_{\boldsymbol{y}} = \frac{1}{8\pi\mu}\int_S u_j^\infty\Sigma_{jk}dS = \frac{F_k^\infty}{8\pi\mu}. \tag{5.6}$$

これより，式 (5.5) の 1 つ目の表式を得る．同様に境界積分表示の両辺に $\mathcal{L}_{ki}^R$ を作用させることで，トルクに関する 2 つ目の式が得られる．■

例 5.1（背景場中の球に働く流体力） 背景流れ場を $\boldsymbol{u}^\infty$ とする．並進速度 U，回転角速度 $\boldsymbol{\Omega}$ の剛体運動を行う半径 a の球を考える．球の中心座標を $\boldsymbol{X}$ と

するとき，球に対する極表現 (5.4) を用いると，命題 5.2 より流体力，流体トルクはそれぞれ，

$$F_i = 6\pi\mu a \left\{ U_i^\infty - U_i + \frac{a^2}{6}\nabla^2 u_i^\infty(\boldsymbol{X}) \right\}, \quad M_i = 8\pi\mu a^3 (\Omega_i^\infty - \Omega_i) \quad (5.7)$$

と求まる．ここで，$\boldsymbol{U}^\infty = \boldsymbol{u}^\infty(\boldsymbol{X})$, $\boldsymbol{\Omega}^\infty = \frac{1}{2}\nabla \times \boldsymbol{u}^\infty(\boldsymbol{X})$ はそれぞれ球の中心 $\boldsymbol{X}$ における背景場の速度，および角速度である．式 (5.7) を，**ファクセンの法則**（Faxén's law）あるいはファクセン則と呼ぶ．

5.1.2　線形背景場

背景流れ場中の物体の運動を考える際，多くの場面で背景場の空間変動の長さスケールが，物体の長さスケールより十分大きくなる（注 5.1）．その場合，背景場を物体座標系の原点の周りで展開して線形化しても十分よい近似になる．物体座標系の原点を $\boldsymbol{X}$ とすると，$\boldsymbol{r} = \boldsymbol{x} - \boldsymbol{X}$ として，背景場は線形の範囲で，

$$u_i^\infty(\boldsymbol{x}) = U_i^\infty + \epsilon_{ijk}\Omega_j^\infty r_k + E_{ij}^\infty r_j. \quad (5.8)$$

ここで，$\boldsymbol{U}^\infty = \boldsymbol{u}^\infty(\boldsymbol{X})$, $\boldsymbol{\Omega}^\infty = \frac{1}{2}\nabla \times \boldsymbol{u}^\infty(\boldsymbol{X})$ はそれぞれ点 $\boldsymbol{X}$ における背景場の速度と角速度である．$E_{ij}^\infty = \frac{1}{2}(\frac{\partial u_i^\infty}{\partial x_j} + \frac{\partial u_j^\infty}{\partial x_i})$ は背景場の位置 $\boldsymbol{X}$ での歪み速度テンソルで，対称なテンソルである．命題 5.1 より，この背景場による流体力は，式 (5.1) に式 (5.8) を直接代入することで得られる．3.1.1 節で導入した並進抵抗テンソル K_{ij}，および結合抵抗テンソル C_{ij} の定義より，

$$F_i^\infty = \int_S u_j^\infty \Sigma_{ji}\, dS = K_{ij}U_j^\infty + C_{ji}\Omega_j^\infty + \Gamma_{ijk}E_{jk}^\infty. \quad (5.9)$$

ここで，K_{ij} が対称テンソルであることを用いた．右辺の 3 階テンソル Γ_{ijk} は

$$\Gamma_{ijk} = \int_S \Sigma_{ji} r_k\, dS \quad (5.10)$$

で定義され，**せん断力テンソル**（shear-force tensor）と呼ばれる．同様にして，線形背景場による流体トルクは，3.1.1 節で導入した回転抵抗テンソル Q_{ij} が対称テンソルであることを用いて

$$M_i^\infty = \int_S u_j^\infty \Pi_{ji}\, dS = C_{ij}U_j^\infty + Q_{ij}\Omega_j^\infty + \Lambda_{ijk}E_{jk}^\infty \quad (5.11)$$

となる．ここで，Λ_{ijk} はせん断トルクテンソル（shear-torque tensor）と呼ばれる 3 階のテンソル

$$\Lambda_{ijk} = \int_S \Pi_{ji} r_k \, dS \tag{5.12}$$

である．Γ_{ijk} と Λ_{ijk} は E_{jk}^∞ が対称テンソルであることから，いずれも後ろ 2 つの添字の入れ替えに関して対称である．つまり，$\Gamma_{ijk} = \Gamma_{ikj}$，$\Lambda_{ijk} = \Lambda_{ikj}$. これらの式 (5.9)〜(5.12) と命題 3.4 より，全流体力 F_i と全流体トルク M_i の表式が求まる．

命題 5.3 並進速度 U，回転角速度 Ω をもつ遊泳体が，式 (5.8) の線形の背景流れ場中にあるとき，遊泳物体に働く全流体力 F_i，全流体トルク M_i は，それぞれ次のように表される．

$$F_i = K_{ij}(U_j^\infty - U_j) + C_{ji}(\Omega_j^\infty - \Omega_j) + \Gamma_{ijk}E_{jk}^\infty + F_i^{\mathrm{prop}}, \tag{5.13}$$

$$M_i = C_{ij}(U_j^\infty - U_j) + Q_{ij}(\Omega_j^\infty - \Omega_j) + \Lambda_{ijk}E_{jk}^\infty + M_i^{\mathrm{prop}}. \tag{5.14}$$

注 5.1 自然界における微生物は海洋等の乱流下に生息することも多い．そのような乱流における渦の最小サイズ（コルモゴロフ長の 10 倍程度）は，例えば海洋の表層混合層で 10–30 mm 程度[40] と見積もられている．これは，微生物のサイズより十分大きく，微生物の感じる乱流場は局所的な線形背景場で良く捉えることができる．

5.1.3 ジェフリー方程式

　命題 5.3 のような線形背景場における物体は流れによってその位置が移動するだけでなく，向きも変化する．特に，球や回転楕円体といった回転体の向きベクトルの時間発展方程式は，ジェフリー（Jeffery）**方程式**として知られる．もともとジェフリー（George Jeffery）は 3 軸の長さが一般に異なる楕円体に関してその向きの時間発展を導出した[66] が，中でも 2 軸の長さが等しい回転楕円体に対してジェフリー方程式と呼ばれることが多い[1])．後に，この式が回転楕円体だけでなく，一般の回転体に対して成り立つことが示された[14]．こ

---

[1]) 特に微生物に関する文献において．

こでは一般の回転体の向きの時間発展方程式をジェフリー方程式と呼び, その導出を行う. しばしば遊泳微生物の形状を回転体で簡単化したモデルを考えるが, ジェフリー方程式はこういった微生物の流体中の運動や, 次節以降の壁面や個体どうしの流体相互作用を議論する上でも非常に有用である.

回転体の対称軸を表す単位ベクトルを $\boldsymbol{p}$ とし, この時間発展を考える. 命題 3.7 より, 回転体における並進と回転の抵抗テンソルは,

$$K_{ij} = K_1 p_i p_j + K_2(\delta_{ij} - p_i p_j), \quad Q_{ij} = Q_1 p_i p_j + Q_2(\delta_{ij} - p_i p_j) \quad (5.15)$$

と表現できる. ただし, K_1, K_2, Q_1, Q_2 は物体の形状のみによって定まる正の定数である. さらに, 物体座標系の原点として流体抵抗中心を選べば, 命題 3.3 より結合抵抗テンソルは $C_{ij} = 0$ とすることができる. このとき, 式 (5.13), (5.14) での釣り合いの条件 ($F_i = M_i = 0$) を考えたとき, 並進速度と回転角速度の表式は分離することがわかり, 物体の向きの時間発展に Γ_{ijk} は影響しない. 一方, 回転体に対する Λ_{ijk} については具体的な表現が必要となる. 詳細は割愛するが, 命題 3.7 と同様の議論を行うことでこれを計算することができ, 物体の形状のみによって決まる定数 Λ を用いて,

$$\Lambda_{ijk} = \Lambda(\epsilon_{ji\ell} p_k + \epsilon_{ki\ell} p_j) p_\ell \quad (5.16)$$

と書き下すことができる[62]. Λ は形状によって正負両方の値を取り得る. 推進トルクは, 簡単のため $\boldsymbol{M}^{\mathrm{prop}} = M_0 \boldsymbol{p}$ を仮定する. 物体の回転速度 $\boldsymbol{\Omega}$ はトルクの釣り合いの式に, 式 (5.15), (5.16) を代入することで求められ,

$$\Omega_i = \Omega_i^\infty - Q_{ij}^{-1}(\Lambda_{jk\ell} E_{k\ell}^\infty + M_j^{\mathrm{prop}}). \quad (5.17)$$

向きベクトルの時間発展は $\frac{d\boldsymbol{p}}{dt} = \boldsymbol{\Omega} \times \boldsymbol{p}$ で与えられるので, この式に $\boldsymbol{\Omega}$ の表式を代入し具体的に書き下すと,

$$\frac{dp_i}{dt} = \epsilon_{ijk} \Omega_j^\infty p_k + \frac{2\Lambda}{Q_2} \left(E_{ij}^\infty p_j - p_i p_j E_{jk}^\infty p_k \right) \quad (5.18)$$

と計算できる. 新たに $B = \frac{2\Lambda}{Q_2}$ を導入すると, ジェフリー方程式が得られる.

命題 5.4 (ジェフリー方程式) 式 (5.8) の線形背景場における回転体の対称軸を表すベクトル $\boldsymbol{p}$ の時間発展は,

$$\frac{dp_i}{dt} = \epsilon_{ijk}\Omega_j^\infty p_k + B(\delta_{ij} - p_i p_j)E_{jk}^\infty p_k \tag{5.19}$$

で与えられる. B は物体の形状のみに依存する定数で, ブレザートン (Bretherton) 定数と呼ばれる.

注 5.2 回転楕円体の場合, 3つの軸の長さを a, b, b とし, そのアスペクト比を $c = \frac{a}{b}$ と定めると, ブレザートン定数は $B = \frac{c^2-1}{c^2+1}$ で与えられる[66]. すなわち, B は $-1 < B < 1$ の値を取り, 球のとき $B = 0$ となる. 棒状の細長い極限で $B \to 1$, 円盤状に潰れる極限で $B \to -1$ となる. 球のときには, 背景場の回転角速度で回転するが, それ以外の場合には, E_{ij}^∞ による効果が形状に依存して現れる. また, $c = \sqrt{\frac{1+B}{1-B}}$ を, 一般の回転体に対する流体力学的な有効アスペクト比とみなすことができる.

例 5.2 (ジェフリー軌道) 単純せん断流[2)]におけるジェフリー方程式の解は周期運動となり, ジェフリー軌道 (Jeffery's orbit) として知られている. 単純せん断流として図 5.1 (a) のような流れ場 $\boldsymbol{u}^\infty = \dot{\gamma}x_2\boldsymbol{e}_1 = \dot{\gamma}y\boldsymbol{e}_x$ を考えよう. $\dot{\gamma} > 0$ はせん断強度を表す定数である. ここから $\Omega_i^\infty, E_{ij}^\infty$ を計算し, ジェフリー方程式 (5.19) に代入すると,

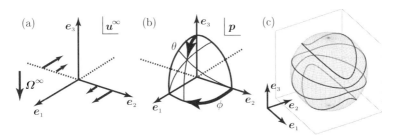

図 5.1 (a) 単純せん断流. (b) 物体の向きベクトル $\boldsymbol{p}$ を指定する 2 つの角 θ と ϕ. (c) ジェフリー軌道.

[2)]せん断流 (shear flow) は単にシア流と呼ばれることも多い. 流れと垂直な方向に, 流速が変化する流れ場のこと. 流速変化が空間的に一様なときに単純せん断流 (simple shear) という.

$$\frac{d\boldsymbol{p}}{dt} = \dot\gamma \begin{pmatrix} \frac{1}{2}(B+1)p_2 - Bp_1^2 p_2 \\ \frac{1}{2}(B-1)p_1 - Bp_1 p_2^2 \\ -Bp_1 p_2 p_3 \end{pmatrix} \tag{5.20}$$

となる．ここで，$\boldsymbol{p}$ を表す 2 つの角 $\theta \in [0,\pi]$, $\phi \in [0,2\pi)$ を図 5.1 (b) のように
とる．方位角の取り方が通常の極座標と異なっていることに注意．これらの
角度変数を用いると，$p_1 = \sin\theta\sin\phi$, $p_2 = \sin\theta\cos\phi$, $p_3 = \cos\theta$ となる．こ
こで，$\dot p_3 = -\dot\theta\sin\theta$, $p_1\dot p_2 - p_2\dot p_1 = -\dot\phi\sin^2\theta$ を計算することで，

$$\frac{d\theta}{dt} = \dot\gamma\frac{B}{4}\sin 2\theta\sin 2\phi, \quad \frac{d\phi}{dt} = \dot\gamma\left(\frac{1}{2} + \frac{B}{2}\cos 2\phi\right) \tag{5.21}$$

が得られる．式 (5.21) の 2 式目から，角度 ϕ は球（$B=0$）のときには背景場
の回転角速度 $|\Omega_3^\infty| = \frac{\dot\gamma}{2}$ に従って一定速度で増加，すなわち定速で回転する．
球でない場合には第 2 項目によって回転速度は変化し，細長い物体 $B>1$ で
は，流れの向き（$\boldsymbol{e}_1$）と垂直な $\phi = 0, \pi$ のとき回転速度は最大に，平行（ある
いは反平行）となる $\phi = \frac{\pi}{2}, \frac{3\pi}{2}$ 付近で回転速度が遅くなる．そのため，細長い
物体は流れの向きに平行（あるいは反平行）となっている時間が長くなる．

　式 (5.21) の 2 つ目の式は ϕ のみの微分方程式で，時刻 $t=0$ で $\phi=0$ とす
れば，直接積分が実行できる．さらに，これを式 (5.21) の 1 つ目の式に代入す
ることで，角度変数 $\theta(t)$ は $\theta(\phi)$ の形で求めることができる．初期時刻の θ の
値で定まる積分定数 K，有効アスペクト比 $c = \sqrt{\frac{1+B}{1-B}}$ を用いると，

$$\tan\theta = \frac{Kc}{\sqrt{\sin^2\phi + c^2\cos^2\phi}}, \quad \tan\phi = c\tan\left(\frac{\dot\gamma t}{c + c^{-1}}\right) \tag{5.22}$$

となる．すなわち，方向ベクトル $\boldsymbol{p}$ は初期の θ によって定まる閉じた軌道
をとり，その周期 $T = \frac{2\pi}{\dot\gamma}(c + \frac{1}{c}) = \frac{4\pi}{\dot\gamma\sqrt{1-B^2}}$ は θ によらない．図 5.1 (c) に
$B = 0.9$ のときの $\boldsymbol{p}$ の時間発展を単位球面上の軌道として示した．

5.1.4　微生物の走流性

　流れ場中の生物が流れに対して行う反応を**走流性**（rheotaxis）という．水流
を作ったバケツの中の川魚が流れに逆らって泳ぐ様子はよく知られている．微
生物は魚のような流れを感知する側線や発達した目は持たないが，バクテリア

や精子，人工アクティブ粒子など様々系で流れに逆らって泳ぐ走流性が報告されている．これらの微生物の走流性を，流体力学の観点から考えてみよう．

例 5.3（ポアズイユ流れ中の球形スクワーマ） 簡単な背景場の例として，$y = \pm H$ に置かれた 2 枚の平行平板内を圧力勾配で駆動されたポワズイユ流れを考える（図 2.7 (b)）．流れの方向を x 軸とすれば，ストークス方程式の解は，中央 $y = 0$ での流速 $U_0 > 0$ を用いて $\boldsymbol{u}^\infty = U_0(1 - \frac{y^2}{H^2})\boldsymbol{e}_x$ と表される[3]．この背景場の回転角速度 $\boldsymbol{\Omega}^\infty = U_0\frac{y}{H^2}\boldsymbol{e}_z$ は場所に依存する．今，半径 a の球形スクワーマが xy 平面内を運動するとし，その自己推進の速さを $U > 0$ とする．半径 a が十分小さい（$a \ll H$）とき，壁面の流体相互作用とファクセンの関係式において高次項を無視すると，球の中心の座標 $\boldsymbol{X} = (X, Y, Z)$，スクワーマの推進方向 $\boldsymbol{p} = (\cos\theta, \sin\theta, 0)$ の時間発展は，

$$\frac{dX}{dt} = U\cos\theta + U_0\left(1 - \frac{Y^2}{H^2}\right), \quad \frac{dY}{dt} = U\sin\theta, \quad \frac{d\theta}{dt} = U_0\frac{Y}{H^2} \quad (5.23)$$

と書ける[151]．式 (5.23) の 2 つ目と 3 つ目の式から，角度の時間変化が，

$$\frac{d^2\theta}{dt^2} = \frac{U_0 U}{H^2}\sin\theta \quad (5.24)$$

の振り子の運動方程式に帰着できる．これより，$\theta = 0$ の下流方向への遊泳は力学的に不安定で，$\theta = \pi$ の上流方向への遊泳は（中立）安定であることがわかる．流れが十分弱い場合（$U > U_0$），スクワーマはポワズイユ流れの上流方向に（振動はするものの）安定的に遊泳可能である．

例 5.4（精子走流性） 流れの中の精子[4]は壁面に沿って，流れに逆らって上流に泳いでいく（図 5.2 (a)）．この精子走流性も流体力学的なメカニズムで理解できる[56],[71]．走流性を示す精子は，壁面に接触しながら，平均的には壁面に突入する向きを保っている（図 5.2 (b)）．ここでは簡単のため，精子を回転体として近似し，遊泳速度はその回転軸の向き $\boldsymbol{p}$ にとる．壁面との間に働く流体相互作用を無視し，$\boldsymbol{p}$ の時間発展はジェフリー方程式に従うものとする．

図 5.2 (a) のように無限平面の固定境界を $z = 0$ に置くと，一様な背景場は壁

---

[3] ポワズイユ流れは，ナビエ-ストークス方程式の解にもなっている．

[4] ヒト，ウシ，マウスなどの哺乳類でよく観測されている．

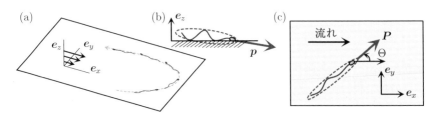

図 5.2 (a) 精子走流性. (b) 細胞の方向ベクトルは壁面に衝突する
向き. (c) xy 平面への射影.

面付近で単純せん断流 $\boldsymbol{u}^\infty = \dot{\gamma}z\boldsymbol{e}_x$ で表される. 精子の xy 平面での向きを表す単位ベクトルを $\boldsymbol{P}$ とし, 流れの向きに対する角度を Θ とする (図 5.2 (c)). すなわち $\boldsymbol{P} = (\cos\Theta, \sin\Theta, 0)$. ジェフリー方程式 (5.19) から, 例 5.2 と同様に $\boldsymbol{p}$ の時間発展方程式を書き下すと,

$$\frac{d\boldsymbol{p}}{dt} = \frac{\dot{\gamma}}{2}\begin{pmatrix} Bp_z(1-2p_x^2)+p_z \\ -2Bp_xp_yp_z \\ Bp_x(1-2p_z^2)-p_x \end{pmatrix}. \tag{5.25}$$

次に, 精子が常に壁面の近傍を遊泳しており, その壁面に対する迎角が時間的に一定, すなわち「p_z が定数」の条件を仮定する. すると, 式 (5.25) は,

$$\frac{d}{dt}\begin{pmatrix} p_x \\ p_y \end{pmatrix} = \frac{\dot{\gamma}}{2}\begin{pmatrix} Bn_z(1-2p_x^2)+p_z \\ -2Bp_xp_yp_z \end{pmatrix} + C\begin{pmatrix} p_x \\ p_y \end{pmatrix}. \tag{5.26}$$

と書き直せる. ここで, C は「p_z が定数」の条件から定まる. すなわち, $p_x^2 + p_y^2 = 1 - p_z^2$ が時間変化しない, という条件より $C = \frac{\dot{\gamma}}{2}\frac{p_xp_z}{1-p_z^2}\left[B(1-2n_x^2)-1\right]$. 以上から, 2 次元の方向に関する式

$$\frac{d}{dt}\begin{pmatrix} p_x \\ p_y \end{pmatrix} = -\frac{\dot{\gamma}}{2}(1+B)\frac{p_z}{1-p_z^2}\begin{pmatrix} -p_y^2 \\ p_xp_y \end{pmatrix} \tag{5.27}$$

を得る. ここで, $p_x = (1-p_z^2)\cos\Theta$, $p_y = (1-p_z^2)\sin\Theta$ を用いると,

$$\frac{d\Theta}{dt} = -\alpha\sin\Theta \tag{5.28}$$

に帰着できる. ここで, $\alpha = (\dot{\gamma}/2)(1+B)p_z$ である. 式 (5.28) は 2 つの定常

解，$\Theta = 0, \pi$ を持っており，それぞれ流れの下流方向と上流方向に対応する．ここで，$-1 < B < 1, \dot{\gamma} > 0$ より，物体の形状に関わらず，係数 α の符号は p_z の符号で定まる．図 5.2(b) のように，物体が壁面に対して向かう向きにある場合には，$p_z < 0$ となり，流れの上流に向く方向が安定であり，下流に向く方向は不安定である．この流体相互作用により精子の推進方向は流れの上流を向き，そのため精子は流れに逆らって遊泳する．この流体力学的な作用による遊泳方向の安定化メカニズム[5]は，精子だけでなくバクテリアやヤヌス粒子など一般的な壁面近傍の微生物走流性に適用できる．

5.2 壁面との流体相互作用

これまで，生物の周りの流体は外部境界を持たず，無限遠で速度場がゼロになるという境界条件を考えていた．今節では外部境界を考え，特に空間に固定された壁面近くの微生物の遊泳をとりあげる．

5.2.1 壁面境界と微生物遊泳

微生物の生息環境には様々な壁面境界が存在し，また壁面境界をその住処にするものも少なくない．物体表面に固着した微生物の集合体はバイオフィルムと呼ばれ，豊かな生態系を形成している．また，水回りのヌメリや歯垢といった形で我々の生活とも深い関わりを持っている．微生物の運動に影響を与える壁面境界は，我々の体の器官表面や，ときには他の微生物の表面にも及ぶ．体外受精種の場合には，流れの中で精子と卵が融合しなければならず，体内受精種の受精プロセスにおいては，精子は雌性生殖器の閉じ込められた空間を泳ぐことになる．

実験室に戻ってみると，観測している光学系に関わらず，微生物はプレパラートやその他マイクロデバイスなど，周りを壁面等の境界で覆われた空間を泳ぐことになる．実際，精子やバクテリアはガラス壁面付近に多く存在していることが知られており，流体を介した境界と微生物の間の流体相互作用がその要因の一つであると理解されている．

静止した壁面境界が存在する場合，流体方程式に新たに壁面上での境界条件

---

[5] しばしば風見鶏（weather-vane）メカニズムと呼ばれる[57]．

$u = 0$ を課せば良い．理論的には，非常に限られた簡単な壁面境界の場合で厳密解や漸近解が得られているのみである．最も基本的で重要なものは，次に述べる無限平面の壁面境界である．

5.2.2　無限平面境界とブレイク極

外部境界が存在する場合のストークス方程式の解を構成する方法として，鏡映法（method of images）が知られている．渦なし流（ラプラス方程式）の場合，例えば無限平面境界付近に吸い込み点があるときは，平面境界に対して鏡映対称の位置に湧き出し点を配置することで，境界条件[6]を満たす流れ場を構成することができる．

　ストークス方程式においても同様の手法で平面での滑りなし境界条件を満たすグリーン関数を構成することができ，これはしばしば**ブレイク極**（ブレイクレット，Blakelet）[7]と呼ばれる．ここでは結果だけ示す．

命題 5.5（ブレイク極）　壁面境界を $z = 0$ とし，上半平面 $(z > 0)$ でのストークス方程式を考える．位置 $\boldsymbol{x}_0$ で流体に加えられた点力 $\boldsymbol{g}\delta(\boldsymbol{x} - \boldsymbol{x}_0)$ によって誘起された流れ場は，位置 $\boldsymbol{x}$ で $u_i(\boldsymbol{x}) = \frac{1}{8\pi\mu} G_{ij}^{\mathrm{B}}(\boldsymbol{x}, \boldsymbol{x}_0) g_j$ と書ける．$G_{ij}^{\mathrm{B}}(\boldsymbol{x}, \boldsymbol{x}_0)$ がグリーン関数（ブレイク極）である．壁面から h だけ離れた点力の鏡映の位置を $\tilde{\boldsymbol{x}}_0 = \boldsymbol{x}_0 - 2h\boldsymbol{e}_z$ と書き，$\boldsymbol{r} = \boldsymbol{x} - \boldsymbol{x}_0$，$\boldsymbol{R} = \boldsymbol{x} - \tilde{\boldsymbol{x}}_0$ とすれば，

$$G_{ij}^{\mathrm{B}} = \frac{\delta_{ij}}{r} + \frac{r_i r_j}{r^3} - \left(\frac{\delta_{ij}}{R} + \frac{R_i R_j}{R^3} \right) + 2h\Delta_{jk}\frac{\partial}{\partial R_k}\left[\frac{hR_i}{R^3} - \left(\frac{\delta_{i3}}{R} + \frac{R_i R_3}{R^3} \right) \right] \tag{5.29}$$

である．ただし，$\Delta_{jk} = \mathrm{diag}(1, 1, -1)$ とした．

注 5.3　ここで 4.1.3 節で導入したストークス二重極 G_{ijk}^{D}，ポテンシャル二重極 P_{ij}^{D} の表式を用いると，式 (5.29) は通常のストークス極に加えて，鏡映の位置に逆向きのストークス極とこれらの多重極を足し合わせた形，

---

[6]ラプラス方程式の場合，通常，境界で法線方向の速度場がゼロとなる境界条件を課す．

[7]この表式を導出[10] したブレイク（John Blake）にちなむ．

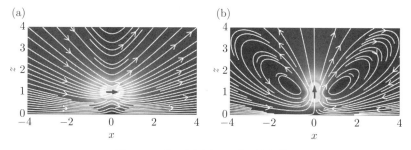

図 5.3 ブレイク極のつくる流れ場.

$$G_{ij}^{\mathrm{B}}(\boldsymbol{x},\boldsymbol{x}_0) = G_{ij}(\boldsymbol{x},\boldsymbol{x}_0) - G_{ij}(\boldsymbol{x},\tilde{\boldsymbol{x}}_0) + 2h\Delta_{jk}\left[G_{i3k}^{\mathrm{D}}(\boldsymbol{x},\tilde{\boldsymbol{x}}_0) - \frac{h}{2}P_{ik}^{\mathrm{D}}(\boldsymbol{x},\tilde{\boldsymbol{x}}_0)\right]$$

に書き換えられる. 鏡映の位置の逆向きのストークス極だけでは, 壁面 $z = 0$ での速度場の境界条件は満たされず, 多重極が必要となる. 遠方での減衰の様子は, 点力が壁面に平行な場合 (図 5.3 (a)) と垂直な場合 (図 5.3 (b)) で異なっている. 壁面に平行な場合には, 遠方場はストレスレット $S_{j\alpha} = -4h\delta_{j3}g_\alpha$ (ただし, $\alpha = 1,2$) によって作られる流れ場 $u_i = -\frac{1}{8\pi\mu}G_{ij\alpha}^{\mathrm{S}}S_{j\alpha}$ で書けることがわかり, その遠方での減衰は $O(r^{-2})$ となる. 一方, 垂直な点力による流れ場は, 鏡映の位置にあるストークス二重極が, 2 つのストークス極と打ち消し合うため, 遠方でストークス四重極とポテンシャル二重極の両方の寄与のみが残り, $O(r^{-3})$ とより早く減衰する.

5.2.3 遠方場による流体相互作用

一般の形状を持つ微生物に対して, その壁面境界付近の遊泳を解析的に計算することはほぼ不可能であるが, 微生物の代表的な長さ L に比べて, 壁面との距離 h が十分離れている場合 ($L \ll h$) には, 一般的な議論が可能になる.

壁面境界を $z = 0$ とし, 上半平面 ($z > 0$) での流体中の生物の運動を考えよう. 命題 4.7 で見たように, 遠方場での生物周りの流れ場の支配項はストレスレットによるものであった. 生物の向きを表す単位ベクトルを $\boldsymbol{p}$ とし, xz 平面にあるとする (図 5.4 (a)). x 軸からの角度を θ とする. 軸対称のストレスレットを $S_{ij} = -\alpha\left(p_ip_j - \frac{1}{3}\delta_{ij}\right)$ と書こう. ここで $\alpha > 0$ はプッシュ型, $\alpha < 0$ はプル型の生物を表す. 外部境界がない場合のストレスレットによる速

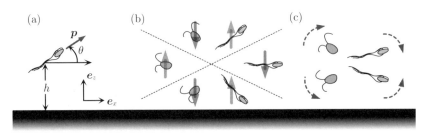

図 5.4 壁面との流体相互作用. (a) 模式図. (b) 引力および斥力流
体相互作用. (c) 相互作用による回転の向き.

度場は $u_i^{\mathrm{S}} = -\frac{1}{8\pi\mu}G_{ijk}^{\mathrm{S}}S_{jk}$ であるが, 壁面が存在することで, $z = -h$ にある
鏡映のストレスレットと多重極から作られた流れ場が生物の位置に生じる. こ
れらすべての和を計算することで, 境界の効果によって誘導される速度場は

$$\boldsymbol{U}^{\mathrm{wall}} = \frac{3\alpha}{64\pi\mu h^2}\left[\sin 2\theta\boldsymbol{e}_x - (1 - 3\sin^2\theta)\boldsymbol{e}_z\right] \tag{5.30}$$

と求まる[8]. 特に壁面と水平に泳いでいる ($\theta = 0$) 状況を考えると, バクテリ
アや精子のようなプッシュ型 ($\alpha > 0$) の生物の場合, 壁方向の引力相互作用が
働く. 一方, プル型 ($\alpha < 0$) の生物の場合には逆に斥力が働く (図 5.4 (b)).
　同様に, 壁面の流体相互作用による回転角速度も求められている. 物体の形
状を軸対称物体 (回転体) だと仮定すれば, 誘導の回転速度はジェフリー方程
式 (命題 5.4) から計算することができる. ストレスレットの鏡映がつくる流
速場を考え, 得られる背景場の角速度ベクトルおよび歪み速度テンソルを計算
し, ジェフリー方程式に代入することで, 流体相互作用による誘導回転速度,

$$\dot{\theta} = -\frac{3\alpha\sin\theta\cos\theta}{64\pi\mu h^3}\left[1 + \frac{B}{2}(1 + \sin^2\theta)\right] \tag{5.31}$$

が得られる[8]. ここで B はブレザートン定数である. 通常の物体では $-1 < B$
< 1 であるから [ ] 内は負にならず, $\dot{\theta}$ の符号は $\alpha\sin 2\theta$ で定まる. プッシュ
型 ($\alpha > 0$) の生物の場合, $\theta = 0$ の壁面と平行の角度は安定となる一方, プ
ル型 ($\alpha < 0$) では不安定となる. また, 壁と垂直な角度 $\theta = \pm\frac{\pi}{2}$ がプル型微
生物の安定な配置で, プッシュ型ではその安定性は反転する (図 5.4 (c)).
　$\alpha = 0$ の中間型 (ニュートラル) の場合には, 流れ場の遠方での主要項はス

トークス四重極，およびポテンシャル二重極となるが，その場合には誘導速度
は $O(h^{-3})$，誘導回転速度は $O(h^{-4})$ となる．具体的な表式は文献 [129] の付
録を参照されたい．

注 5.4 壁面の近くを泳ぐ場合 $(h \sim L)$ には，一般に多重極展開の高次項の効
果に加え，ファクセンの関係式（命題 5.2）でみたような物体の形状に依存した
誘導速度の高次項が生じ，流体相互作用は複雑になる．壁面付近を遊泳する球
形スクワーマの場合を例にあげよう．壁面とスクワーマの中心の距離を h，ス
クワーマの半径を a とする．スクワーマパラメータ（例 4.2）が $\beta \gtrsim 3$ となる
ような強いプル型の場合には，安定平衡点[8]となる (θ, h) が存在することがス
トークス方程式の直接数値計算から分かっており[54]，そこでは壁面からの距離
は $h = 1.1a \sim 1.5a$ 程度である．このような壁面近傍の安定平衡点の存在は，
形状を詳細に模したバクテリアや精子遊泳の数値計算でも確認されているが，
その位置は，鞭毛の波形や長さといった形状のパラメータの詳細に依存する．

バクテリアのようにらせん状の鞭毛を回転させて推進する場合，遠方場の
流れとして，ロットレット二重極が現れる．外部境界がないとき，点トルクに
よって与えられる流れ場はロットレットと呼ばれ，r を点トルクからの距離と
すると，遠方で $O(r^{-2})$ で減衰した（4.1.3 節）．微生物全体でのトルクの釣り
合いより，微生物の周りの流れ場として現れるのはロットレット二重極で，遠
方で $O(r^{-3})$ の振舞いを見せる（注 4.3）．先と同様，図 5.4 (a) のように，生
物の周りの流れ場の軸対称性を仮定して，生物の向きを表すベクトルを $\boldsymbol{p}$ とし
よう．トルク二重極を $M_{ij}^{\mathrm{D}} = -\tau p_i p_j$ とする[9]．τ はロットレット二重極の強
さに対応しており，らせんのキラリティによってその符号が定まる．流れ場は

$$u_i^{\mathrm{RD}} = -\frac{1}{8\pi\mu} G_{ij}^{\mathrm{RD}} M_{ij}^{\mathrm{D}} = \frac{3\tau}{8\pi\mu}(\boldsymbol{p} \cdot \boldsymbol{x})(\boldsymbol{p} \times \boldsymbol{x})_i \tag{5.32}$$

と書ける．壁面が $z = 0$ にある場合には，$z = -h$ の鏡映の位置に逆向きの
ロットレット二重極とその他のストークス多重極を配置することで，境界での
速度場の境界条件を満たした解が得られる．

---

[8] ここでは $\dot{\theta} = \dot{h} = 0$ を満たす点を平衡点と呼ぶ．

[9] ここでも便宜上全体にマイナス符号を付けている．

　先と同様に流体相互作用を計算すると，壁面によって誘導される並進の速度が $U^{\text{wall}} = 0$ となることが分かる．図 5.4 (a) のように p が xz 平面内にあるとき，壁面によって誘導される回転速度も同様に求められている[129]．$\Omega_x^{\text{wall}} = 0$ だが，Ω_y^{wall}，Ω_z^{wall} ともにゼロではない．しかし，壁面と平行に泳いでいる場合（$\theta = 0$）には，xy 平面内での回転運動のみが現れ，

$$\Omega_z^{\text{wall}} = -\frac{3\tau}{256\pi\mu h^4}(1 - B) \tag{5.33}$$

となる．この誘導回転速度によって，τ の正負に応じた特定の向きに壁面に沿って回転することが分かる．実際，壁面付近を遊泳する大腸菌は上（$z > 0$）から見たときに，時計回りに運動する．

5.2.4　近距離場の流体相互作用

　次に，近距離場の極限における壁面との流体相互作用を考えよう．物体の大きさを L，壁面と物体表面の距離を δ としたとき，$\delta \ll L$ の近距離場では，間に挟まれた領域の流れは壁面と水平な 2 次元的な流れとなる．このことを利用した解析手法は**潤滑近似**あるいは**潤滑理論**（lubrication theory）として知られる．ここでは例として，壁面近傍のテイラーシートの運動を考えてみよう．

例 5.5（壁面近傍のテイラーシート）　テイラーシートモデルは図 5.5 のような xy 平面内の無限に長い物体の遊泳モデルである（例 3.8）．位置 x での壁面との距離を表す関数を，H, b, k, ω を定数として，

$$h(x,t) = H + b\sin(kx - \omega t) \tag{5.34}$$

で与える．壁面との距離が波長に比べて十分短いという条件，すなわち長波長

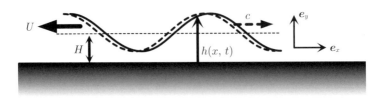

図 5.5　壁面付近を遊泳するテイラーシート．

近似（潤滑近似）$\epsilon = kH \ll 1$ の下での運動を考える.

　流れは 2 次元的であり, 流速ベクトルを $\boldsymbol{u} = (u, v)$ と書くことにする. ここで, x 軸と y 軸方向の長さスケールが異なることを利用して流体方程式（ストークス方程式）の簡略化を行う. x 軸方向に細長い形状になっていることから, 例 5.3 のポワズイユ流のように x 軸方向の流れになっていることが期待できる. 速度の次元の基準として $c = k\omega$ をとり, 無次元量を「$*$」の記号を付けて表し, $x^* = kx$, $y^* = \frac{y}{H}$, $u^* = \frac{u}{c}$, $v^* = \frac{v}{c}$, $p^* = \frac{p}{p_c}$ とする. ここで, 圧力場の代表的な大きさ p_c は後で定める. すると, 2 次元のストークス方程式は,

$$\epsilon \left(\frac{Hp_c}{\mu c} \right) \frac{\partial p^*}{\partial x^*} = \epsilon^2 \frac{\partial u^*}{\partial x^*} + \frac{\partial u^*}{\partial y^*}, \quad \left(\frac{Hp_c}{\mu c} \right) \frac{\partial p^*}{\partial y^*} = \epsilon^2 \frac{\partial v^*}{\partial x^*} + \frac{\partial v^*}{\partial y^*} \quad (5.35)$$

と書き換えられる. ここで, 流れが 1 次元的であることより, (5.35) の第 1 式で, 左辺と右辺の第 2 項目が釣り合っている状況を仮定する. つまり, 圧力場の代表的な大きさを $\frac{\epsilon Hp_c}{\mu c} = 1$ が満たされるように選ぶ. すると, 式 (5.35) は ϵ の最低次で,

$$\frac{\partial p}{\partial x} = \mu \frac{\partial^2 u}{\partial y^2}, \quad \frac{\partial p}{\partial y} = 0 \quad (5.36)$$

となる. これより, 求めるべき関数は, $p = p(x)$ と $u = u(x, y)$ であることが分かる. シートの遊泳速度を x 軸正の向きに $-U$ としよう. ここで, 潤滑近似の下では, 速度場の境界条件は u に対するもののみが必要で, $u(x, 0) = 0$ と $u(x, h) = -U$ を満たす. この境界条件の下で, 式 (5.36) を解けば,

$$u(x, y) = \frac{1}{2\mu} \left(\frac{dp}{dx} \right) (y^2 - hy) - U \frac{y}{h} \quad (5.37)$$

となる. ここで, 波の波形と同じ速度で移動する座標系では流量の保存則が成り立つので, $Q = \int_0^h u\, dy - (c - U)h$ は x, t によらない定数となる. これより, 圧力の勾配は

$$\frac{dp}{dx} = -12\mu \frac{Q}{h^3} + 6\mu \left(\frac{U - 2c}{h^2} \right) \quad (5.38)$$

と書ける. さらに圧力勾配の境界条件として, 遠方での圧力差はないという条件を課す. これにより, 波形の 1 周期で圧力が変化しないこと, すなわち, $\lambda = \frac{2\pi}{k}$ に対して $\int_0^\lambda \frac{dp}{dx} dx = 0$ が成り立つ. 式 (5.38) を用いて計算すると,

$Q = (\frac{1}{2}U - c)\frac{I_3}{I_2}$ が得られる．ただし，$I_n = \int_0^\lambda \frac{1}{h^n}\,dx$ とした．次に，遊泳速度を決めるために，x 方向の力のつりあいの式を考える．生物にかかる力のつりあいの式は，壁面に働く力がゼロという条件 $\int_0^\lambda \mu \frac{\partial u}{\partial y}(x,0)\,dx = 0$ に等しい．これより，$3QI_2 = (2U - 3c)I_1$ を得る．Q の表式と合わせることで，$\frac{U}{c} = \frac{6(1-A)}{4-3A}$ が求まる．ただし，$A = \frac{I_2^2}{I_1 I_3}$ とした．h の具体的な表式を代入すると，$A = \frac{2H^2}{2H^2 + b^2}$ となり，シートの遊泳の速さ

$$U = \frac{3c}{2 + \left(\frac{H}{b}\right)^2} \tag{5.39}$$

が求まる．壁面との距離が短くなるにつれ遊泳速度が大きくなることがわかる．鞭毛波形が壁面近傍でも変化しない場合には，壁面付近で遊泳速度が上昇することを意味している．

　潤滑近似によって得られた方程式 (5.36) は ϵ が十分小さければ成り立ち，必ずしもレイノルズ数 $Re = \frac{\rho H c}{\mu}$ はストークス近似が成り立つ領域でなくてもよく，$\epsilon \ll 1$，$\epsilon^2 Re \ll 1$ であればよい．ここで，ρ は流体の質量密度である．そのため，カタツムリのような這い回る生物運動のモデル[16] としても用いられる．他にも，細長い器官中の流れを表す良い数理モデルにもなっており，例えば卵管・子宮・尿管[67] 内の流体の輸送，および受精卵や尿道結石等の輸送の問題にも用いられる．その際，$\epsilon \approx 0.01$ 程度であり，$Re = 0.01$–1 程度である．

　物体がさらに壁面に近づいたときの振舞いについて見ていこう．流体相互作用のみを考えている限り，物体は壁面に衝突しないことが知られている．

例 5.6（無衝突パラドックス）　ある一定の力 $F^{\text{ext}} > 0$ によって半径 a の球が壁面方向に速さ $U > 0$ で動いている状況を考える．球の中心と壁面の間の距離を h とし，このときの球に働く流体力を，壁面が存在しない時のストークスの法則からの補正を表す関数を $\zeta(h)$ として，$F = 6\pi \mu a U \times \zeta(h)$ と書こう．ここで，$\alpha = \cosh^{-1}\left(\frac{a}{h}\right)$ を導入すると，補正を表す関数はストークス方程式の厳密解として，

$$\zeta = \frac{4}{3} \sum_{n=1}^{\infty} \frac{n(n+1)\sinh\alpha}{(2n-1)(2n+3)} \left[\frac{2\sinh(2n+1)\alpha + (2n+1)\sinh 2\alpha}{4\sinh^2(n+\frac{1}{2})\alpha - (2n+1)^2 \sinh^2\alpha} - 1 \right]$$

となることが知られている[11]．球の表面と壁面の間の距離を $\delta = h - a$ とす

れば, $\delta \ll a$ の漸近形は $\zeta = \frac{a}{\delta} + O\left(\sqrt{\frac{a}{\delta}}\right)$ となることが分かる. 力の釣り合いの式より, $C = \frac{F^{\text{ext}}}{6\pi\mu a^2} > 0$ とすると, 壁面の近傍で $U = -\dot{\delta} = C\delta$ が成り立つ. これより, $\delta(t) = \delta(0)\exp(-CF^{\text{ext}}t)$ となり, $\delta(t)$ は有限時間では常に正の値を取る. つまり, 流体相互作用だけでは, 有限時間では物体は壁面と衝突しない. 実際には, 衝突が観測されていることから, この結果は, **無衝突パラドックス**(no-collision paradox)と呼ばれる.

注 5.5 滑りなし境界条件で流体相互作用を考えている限り, 壁面に限らず, 2 つの粒子の衝突も起こらない. また, 慣性の効果を考慮しても衝突が起こらないという状況に変化はない[111]. この無衝突パラドックスは, 物体の衝突が起こるような状況でのミクロの物理モデルの修正が必要であることを意味している. 実際, 細胞表面の静電的な相互作用が 10 nm のオーダーの距離で大きな影響を持ち[75], 多くの微生物遊泳の流体数値計算では, このような極短距離の相互作用を加えている. また, ナノスケールの球表面の凹凸の効果を考えることで, パラドックスを回避できる. このとき, 表面では滑り速度を持つ方がより物理的である. この滑り境界条件は, ナビエ境界条件と呼ばれ, 境界での法線ベクトルを $\boldsymbol{n}$, 壁面表面での流体力 $f_i = -\sigma_{ij}n_j$ とすると,

$$\boldsymbol{u} \cdot \boldsymbol{n} = 0, \quad \boldsymbol{u} \times \boldsymbol{n} = b_s \boldsymbol{f} \times \boldsymbol{n} \tag{5.40}$$

で表現される. 接線方向に応力に比例した速度場を持っており, b_s は滑り長さ(slip length)と呼ばれる非負の定数で, $b_s = 0$ で通常の滑りなし境界条件になる.

5.2.5 その他の壁面や境界条件

ここまで 5.2 節では, 壁面を介して現れる流体相互作用と, その微生物運動への影響を, 主に無限壁面境界を中心に詳しく見た. その他にも, 球の内部や外部領域[46], 上下の無限壁面境界[89] など, ごく限られた状況で, ストークス方程式のグリーン関数の解析的な表現が知られている. 一般の壁面形状の場合には, 理論的な取扱いが困難になり, 数値的な解析が中心となる. それでも, 複雑な壁面形状の場合には, 計算量が大きくなるため数値的な解析にもまだまだ困難が伴う. ここで紹介した遠方場での鏡映法や近距離場の潤滑理論は, 境

界の効果を取り入れる理論モデルを考える際に便利である.

これまで，流体の外部境界として粘着境界条件を満たす壁面境界を考えてき
たが，気液界面境界の場合には，境界で法線方向速度および接線応力がゼロ，
となる自由境界条件が用いられる. 具体的には，式 (5.40) の記号を用いて，

$$u \cdot n = 0, \quad f \times n = 0. \tag{5.41}$$

このときも，無限平面境界の場合にストークス方程式のグリーン関数の解析的
な表現が知られている. このグリーン関数は，ストークス極の鏡映の位置に点
力（ストークス極）を置くことで次のように得られる.

$$G_{ij}^{\mathrm{F}}(\boldsymbol{x}, \boldsymbol{x}_0) = G_{ij}(\boldsymbol{x}, \boldsymbol{x}_0) + \Delta_{ik} G_{kj}(\boldsymbol{x}, \tilde{\boldsymbol{x}}_0). \tag{5.42}$$

ゼロ速度を要請する壁面境界の場合と異なり，その他のストークス多重極は不
要である. 5.2.3 節で取り扱った平面境界によって微生物に誘導される遊泳速
度は，自由境界条件の場合にも求められている[129]. ストレスレットによる誘
導速度はその大きさは異なるものの定性的な振舞いは変化しない. 一方，ロッ
トレット二重極による誘導回転速度は，$\theta = 0$ のとき，

$$\Omega_z^{\mathrm{surf}} = \frac{3\tau}{256\pi\mu h^4}(1 + B) \tag{5.43}$$

となり，式 (5.33) の壁面境界の場合と逆の符号になる. 実際，気液界面境界
では，バクテリアの境界付近での回転運動の向きが逆転することが知られてい
る[22].

5.3　個体間の流体相互作用

5.3.1　個体間流体相互作用

n 体の個体が遊泳している一般的な状況を考えよう. 個体 α ($\alpha = 1, 2, \cdots, n$) の変数を上付き記号 $^{(\alpha)}$ で表すことにする. 例えば個体 α の
位置は $\boldsymbol{X}^{(\alpha)}$ となる. 命題 2.1 より，各個体の運動は，並進運動・回転運動・
変形運動に分解できるので，滑りなし境界条件より，その表面 S_α で，速度場
は $u_i(\boldsymbol{x}) = U_i^{(\alpha)} + \epsilon_{ijk}\Omega_j^{(\alpha)}(x_k - X_k^{(\alpha)}) + u_i'^{(\alpha)}$ となる. 単体の遊泳問題で導
出した流体力の表式（命題 3.4）を複数個体の状況へ拡張しよう.

ローレンツの相反定理（定理 2.12）は，流体領域の表面が n 体の個体の表面

となるので，

$$\sum_\alpha \int_{S_\alpha} u_i \hat{f}_i dS = \sum_\alpha \int_{S_\alpha} \hat{u}_i f_i dS \tag{5.44}$$

と書ける．この節では，アインシュタインの総和規則は $1,2,3$ の値をとるローマ字の添字に対してのみ適用し，個体のラベルであるギリシャ文字には用いない．$(\boldsymbol{u}, \boldsymbol{f})$ を n 体の生物周りの流れの解，$(\hat{\boldsymbol{u}}, \hat{\boldsymbol{f}})$ をある特定の個体 β のみが剛体運動しているときの流れの解とする．すなわち，S_β 上で $\hat{\boldsymbol{u}} = \hat{\boldsymbol{U}}^{(\beta)} + \hat{\boldsymbol{\Omega}}^{(\beta)} \times (\boldsymbol{x} - \boldsymbol{X}^{(\beta)})$，それ以外の個体表面では $\hat{\boldsymbol{u}} = 0$ とする．流体力は $\hat{f}_i = -\Sigma_{ij}^{(\beta)} \hat{U}_j^{(\beta)} - \Pi_{ij}^{(\beta)} \hat{\Omega}_j^{(\beta)}$ と分解できる．抵抗テンソルを 1 個体のときと同様に，

$$K_{ij}^{(\alpha\beta)} = \int_{S_\alpha} \Sigma_{ij}^{(\beta)} dS, \ C_{ij}^{(\alpha\beta)} = \int_{S_\alpha} \epsilon_{ik\ell}(x_k - X_k^{(\alpha)}) \Sigma_{\ell j}^{(\beta)} dS, \tag{5.45}$$

$$B_{ij}^{(\alpha\beta)} = \int_{S_\alpha} \Pi_{ij}^{(\beta)} dS, \ Q_{ij}^{(\alpha\beta)} = \int_{S_\alpha} \epsilon_{ik\ell}(x_k - X_k^{(\alpha)}) \Pi_{\ell j}^{(\beta)} dS, \tag{5.46}$$

で定めよう．ここで，$\Sigma_{ij}^{(\beta)}$，$\Pi_{ij}^{(\beta)}$ は，n 体の個体の形状と配置，さらに外部境界がある場合にはその形状と位置のすべてに依存している．ここでも，補題 3.1 と命題 3.2 に対応する関係式が成り立つ．

補題 5.1 式 (5.45)–(5.46) で定められた抵抗テンソルの間には，次の関係式が成り立つ．

$$K_{ij}^{(\alpha\beta)} = K_{ji}^{(\beta\alpha)}, \ Q_{ij}^{(\alpha\beta)} = Q_{ji}^{(\beta\alpha)}, \ B_{ij}^{(\alpha\beta)} = C_{ji}^{(\beta\alpha)}. \tag{5.47}$$

証明 ローレンツの相反定理 (5.44) からの帰結である．詳細は省略する．例えば文献 [73] を見よ．■

流体力の表式 $\hat{f}_i = -\Sigma_{ij}^{(\beta)} \hat{U}_j^{(\beta)} - \Pi_{ij}^{(\beta)} \hat{\Omega}_j^{(\beta)}$ と，物体表面での速度場の表式をローレンツの相反定理 (5.44) に代入し，補題の関係式を用いて，変形していく．すると，命題 3.4 の導出と同じ方法で，各個体に働く流体力，および流体トルクの表式が得られる．

命題 5.6 個体 α に働く流体力 $\boldsymbol{F}^{(\alpha)}$ と流体トルク $\boldsymbol{M}^{(\alpha)}$ は，それぞれ

$$F_i^{(\alpha)} = -\sum_\beta K_{ij}^{(\alpha\beta)} U_j^{(\beta)} - \sum_\beta C_{ji}^{(\beta\alpha)} \Omega_j^{(\beta)} - \sum_\beta \int_{S_\beta} u_j'^{(\beta)} \Sigma_{ji}^{(\alpha)} dS,$$

$$M_i^{(\alpha)} = -\sum_\beta C_{ij}^{(\alpha\beta)} U_j^{(\beta)} - \sum_\beta Q_{ij}^{(\alpha\beta)} \Omega_j^{(\beta)} - \sum_\beta \int_{S_\beta} u_j'^{(\beta)} \Pi_{ji}^{(\alpha)} dS$$

と書ける.

　右辺第 1 項目と第 2 項目の, $\beta = \alpha$ の成分は, 自身の剛体運動に伴う流体抵抗力, および流体抵抗トルクを表している. 一方, $\beta \neq \alpha$ の成分は, 他の個体の剛体運動によって誘起される流れによる流体相互作用である. 右辺第 1 項目と第 2 項目は多体系での拡大抵抗テンソルで書き換えることができ, 単体の流体中の運動と同様, 拡大抵抗テンソルは正定値対称である. また, 拡大抵抗テンソルの逆行列として拡大移動度テンソルも同様に定義できる. 右辺第 3 項目は自身の推進力・推進トルク ($\beta = \alpha$) の成分と, 他の個体の推進により生じる流体相互作用 ($\beta \neq \alpha$) の成分に分けられる.

　このように複数の個体の運動は, 瞬時の n 体の位置を含めた表面とそこでの速度場で定まるが, 一般にこれらを正確に解くことは数値的にも極めて難しく, 多くの近似理論や計算手法が存在する[70]. 多体系の運動は次章で詳しく述べることにして, 以下では主に 2 体の流体相互作用を詳しく調べていこう.

例 5.7（2 つの球の間の流体相互作用）　2 つの球の周りの流れ場に対しては, 例外的に $K_{ij}^{(\alpha\beta)}$ などの抵抗テンソル, および移動度テンソルが無限級数の形で求められている[70],[73]. ここでは, 一方の球を生物とし, もう一方の球は受動的に移動する剛体球とする（図 5.6). 生物に対応する球を外力によって駆動し, もう一つの球（ターゲット粒子）に近づけることを考えよう. この外力は鞭毛などの遊泳器官によって駆動された推進力を近似している[65]. 壁面付近の遊泳と同様, 無衝突パラドックス（例 5.6）のために, 2 つの球は有限時間では衝突しない. ただし, 壁面のときと異なり, 1 つの球を動かすことで, 周囲に流れが生じ, ターゲット粒子も一緒に移動してしまう. ターゲット粒子が大きい場合にはすぐに近づける（図 5.6 (a))が, 小さいと自分が作り出す流れによってターゲット粒子を動かしてしまいなかなか近づけない（図 5.6 (b)).

　次に, 左側の球をスクワーマに置き換えてみる. スクワーマとともに移動す

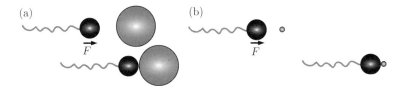

図 5.6 2 つの球の間の流体相互作用. ターゲット粒子が (a) 大きい
場合と (b) 小さい場合.

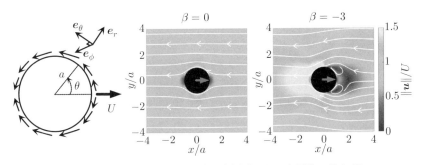

図 5.7 スクワーマとともに動く座標系からみた周りの流れ場.

る座標系での速度場を考えてみよう. 例 4.2 と同様に u_θ の成分のみをもつ状況を考え, さらに $B_n = 0$ $(n \geq 3)$ とする. このときの流れ場はすでに例 4.2 で求めてある. スクワーマとともに移動する座標系での流れ場は図 5.7 のようになっており, スクワーマパラメータ $\beta = \frac{B_2}{B_1}$ が $\beta < -1$ となる強いプッシュ型のとき, スクワーマの前方に流速がゼロとなる淀み点 (stagnation point) が生じる. ファクセンの法則 (例 5.1) より, 小さな粒子は背景場と一緒に移動するので, ターゲット粒子は淀み点より近くに来ることができない. 一方, $\beta > 0$ のプル型の場合には前方の粒子に引力的な流れが生じるため, より早く粒子はスクワーマ近傍に吸い寄せられる. 時間反転対称性より, プル型の場合の流れ場は図 5.7 の左右と流れの向きを逆転したものになっている.

　実際の微生物が他の生物や粒子に近づく状況を考えてみよう. ターゲット粒子が小さい状況は, 獲物となる他の微生物や栄養分となる物質を採餌する場合などが挙げられる. このとき, そのまま近づいても自身の作る流れによってターゲット粒子が流されてしまい非効率的である. 毛のような突起状の器官を

用いたり，流れを引き起こして吸い込むほうが効率的であると言える．一方，他の微生物個体との接合の場面では，ターゲット粒子が自身の大きさとあまり変わらない．また，ターゲット粒子が大きい状況は，精子が卵に近づく受精，およびバクテリアなどが他の微生物表面でコロニーを形成する場面が例となるが，これらの場合には，直接ターゲットまで泳いで近づいても問題にはならない．

5.3.2　遠方場による 2 体間相互作用

遠方での微生物周りの流れがストークス多重極で記述できることを用いて，個体間の流体相互作用を考えてみよう．まずは，簡単のため 2 体が図 5.8 (a) のように，xz 平面内に xy 平面に対して対称な位置にある場合を考える．遠方場の支配項はストレスレットで決まり，生物の周りの流れの軸対称性を仮定すると $S_{ij} = -\alpha(p_i p_j - \frac{1}{3}\delta_{ij})$ と表された．ここで，$\boldsymbol{p}$ は生物の向きを表す単位ベクトルで，$\boldsymbol{p}$ の x 軸からの角度を θ とし，生物の xy 平面からの距離を h とする．$\alpha > 0$ はプッシュ型，$\alpha < 0$ はプル型の生物を表す．

xy 平面の上側（$z > 0$）の生物には下側（$z < 0$）の生物が誘起する流れによる流体相互作用が働くが，この対称的な配置のとき，それはちょうど xy 平面が自由境界（5.2.5 節）とした場合の鏡映から生じる流体相互作用と等しくなる．実際，平面の下側の生物が引き起こす流速場を計算することで，上側の生物に

$$\boldsymbol{U}^{\mathrm{cell}} = -\frac{\alpha}{32\pi\mu h^2}(1 - 3\sin^2\theta)\boldsymbol{e}_z \tag{5.48}$$

の誘導速度が生じることが分かる[129]．対称性より誘導速度の x 成分はゼロで

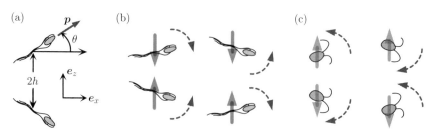

図 5.8　遠方場による 2 体間の流体相互作用．

ある．角度 θ に依存して z 方向の流体相互作用は引力的にも斥力的にもなる．特に，2 体が並走する状況（$\theta \sim 0$）においては，プッシュ型の生物の場合には引力相互作用が，プル型の生物の場合には斥力相互作用が働く（前者は図 5.8 の (b)，後者は (c)）．

同様に，下側の生物によって誘起される背景速度場の角速度ベクトル，および歪み速度テンソルを計算し，ジェフリー方程式（命題 5.4）に代入することで，流体相互作用による誘導回転速度，

$$\dot{\theta} = -\frac{3\alpha \sin\theta \cos\theta}{64\pi\mu h^3}(1 + B\sin^2\theta) \tag{5.49}$$

も求められる[129]．ここで B はブレザートン定数である．通常 $-1 < B < 1$ であるから，壁面境界による流体相互作用と同様，プッシュ型（$\alpha > 0$）では $\theta = 0$ の並走の位置は安定に，プル型（$\alpha < 0$）では不安定になる．ただし，この結果は 2 つの生物が回転も含め鏡映的に全く同じ動きをしている場合の話である．

注 5.6 また，上の議論で得られた結論は遠方場の流れ場のみによる結果であり，実際に並走が流体力学的な安定状態になるか議論するためには，近距離場の流れをきちんと捉える必要がある．境界要素法による直接数値計算により，壁面付近の球形スクワーマに対しては，h と θ に関する安定平衡点 (h^*, θ^*) が存在した（注 5.4）が，2 体が対称的な位置関係にいる場合には，そのような平衡点 (h^*, θ^*) は安定にならない[54]．このため 2 体は対称な位置を保つことができず，2 体の配置を指定する自由度はさらに多くなる．実際，球形スクワーマの数値計算によると，2 体は近距離で強く相互作用して散乱する[50]．具体的な生物の形状や変形を考えるとさらに自由度は大きくなり，近距離での相互作用はさらに複雑になる[144]．

5.3.3 同 期 現 象

個体間の流体相互作用に関する特筆すべき問題として，流体力学的な同期現象がある．同期とは複数の時間的に振動する素子（振動子）の振動の位相差が時間的に変化しない場合を言う．最も古くからよく知られている例は，隣り合う精子の協調的な遊泳である．また，個体間でなく，複数の鞭毛や繊毛間に働

く流体相互作用でも同期現象が見られる．例えば，大腸菌のように複数の鞭毛を有するバクテリアの鞭毛が束になるバンドル状態や，クラミドモナスの 2 つの鞭毛の同期した平泳ぎのような鞭毛打，複数の繊毛間の間の繊毛波も同期現象とみなすことができる．微生物運動に限っても同期現象は多岐に渡り，また生物の形状にも大きく依存するため，その一般的な議論は不可能である．ここでは，繊毛と鞭毛遊泳に関する同期現象に対して簡潔で具体的な数理モデルを紹介し，同期現象が生じるメカニズムとその数理的な表現手法を紹介しよう．

例 5.8（繊毛の流体力学的同期）　まずは，壁面に結合している 2 つの繊毛（あるいは鞭毛）が同期する現象を考える．これらのメカニズムを記述する簡潔な数理モデルがいくつも提案されている．ここでは，2 つの繊毛を決まった軌道上を動く球として記述したモデルを紹介しよう[142]．2 つの半径 a の球を，それぞれ球 1，球 2 とし，x 軸上に r だけ離して配置する．球 1, 2 の中心の位置をそれぞれ $\boldsymbol{x}_1$, $\boldsymbol{x}_2$ としよう．図 5.9 のように，球は壁面から距離 h だけ離れた半径 R の円軌道上を動き，円の接線方向にはたらく外力 $\boldsymbol{F}_1$, $\boldsymbol{F}_2$ によってそれぞれ駆動されている．円軌道上の球の位置を x 軸からの角度 ϕ_1, ϕ_2 で表す．球の抵抗係数は壁面の効果により，一般には h の関数となるが，今 h が変化しないとしているので，抵抗係数を ζ と書けば $\zeta R\dot{\phi}_1 = F_1$, $\zeta R\dot{\phi}_2 = F_2$ となる．球 2 が球 1 の位置に誘起する流体相互作用は，壁面が存在することからブレイク極（命題 5.5）で書ける．壁に平行な点力 $\boldsymbol{g}$ によるブレイク極の遠方場での表現は，ストレスレット $S_{j\alpha} = -4h\delta_{j3}g_\alpha$ $(\alpha = 1, 2)$ であった（注 5.3）．その時の流れ場は，$\boldsymbol{r} = r\boldsymbol{e}_x$ としたとき，$h, R, a \ll r$ の遠方場の最低次で

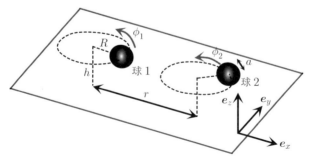

図 5.9　繊毛の流体相互作用による同期の数理モデル．

$$\boldsymbol{u}^{\text{cilia}}(\boldsymbol{x}_1) = \frac{3h^2}{2\pi\mu} \frac{(\boldsymbol{F}_2 \cdot \boldsymbol{r})\boldsymbol{r}}{r^5} \tag{5.50}$$

となる. すると, 球 1 の運動の式は, $\zeta(R\dot{\phi}_1 - \boldsymbol{u}^{\text{cilia}}(\boldsymbol{x}_1) \cdot \boldsymbol{e}_{\phi_1}) = F_1$ となる. $\boldsymbol{e}_{\phi_1}$ は球 1 の円軌道の接線方向の単位ベクトルである. これを具体的に書けば,

$$\dot{\phi}_1 = \frac{F_1}{\zeta R} + \frac{3h^2}{2\pi r^3 R} F_2 \sin\phi_1 \sin\phi_2 \tag{5.51}$$

となり, 球 2 についても同様に書ける. ここで, 2 つの球を駆動する力はそれぞれの位相のみで定まる同じ関数であるとし ($F_1 = F(\phi_1)$, $F_2 = F(\phi_2)$), 2 つの球が位相差ゼロで同期した解 $\phi = \phi_1 = \phi_2$ を考えよう. すると式 (5.51) は,

$$\dot{\phi} = \frac{F(\phi)}{\zeta R}(1 + q\sin^2\phi) \tag{5.52}$$

となる. ここで, $q = \frac{3\zeta h^2}{2\pi r^3}$ とした. この同期の安定性を調べよう. $\phi_2 = \phi$, $\phi_1 = \phi + \delta$ とすれば, $\delta \ll 1$ で,

$$\dot{\delta} = \frac{F'(\phi)}{\zeta R}(1 - q\sin^2\phi)\delta + O(\delta^2) \tag{5.53}$$

であり, 運動の周期を $T_0 = \int_0^{2\pi} \frac{d\phi}{\phi}$ とすれば, 位相差 δ の 1 周期での成長率は

$$\langle\hat{\sigma}\rangle = \int_0^{T_0} \frac{\dot{\delta}}{\delta} dt = \frac{1}{T_0} \int_0^{2\pi} \frac{F'(\phi)}{F(\phi)} \frac{1 - q\sin^2\phi}{1 + q\sin^2\phi} \tag{5.54}$$

と書ける. ここで, 遠方の場での相互作用を考えているので $q \ll 1$ であることに注意して $F(\phi) = F_0 \left(1 + \sum_{n \geq 2} A_n \sin(n\phi + \gamma_n)\right)$ とフーリエ変換の表現を代入すると, A_n の最低次で, $\langle\hat{\sigma}\rangle = \frac{2\pi q A_2}{T_0}\cos\gamma_2 + O(q^2 + |A_n|^2)$ となる. つまり, $A_2\cos\gamma_2 < 0$ であれば, 同期状態が安定となり, 駆動力の異方性が同期を可能にすることがわかる.

　通常の繊毛運動の 1 周期は, 早い有効打と遅い回復打から成り, 周期の前半と後半で駆動する力が異なっている. 繊毛の同期現象には, 駆動力の異方性だけでなく, 繊毛の柔らかさも一因である. また, 円ではなく一般には非対称的な鞭毛軌道によっても同期が引き起こされることが知られている[142]. さらに, 実際の繊毛 (例えばゾウリムシやボルボックス) やクラミドモナスの 2 つの鞭毛の同期は, 細胞内のシグナル伝達や繊毛・鞭毛の基盤部分を介した力学的相

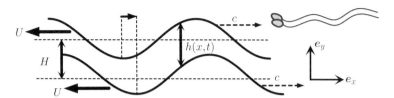

図 5.10　流体相互作用によるテイラーシートモデルの同期．隣り
　　　　合って泳ぐ精子の模式図（右上）．

互作用の影響もある[36]．

　次に並走する精子のモデルとして 2 体のテイラーシートの間の流体相互作用
を考える．この問題は，テイラーの元々の論文[135] でも議論されている．

例 5.9（隣り合う精子の協調遊泳）　例 5.5 で考えたテイラーシートモデルを
再び取り上げよう．今回は，壁面の代わりに，隣り合う 2 つのシートの運動を
考える[29]．図 5.10 のように，波形の位相を $\phi = kx - \omega t$，波の速さを $c = k\omega$
とし，2 つのシートの位置を $y_1 = g(\phi)$，$y_2 = H + g(\phi + \phi_0)$ とする．関数
$g(\phi)$ は波の波形を表す．ただし，1 次元的な運動に注目し，上下で対称な波
形，$g(\phi + \pi) = -g(\phi)$ を仮定する．ϕ_0 は上下のシートの波の位相差である．
例 5.5 と同様に，長波長近似（$H \ll \lambda = \frac{2\pi}{k}$）である潤滑方程式を考える．

$$\frac{\partial p}{\partial x} = \mu \frac{\partial^2 u}{\partial y^2}, \quad \frac{\partial p}{\partial y} = 0. \tag{5.55}$$

u は流速の x 成分，$p(x)$ は圧力である．まず，2 つのシートが同じ速度で隣り
合って x 軸に沿って泳いでいる同期状態の解を求めよう．シートの速度を x 軸
を正に $-U$ とする．$u(x, y)$ のシート上下での境界条件は $u(y_1) = u(y_2) = -U$
であり，式 (5.55) を解くと，

$$u = \frac{1}{2\mu} \frac{dp}{dx} (y - y_1)(y - y_2) - U \tag{5.56}$$

となる．ここで，例 5.5 と同様，波と同じ速さで動く座標系で流量が保存する
という条件，すなわち $Q = \int_{y_1}^{y_2} u \, dy + (U - c)h$ が定数である，という関係式
を用いる．$h = y_2 - y_1$ とし，$I_n = \int_0^{\lambda} \frac{1}{h^n} dx$ と書けば，

$$\frac{dp}{dx} = -\frac{12\mu}{h^3}Q - \frac{12\mu c}{h^2} = 12\mu c\left(\frac{I_3}{I_2 h^3} - \frac{1}{h^2}\right) \tag{5.57}$$

が得られる．また，2つ目の等式において，波形の1周期 λ で圧力が変化しないという条件 $\int_0^\lambda \frac{dp}{dx}dx = 0$ から得られる関係式 $Q = -\frac{cI_3}{I_2}$ を用いた．

今，上側のシートの1波長分に働く力 $F_x = \int_0^\lambda (\sigma_{xx}n_x + \sigma_{xy}n_y)|_{y=y_2}dx$ を求めよう．法線ベクトルは潤滑近似のもとで $\boldsymbol{n} \simeq (\frac{\partial y_2}{\partial x}, -1)$ となることから，

$$F_x = \int_0^\lambda \left(-p\frac{\partial y_2}{\partial x} - \mu\frac{\partial u}{\partial y}\right)\bigg|_{y=y_2}dx = \int_0^\lambda \frac{y_1 + y_2}{2}\frac{dp}{dx}dx \tag{5.58}$$

となる．$F_x = 0$ のとき，同期状態が定常解となっている．$\phi_0 = 0$ の位相差がゼロの並走遊泳と，$\phi_0 = \pi$ の反位相のときに，$F_x = 0$ となる．実際，$\phi = 0$ であれば，h が定数となるので $\frac{dp}{dx} = 0$ となり $F_x = 0$. $\phi = \pi$ であれば，波形の対称性に関する仮定から $y_1 + y_2$ が定数となり，波形の1周期で圧力差が生じないことから，こちらも $F_x = 0$ となる．

次に，$\phi = \phi_0 + \phi'$ $(\phi' \ll 1)$ として同期解の安定性を調べよう．$\phi_0 = 0$ のとき，式 (5.57) を用いて，展開すると，

$$F_x = -\frac{72\mu c}{kH^5}\phi'^3\int_0^{2\pi} g(\phi)[g'(\phi)]^3 d\phi + O(\phi'^4). \tag{5.59}$$

さらに，$\phi = \pi$ まわりでの F_x は $g(x)$ が微小変化の場合，式 (5.59) の逆符号の値になる[29]．すなわち，$\phi = 0$ か $\phi = \pi$ のいずれかが安定であれば，もう一方は不安定な同期解となっており，2つのシートの位置関係がずれることで安定な同期状態に近づく．

安定性は波形の幾何学的なパラメータ $\int_0^{2\pi} g(\phi)[g'(\phi)]^3 d\phi$ で定まっているが，波形が前後対称的な場合には，この値はゼロとなり，どの位相差の運動も可能になる．このことは時間反転対称性からもすぐに分かる．鞭毛の柔らかさがある場合には，前後非対称な波形に変形することで並走遊泳が可能になる．周りの流体の非ニュートン性によって時間反転対称性を失うことでも安定な並走遊泳が可能になる．しかし，実際の精子遊泳の場合，頭部どうしの接着や波形の3次元性などのさらに複雑な要素が存在している．また，例 5.8 と同様，波形の制御機構が未解明であり，メカニズムの詳細はそれぞれの現象に依るところも大きい．

第6章

集団運動とその性質

これまで 1 個体，あるいは少数個体の運動を議論してきた．この章では，多数の個体の集団としての振る舞いとその性質について考える．章の後半では，微生物流体力学の観点からよく調べられてきたアクティブ乱流と生物対流現象に焦点を当てて，その概要を紹介する．

6.1 微生物遊泳と拡散

まずは 1 個体の統計的性質である拡散現象を考えよう．

6.1.1 ブラウン運動と拡散

水中の微小物体には周囲の水分子が不規則に衝突し，そのために物体自身は乱雑に移動する．この熱揺らぎは**ブラウン運動**（Brown's motion）と呼ばれ，1.3 節でも触れたように，物体の拡散を引き起こす．微生物の場合，遊泳速度に比べて拡散速度は十分遅いが，静止している物体や，分子サイズの化学物質の場合，拡散による流体中の輸送が支配的となる．

流体中でブラウン運動をする粒子を考える．時刻 t で位置 $\boldsymbol{x}$ に粒子が存在する確率密度関数を $\Psi(\boldsymbol{x}, t)$ とすれば，確率密度関数の保存則より，

$$\frac{\partial \Psi}{\partial t} + \nabla \cdot \boldsymbol{J} = 0 \tag{6.1}$$

が成り立つ．$\boldsymbol{J}$ は確率密度流束である．ブラウン運動を除いた物体の速度を $\boldsymbol{U}$ とする．外力や推進力がないときには $\boldsymbol{U} = \boldsymbol{0}$ である．ブラウン運動をする流体中の粒子に対しては，**拡散テンソル** D_{ij} を用いて，

$$J_i = \Psi U_i - D_{ij} \frac{\partial \Psi}{\partial x_j} \tag{6.2}$$

と表される．式 (6.2) は物質拡散を表す**フィックの法則**（Fick's law）の一般

化になっており，これを議論の出発点にしよう．ここでは，ブラウン運動や関連する統計力学には深入りしない．詳細に関心のある読者は適切な教科書（例えば文献 [37], [138]）を参照されたい．さて，式 (6.1) と (6.2) より，

$$\frac{\partial \Psi}{\partial t} + \frac{\partial}{\partial x_i}\left[U_i\Psi - D_{ij}\frac{\partial \Psi}{\partial x_j}\right] = 0 \tag{6.3}$$

が成り立つ．式 (6.3) の位置の分布関数に関する時間発展方程式を**スモルコフスキー**（Smolchowski）**方程式**という．実空間に限らない一般の空間におけるブラウン運動に対しては，その確率密度の時間発展方程式は**フォッカー–プランク**（Fokker–Planck）**方程式**と呼ばれるが，これの特別な場合に対応している．

　1.3 節で触れたが，流体中の半径 a の球形物体については，ブラウン運動による拡散係数は，$D = \frac{k_B T}{6\pi\mu a}$ と表される．k_B はボルツマン定数，T は温度である．一般の形状の物体に対しては次の関係式が成り立つ．

定理 6.1（ストークス–アインシュタインの関係式）　ブラウン運動による流体中の物体の拡散テンソルは，並進抵抗テンソル $\mathbf{K}$ の逆行列を用いて，

$$D_{ij} = k_B T(\mathbf{K}^{-1})_{ij} \tag{6.4}$$

と書ける．

証明　ここでは，直観的な導出を与えよう．粒子にはポテンシャル $V(\boldsymbol{x})$ で与えられる外力 $\boldsymbol{F}^{\text{ext}}(\boldsymbol{x}) = -\nabla V(\boldsymbol{x})$ が働いているとする（例えば重力を考えよ）．このときの熱平衡状態は，ボルツマン分布 $\Psi = \Psi_0 \exp[-\frac{V}{k_B T}]$ で与えられる．Ψ_0 は規格化定数である．物体の速度は外力で駆動されていることから，$U_i = (\mathbf{K}^{-1})_{ij}F_j^{\text{ext}}$．平衡状態では $\boldsymbol{J} = \boldsymbol{0}$ であることに注意して，ボルツマン分布の表式を式 (6.2) に代入すれば，$0 = -\Psi_0(\mathbf{K}^{-1})_{ij}\frac{\partial V}{\partial x_j} + \Psi_0\frac{D_{ij}}{k_B T}\frac{\partial V}{\partial x_j}$ となり，式 (6.4) を得る．■

　また，式 (6.2) から，平衡状態で $F_i^{\text{ext}} = K_{ij}U_j = K_{ij}D_{jk}(\frac{1}{\Psi}\frac{\partial \Psi}{\partial x_k}) = k_B T\frac{\partial}{\partial x_i}\ln\Psi$ と書ける．これは，外力 $\boldsymbol{F}^{\text{ext}}$ が熱的な力 $\boldsymbol{F}^{\text{th}} = -k_B T\nabla\ln\Psi$ と釣り合っていることを意味している．$k_B T\ln\Psi$ は化学ポテンシャルと呼ばれる．また，抵抗テンソルの逆行列である移動度テンソルと拡散テンソルの間の

線形関係 (6.4) は，非平衡統計力学の揺動散逸定理の一例である．

例 6.1（移流拡散方程式）　流体中の微小物体の物質濃度（質量密度）$c(\boldsymbol{x}, t)$ は Ψ に比例するので，スモルコフスキー方程式 (6.3) の Ψ を c に置き換えてよい．さらに，微小物体の速度 $\boldsymbol{U}$ は周囲の流体の速度 $\boldsymbol{u}$ と一致するので，

$$\frac{\partial c}{\partial t} + \frac{\partial}{\partial x_i}\left(cu_i - D_{ij}\frac{\partial c}{\partial x_j}\right) = 0 \tag{6.5}$$

と書ける．$\boldsymbol{u}$ として非圧縮流れ $\nabla \cdot \boldsymbol{u} = 0$ を仮定し，拡散テンソルが等方的（$D_{ij} = D\delta_{ij}$）とすれば，

$$\frac{\partial c}{\partial t} + \boldsymbol{u} \cdot \nabla c = D\nabla^2 c \tag{6.6}$$

を得る．この濃度場 c の時間発展を**移流拡散方程式**[1]という．

例 6.2（ブラウン運動と拡散係数）　簡単のため拡散テンソルが等方的（$D_{ij} = D\delta_{ij}$）であるとしよう．外力がない場合には，粒子のブラウン運動は確率分布 Ψ の拡散方程式に帰着される．初期時刻での位置を $\boldsymbol{X}(0) = \boldsymbol{0}$ とすれば，$\Psi(\boldsymbol{X}) = \Psi_0 \exp(-\frac{X^2}{4Dt})$．ただし，$X = |\boldsymbol{X}|$ とした．空間次元を n とすれば，規格化定数は $\Psi_0 = (4\pi D)^{-\frac{n}{2}}$．このとき，平均 2 乗変位は，$n$ 次元空間の積分より $\langle X^2 \rangle = \int X^2 \Psi(X)\,d^n\boldsymbol{X} = 2nDt$ となる．特に 3 次元の場合には，

$$\langle X^2 \rangle = 6Dt \tag{6.7}$$

となる．実験的には，この式によって拡散係数を定める．拡散係数が等方的でない場合には，$\langle X_i X_j \rangle = 2D_{ij}t$ となる．

6.1.2　回転ブラウン運動

　流体中の物体は並進に加えて回転する．熱揺らぎによって物体の向きも揺らぐ．これを**回転ブラウン運動**，あるいは**回転拡散**という．特に，物体が遊泳する場合には，推進方向が変化するために遊泳軌道に大きく影響する．以下では簡単のため，軸対称の物体を考える．物体の向きを表す単位ベクトルを $\boldsymbol{p}$ とする．方向ベクトル $\boldsymbol{p}$ の確率分布関数を $\Psi(\boldsymbol{p}, t)$ とすれば，先と同様のフォッカー–プ

---

[1]convection-diffusion equation または advection-diffusion equation.

ランク方程式が得られる. 空間微分 ∇ は球面上の値 $[\nabla_{\boldsymbol{p}}]_i = (\delta_{ij} - p_i p_j)\frac{\partial}{\partial p_j}$ に置き換わる. 軸対称性より拡散係数は $D_{ij} = D'_r p_i p_j + D_r(\delta_{ij} - p_i p_j)$ と書けることに注意すると,

$$\frac{\partial \Psi}{\partial t} + \nabla_{\boldsymbol{p}} \cdot [\dot{\boldsymbol{p}}\Psi - D_r \nabla_{\boldsymbol{p}}\Psi] = 0 \tag{6.8}$$

を得る. ここで, D_r は**回転拡散係数**と呼ばれる正の定数である. また, ストークス–アインシュタインの関係式も同様に成り立つ. 回転抵抗係数は, $Q_{ij} = Q_1 p_i p_j + Q_2(\delta_{ij} - p_i p_j)$ と表せば (命題 3.6), $D_r = \frac{k_{\mathrm{B}}T}{Q_2}$ である. 半径 a の球の場合には, $Q_2 = 8\pi\mu a^3$ より, $D_r = \frac{k_{\mathrm{B}}T}{8\pi\mu a^3}$ となる.

注 6.1 非対称な形状の物体に対しては, 並進と回転の拡散テンソルは一般に分離されない[15]. このときもストークス–アインシュタインの関係式は成立し, 対応する 6×6 の拡大拡散テンソル $\mathcal{D}_{ij}$ は拡大移動度テンソルを用いて $\mathcal{D}_{ij} = k_{\mathrm{B}}T\mathcal{M}_{ij}$ と表される.

例 6.3 外力がない場合には Ψ は拡散方程式, $\frac{\partial \Psi}{\partial t} = D_r \nabla_{\boldsymbol{p}}^2 \Psi$ に従う. ここで, $\nabla_{\boldsymbol{p}}^2$ は球面上のラプラシアンである. ここで, $\boldsymbol{p}(t)$ の期待値の時間微分を考えると,

$$\frac{d}{dt}\langle \boldsymbol{p} \rangle = \int \boldsymbol{p} \frac{\partial \Psi}{\partial t} d\boldsymbol{p} = D_r \int \boldsymbol{p}(\nabla_{\boldsymbol{p}}^2 \Psi) d\boldsymbol{p} \tag{6.9}$$

となる. 2 度部分積分を行い, $\nabla_{\boldsymbol{p}}^2 \boldsymbol{p} = -2\boldsymbol{p}$ を用いると,

$$\frac{d}{dt}\langle \boldsymbol{p} \rangle = D_r \int (\nabla_{\boldsymbol{p}}^2 \boldsymbol{p})\Psi d\boldsymbol{p} = -2D_r \int \boldsymbol{p}\Psi d\boldsymbol{p} = -2D_r \langle \boldsymbol{p} \rangle. \tag{6.10}$$

この微分方程式を解けば $\langle \boldsymbol{p} \rangle = \boldsymbol{p}(0)e^{-2D_r t}$. 角度の時間相関は

$$\langle \boldsymbol{p}(t) \cdot \boldsymbol{p}(0) \rangle = e^{-2D_r t} \tag{6.11}$$

となり, $\tau_r = \frac{1}{2D_r}$ 程度の時間で方向が一様にランダムになる. $t \ll \tau_r$ で,

$$\langle (\boldsymbol{p}(t) - \boldsymbol{p}(0))^2 \rangle = 2(1 - e^{-2D_r t}) = 4D_r t + O(t^2) \tag{6.12}$$

となり, 変位の 2 乗平均は t に比例する.

軸対称物体の並進運動に関する拡散テンソルは一般に異方性をもち $D_{ij} =$

$D_1 p_i p_j + D_2(\delta_{ij} - p_i p_j)$ となる．ただ，回転拡散により $t \gg \tau_r$ の長時間では角度分布は一様になる．そのため，実効的に拡散テンソルは等方的になり，$D_{\text{eff}} = \frac{1}{3}(D_1 + 2D_2)$ として，$D_{ij} \sim D_{\text{eff}} \delta_{ij}$ と書ける．

例 6.4（遊泳微生物の拡散係数） 3 次元の領域を遊泳する微生物を一つの粒子として捉えてみよう．微生物の速度を $\boldsymbol{U} = U\boldsymbol{p}$ とする．回転ブラウン運動のみが働くとすれば，変位 $\boldsymbol{X} = U\int_0^t \boldsymbol{p}(t')dt'$ である．この表式を用いれば，$\frac{d}{dt}\langle X^2 \rangle = 2U^2 \int_0^t \langle \boldsymbol{p}(t') \cdot \boldsymbol{p}(t) \rangle \, dt'$．角度の時間相関の表式 (6.11) より，被積分関数は $e^{-2D_r(t-t')}$ に等しい．よって，この微分方程式を解けば，

$$\langle X^2 \rangle = \frac{U^2}{D_r}\left[t - \frac{1}{2D_r}\left(1 - e^{-2D_r t} \right) \right]. \tag{6.13}$$

回転拡散の時間スケール $\tau_r = \frac{1}{2D_r}$ よりも短時間（$t \ll \tau_r$）では，熱ゆらぎの効果は現れず，$\langle X^2 \rangle \simeq U^2 t^2$ と直進的な遊泳による平均 2 乗変位が得られるが，$t \gg \tau_r$ の長時間では，$\langle X^2 \rangle$ は時間 t に比例する．よって，式 (6.7) を用いると，$D_{\text{swim}} = \frac{U^2}{6D_r}$ の拡散係数でブラウン運動する粒子として捉えることができる．さらに，静止している生物自身が拡散係数 D のブラウン運動をするとすれば，遊泳する生物の実行的な拡散係数は，

$$D_{\text{eff}} = D + \frac{U^2}{6D_r} \tag{6.14}$$

と書ける．

注 6.2 実際の微生物におけるブラウン運動の効果を見てみよう[30]．大腸菌の場合，1 個体の拡散係数は $D \approx 10^{-13}\,\text{m}^2/\text{s} = 0.1\,\mu\text{m}^2/\text{s}$ である．大腸菌は鞭毛を束ねて直進的に泳ぐラン（run）状態と，鞭毛を逆回転させて鞭毛の束を解くことにより方向転換をするタンブル（tumble）状態を繰り返している（ラン・アンド・タンブル（run-and-tumble）運動）．タンブルをしない大腸菌の場合 $D_r \approx 0.057\,\text{rad}^2/\text{s}$ となっており，回転拡散の時間スケールは $\tau_r \approx 8.8\,\text{s}$ となる．式 (6.14) より，大腸菌の代表的な遊泳速度 $U \sim 30\,\mu\text{m}/\text{s}$ を用いると，長時間での有効拡散係数は $D_{\text{eff}} \approx 2.6 \times 10^3\,\mu\text{m}^2/\text{s}$ となり，遊泳をしないときの拡散係数 D と比較して，約 1 万倍大きくなっている．クラミドモナスでは，$D_r \approx 0.4\,\text{rad}^2/\text{s}$ ほどで，同サイズの球の回転拡散係数 $D_r \approx 3 \times 10^{-3}\,\text{rad}^2$ の

約 100 倍にもなる．このように，生物個体を回転ブラウン運動を有する自己推進粒子として記述したモデルは**アクティブ・ブラウン粒子**（active Brownian particle）と呼ばれ，特に生物の集団的・統計的な運動を調べる際によく用いられる．

6.1.3　微生物周りの物質拡散

この節では，微生物周りの化学物質の拡散を議論しよう．流体中の分子や化学物質の輸送は微生物の生活環に関わるダイナミクスである．グルコースのような栄養物質の給餌だけでなく，卵から放出されるフェロモン分子を認識する精子や，仲間の細胞の出す分子を認識して細胞増殖を促進させるバクテリアのクオラムセンシング（quorum sensing）など，微生物たちは流体中の化学物質を介して多様なコミュニケーションを行っている[147]．ここでは，移流拡散方程式 (6.6) による流体中の物質輸送を取り上げよう．図 6.1 (a) のように，流体中を遊泳している微生物が，表面 S から周囲の流体中に含まれる栄養分子を摂取している状況を考える．栄養分子の濃度場を c とする．微生物からフェロモン分子を放出する過程も同様に取り扱うことができる．濃度場 c の境界条件は生物表面で c_0，無限遠で c_∞ と一定の値を取るものとする．

微生物の遊泳の速さを U，微生物の代表的な長さを L とし，U と L を速さと長さの単位にとり，系を無次元化しよう．微生物が変形するときには，その変形の周期を T とし，これを時間の次元の代表的な大きさとする．$\boldsymbol{x} = \boldsymbol{x}^* L$，$\boldsymbol{u} = \boldsymbol{u}^* U$，$t = t^* T$ と，無次元量にアスタリスクをつけて表す．濃度場は $c^* = \frac{c - c_\infty}{c_0 - c_\infty}$ と無次元化する．これにより，濃度場の境界条件は，物体表面 S で $c^* = 1$，無限遠で $c^* \to 0$ となる．以上を用いると，移流拡散方程式 (6.6) は

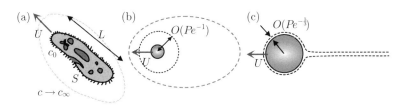

図 6.1　生物周りの濃度場の様子．(a) 模式図，(b) $Pe \ll 1$ のとき，(c) $Pe \gg 1$ のとき．

$$Pe\left[St\frac{\partial c^*}{\partial t^*} + \boldsymbol{u}^* \cdot \nabla^* c^*\right] = \nabla^{*2} c^* \tag{6.15}$$

と無次元化できる．ここで，$St = \frac{L}{UT}$ は 2.1.4 節で登場したストローハル数である．Pe はペクレ数（Péclet number）と呼ばれる無次元量 $Pe = \frac{UL}{D}$ で，移流と拡散の速度比を表している．例えば，スクロースのような分子の拡散係数として $D \sim 5 \times 10^{-5}\,\mathrm{m}^2/\mathrm{s} = 500\,\mu\mathrm{m}^2/\mathrm{s}$ を考える．大腸菌の遊泳に対して $L \sim 2\,\mu\mathrm{m}$, $U \sim 30\,\mu\mathrm{m}/\mathrm{s}$ とすれば，$Pe \sim 0.1$ となり，拡散が支配的である．細胞間のコミュニケーションに用いるフェロモン分子は，分子量が小さく拡散速度が速いほうがより遠くまで情報伝達が可能になる．また，微生物のサイズや速さが大きくなると，ペクレ数は容易に 1 を超える．例えばゾウリムシの遊泳に対して $L \sim 200\,\mu\mathrm{m}$, $U \sim 300\,\mu\mathrm{m}/\mathrm{s}$ とすれば，$Pe \sim 10^2$ となり，移流が支配的である．

以下，定常状態を考えよう．生物表面での物質流入量が，生物学的にも興味のある物理量である．流体から生物への流入量 Q は $\boldsymbol{n}$ を流体領域から外向きの法線として，$Q = -D\int_S \boldsymbol{n} \cdot \nabla c\,dS$ と書ける．定常状態では，流量 Q がペクレ数 Pe の関数として表される．流量 Q の無次元量としてシャーウッド数（Sherwood number）Sh を導入しよう．A を表面 S の面積として，$Sh = \frac{QL}{AD(c_0 - c_\infty)}$ で定める[2]．

例 6.5（並進する球の周りの物質濃度場） x 軸正の方向に速さ U で移動している半径 a の球の周りの物質濃度場を考えよう．系の代表的な長さとして $L = a$ をとる．まず，$U = 0$ の静止している球の周りの問題からはじめよう．このとき，物質濃度場はラプラス方程式に従うので，境界条件を満たす解は，$c = \frac{a}{r}(c_0 - c_\infty) + c_\infty$ と求まる．表面での物質流量は $Q = 4\pi Da(c_0 - c_\infty)$ となるので，$Sh = 1$. つまり，Pe の関数としてのシャーウッド数 $Sh = Sh(Pe)$ は，静止状態に対する給餌流量の比を意味している．

次に，$Pe \ll 1$ のときの漸近表現を考える．ゼロ次近似にあたる $Pe = 0$ のラプラス方程式の解は，無限遠の境界条件を満たすことができない[3]．そのた

---

[2]分子に 2 を掛けた定義もよく用いられる[85]．

[3]ホワイトヘッド（Whitehead）のパラドックスと呼ばれる．3 次元物体周りの流体抵抗に関するレイノルズ数 Re による漸近展開と同様の状況になっている[134]．

め，内部領域 $r \leq aPe^{-1}$ と外部領域 $r \geq aPe^{-1}$ で解を接続する（図 6.1 (b)）．内部領域の最低次はラプラス方程式と等しく同心円状に濃度場は拡散する．外部領域の最低次では，デルタ関数的な物質の吸い込みが一様流中に存在している状況と等しく[85]，

$$c \sim \frac{a}{r} \exp\left[-\frac{r}{2a} Pe\left(1 - \cos\theta\right) \right] \tag{6.16}$$

となる．$Pe \ll 1$ として，式 (6.16) を展開すると，濃度場の等値面は楕円曲面になっていることがわかる（図 6.1 (b)）．また，シャーウッド数の値については，ペクレ数による高次の展開が得られている[85]．

$$Sh = 1 + \frac{1}{2}Pe + \frac{1}{2}Pe^2 \ln Pe + O(Pe^2). \tag{6.17}$$

次に，移流が支配的な $Pe \gg 1$ の極限を考える．$\frac{Dc}{Dt} = 0$ となるので，物質濃度場は流れに沿って輸送される．今，流速場 $\boldsymbol{u}$ はストークス方程式から求められるので，c の解は一見簡単に求められそうであるが，$Pe \gg 1$ の極限は $D \to 0$ の極限に対応し，空間の最高階微分の項の係数がゼロになる特異摂動問題になっている．そのため，物体表面近くの非常に薄い領域で物質拡散が働き，それ以外の領域では拡散の効果は無視できる（図 6.1 (c)）．この薄い領域を**濃度境界層**（concentration boundary layer）という．物体の後方には非常に細い濃度場の後流が存在し，後流内と境界層内部を除いて $c^* \approx 0$ となる．スケーリング解析により，濃度境界層の厚さは $\ell_c = O(aPe^{-\frac{1}{3}})$．また，シャーウッド数は

$$Sh = \text{const.} \times Pe^{\frac{1}{3}} + O(1) \tag{6.18}$$

と求められる[85]．

$Pe = O(1)$ での計算は数値的に解かざるを得ないが，Sh については，すべての Pe にわたって数値解を非常によく再現する経験的な近似式が知られている[72]．

$$Sh \simeq \frac{1}{2}\left(1 + (1 + 2Pe)^{\frac{1}{3}}\right). \tag{6.19}$$

$Pe = 1$ のとき，シャーウッド数は $Sh \approx 1.22$ であり，給餌効率はわずかに上昇する．逆に，$Pe \lesssim 1$ であれば，遊泳をすることによる給餌のメリットは少

なく，物質が拡散するのを待っている状況とあまり変わらない．大腸菌のような バクテリアや，クラミドモナスなどの小さな微生物では，遊泳自体による給餌効率の向上は見込めない．

例 6.6（球形スクワーマ周りの物質濃度場） 上の例 6.5 では，生き物は剛体球とし，何かしらの外力によって一様な速度 U で運動していた．自己推進する場合には，自身の遊泳が作り出す流れによって物質濃度場が変調を受ける．ここでは，球形スクワーマでの結果[95] を紹介しよう．例 4.2，例 5.7 と同様に u_θ の成分のみをもつ球形スクワーマを考え，さらに $B_n = 0$ $(n \geq 3)$ とする．流れ場はスクワーマパラメータ $\beta = \frac{B_2}{B_1}$ のみで決まる．$Pe \ll 1$ での漸近展開は例 6.5 と同様，内部領域と外部領域を接続することにより，

$$Sh = 1 + \frac{1}{2}Pe + O(Pe^2) \tag{6.20}$$

と求まり，剛体球のときとほぼ同様の結果になる．一方，$Pe \gg 1$ の極限では，剛体球とは異なり，濃度境界層の厚さが $O(aPe^{-\frac{1}{2}})$ となる．シャーウッド数は

$$Sh = \mathrm{const.} \times Pe^{\frac{1}{2}} + O(1) \tag{6.21}$$

となり，剛体球のときよりも摂取効率が向上することがわかる．また，シャーウッド数はスクワーマパラメータに依存し，$Sh(Pe, \beta)$ と書けるが，β を $-\beta$ に置き換える，プル型とプッシュ型の入替操作をしても，シャーウッド数は変化しない．すなわち，$Sh(Pe, \beta) = Sh(Pe, -\beta)$．これは，ブレナー（Brenner）の流れ反転定理（flow reversal theorem）[96] として知られる次の結果の一例である．

定理 6.2（ブレナーの流れ反転定理） 任意の形状をもつ物体表面 S の周りのストークス方程式と移流拡散方程式を考える．図 6.2 のように，同じ表面形状 S で，異なる境界条件を持つ 2 つの定常解 $(\boldsymbol{u}_1, c_1)$，$(\boldsymbol{u}_2, c_2)$ を考える．濃度場は表面 S 上および無限遠で定数とする．このとき，移流される流速場が反転関係（$\boldsymbol{u}_1 = -\boldsymbol{u}_2$）にあるとき，2 つの問題におけるシャーウッド数 Sh_1，Sh_2 は等しい．すなわち，$Sh_1 = Sh_2$．

例 6.7（バクテリアの走化性） 例 6.5 でも見たように，$Pe \gtrsim 1$ とならない限

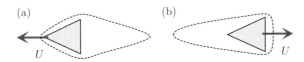

図 6.2　同じ表面形状 S で流れ場が反転した 2 つの濃度場の移流拡散問題の概念図.

り，遊泳による採餌効率の向上は見込めない．遊泳大腸菌の場合 $Pe \sim 0.1$ となり，バクテリアは分子が拡散するのを待つほうが良い．それでもこれらの細胞が遊泳するのは，より栄養物資の多い環境に自ら移動するためである．一般に化学物質の濃度勾配に従って生物が移動する性質を**走化性**（chemotaxis）という．大腸菌の場合には，ラン・アンド・タンブル運動により，直進遊泳（$\sim 1\,\mathrm{s}$）と方向転換（$\sim 0.1\,\mathrm{s}$）を繰り返し，環境下の濃度勾配を感知している[115]．時間 t の間の大腸菌の探索領域は，遊泳速度を U とすると $L_{\mathrm{swim}} \sim UL$ である．一方，その間の化学物質の拡散伝搬領域は式 (6.7) より，$L_{\mathrm{diff}} \sim \sqrt{Dt}$ である．短期間の探索では必ず拡散領域のほうが広くなり，遊泳しても濃度場の変化を検知できない．そのため，濃度勾配を感知するためには，$L_{\mathrm{swim}} \sim L_{\mathrm{diff}}$ となる時間スケール $\tau \sim \frac{D}{U^2}$ より長い時間遊泳する必要がある．小さな分子の拡散係数 $D \sim 10^{-10}\,\mathrm{m}^2/\mathrm{s}$ を用いると，大腸菌の場合 $\tau \sim 1\,\mathrm{s}$ となり，実際の大腸菌のラン状態の継続時間と同程度の長さになる．このように運動前後の濃度場の"時間微分"を細胞内で計算することにより，直進遊泳時間を変化させる．これにより，より好ましい環境へと移動することができる．

　鞭毛が一つしかないバクテリアの場合には，ラン・アンド・タンブル運動以外の運動様式が知られている[82]．例えば，直進を一時的に止めて，回転拡散により方向転換をするラン・アンド・ストップ（run-and-stop）運動がある．また，ラン・リバース・フリック（run-reverse-flick）運動と呼ばれる様式では，大腸菌と同様，一時的に鞭毛の回転方向を逆転させる．その際，鞭毛と菌体の接合部のフックと呼ばれる部位が屈曲することで方向転換をする．

6.2　微生物の集団運動

次に，遊泳微生物の集団としての統計的な性質に注目してみよう．2.1.1 節

で見たように，連続体力学および流体力学の理論的枠組みの本質は，分子スケールの振舞いを流速や圧力といったマクロの変数で記述することにある．微生物集団に対しても，マクロの変数で閉じた方程式系で記述しようとする研究は1970年代にはすでに行われており，今日でも微生物流体力学の大きな柱の一つとなっている．現代的な立場に立てば，自己推進する粒子の集団としての振舞いの記述であり，このような物質相は総じて**アクティブマター**（active matter）と呼ばれる．特に，流体的な記述をする場合には**アクティブ流体**（active fluid）と呼ばれる．微生物集団は実験・理論の両面においてアクティブマターの主要な系である[103], [148]．

6.2.1　微生物集団のレオロジー

5.3節で微生物の個体間流体相互作用を扱った．流体場は距離のべき乗で減衰するため，遠方まで到達する．しかし，相互作用そのものの大きさは自身の推進力に比べて十分弱く，2個体が十分近傍で引きつけあったり散乱する効果はあるものの，微生物の濃度が低い希薄溶液の場合には，流体相互作用による集団的な振舞いは生じない．それでも，微生物を含んだ溶液全体としての物性には，微生物の影響が見かけ粘度（apparent viscosity）の変化という形で現れる．このように，複雑な構成要素を含む流動体の物性やそれらを研究対象とする学問領域は**レオロジー**（rheology）と呼ばれる．特に，遊泳微生物のように流体中に物体が浮遊している溶液は**懸濁液**（サスペンション，suspension）と言い，そのレオロジーは流体力学の主要な一分野となっている[41]．一般に，生物に関わる流体力学においては，粘液や体液，血液に代表されるように細胞やタンパク質を内部に含む生体物質が多く登場するため，レオロジーは生物学的，工学的にも重要である．またそれだけでなく，懸濁液のレオロジーは，長距離相互作用を行う粒子多体系の雛形として，長い歴史を持っている．

まずは，懸濁液のレオロジーを取り扱う際の基本となるバチェラー（G.K. Batchelor）の理論[5]を紹介しよう．以下，各個体（粒子）をギリシャ文字（$\alpha, \beta, \cdots$）でラベル付けする．これまで通り，3次元ベクトルの成分を表すローマ文字（$i, j, \cdots$）の繰り返し添字についてはアインシュタインの総和則を用いるが，ギリシャ文字に対しては和を取らない．

命題 6.1（バチェラーの理論） 中立浮遊をしている粒子の懸濁液を考える. $\langle\ \rangle$ で全空間の平均量を表すことにすると，懸濁液を一つの流体と見なしたマクロな応力 $\langle\sigma_{ij}\rangle$ は，流体由来の応力と粒子由来の応力（粒子応力）の和 $\langle\sigma_{ij}\rangle = -\langle p\rangle\delta_{ij} + 2\mu\langle E_{ij}\rangle + \sigma_{ij}^{\mathrm{P}}$ として記述できる. ここで，E_{ij} は歪み速度テンソルである. 粒子応力 σ_{ij}^{P} は一粒子のストレスレット $S_{ij}^{(\alpha)}$ の平均量に粒子密度（単位体積あたりの粒子数）n を乗じた形

$$\sigma_{ij}^{\mathrm{P}} = n\langle S_{ij}^{(\alpha)}\rangle_\alpha \tag{6.22}$$

で書ける. ここで，α は粒子のラベルであり，$\langle\ \rangle_\alpha$ は粒子に関する平均量を表す.

証明 流体領域を Ω, 各物体 α の閉める空間領域を B_α とし，$B = \bigcup_\alpha B_\alpha$ と書こう. 物体領域を含む十分大きな領域を Ω_+ と書き，その体積を $\mathrm{vol}(\Omega_+) = V$ と表すことにする. このとき，懸濁液の応力テンソルの，流体領域と物体領域を合わせた全空間での平均は，ニュートン流体の構成方程式 $\sigma_{ij} = -p\delta_{ij} + 2\mu E_{ij}$ を代入して，

$$\langle\sigma_{ij}\rangle = -\langle p\rangle\delta_{ij} + 2\mu\langle E_{ij}\rangle + \lim_{V\to\infty}\frac{1}{V}\int_B (\sigma_{ij} + p\delta_{ij} - 2\mu E_{ij})dV \tag{6.23}$$

と書き直すことができる. 最後の項が粒子応力 σ_{ij}^{P} である. 体積積分の第 1 項目は，ガウスの公式とストークス方程式 $\frac{\partial\sigma_{ij}}{\partial x_j} = 0$ を用いると，

$$\int_B \sigma_{ij}dV = \int_B \frac{\partial(\sigma_{ik}x_j)}{\partial x_k}dV - \int_B \frac{\partial\sigma_{ik}}{\partial x_k}x_j dV = \sum_\alpha\int_{S_\alpha} f_i x_j dS \tag{6.24}$$

と書ける. 最後の等式では，物体 α の表面を S_α とし，法線ベクトル $\boldsymbol{n}$ を流体領域から外向きに取ったときに，流体が物体に及ぼす表面力が $f_i = -\sigma_{ij}n_j$ と書けることを用いた. 体積積分の後ろの 2 項は，$p = -\frac{1}{3}\sigma_{ii}$ より，先と同様に，

$$\int_B (p\delta_{ij} - 2\mu E_{ij})dV = -\frac{\delta_{ij}}{3}\int_B\left[\frac{\partial(\sigma_{\ell k}x_\ell)}{\partial x_k} - \frac{\partial\sigma_{\ell k}}{\partial x_k}x_\ell\right]dV - 2\mu\int_B E_{ij}dV$$

$$= \sum_\alpha\int_{S_\alpha}\left[\mu(u_i n_j + u_j n_i) - \frac{1}{3}f_k x_k\delta_{ij}\right]dS \tag{6.25}$$

と変形できる. ここで，$E_{ij} = \frac{1}{2}(\frac{\partial u_i}{\partial x_j} + \frac{\partial u_j}{\partial x_i})$ を用いた. 式 (6.24) と式 (6.25)

の表面積分の項をまとめると，粒子応力は

$$\sigma_{ij}^{\mathrm{p}} = \lim_{V \to \infty} \frac{1}{V} \sum_{\alpha} \int_{S_\alpha} \left[f_i x_j + \mu(u_i n_j + u_j n_i) - \frac{1}{3} \delta_{ij} f_k x_k \right] dS \quad (6.26)$$

となることが分かる．ここで力の二重極の定義式 (4.33)

$$F_{ij}^{\mathrm{D}} = \int_S \left[f_i x_j + \mu(u_i n_j + u_j n_i) \right] dS \quad (6.27)$$

と比較すると，粒子応力 (6.26) は力の二重極のトレース成分を除いた部分に対応する．今，各粒子のトルクの釣り合いより，力の二重極は反対称成分を持たない．すなわち，粒子応力 (6.26) は力の二重極のトレース成分を除いた部分の対称成分に対応し，これはストレスレットの定義そのものである．■

　ストークス方程式の線形性より，ストレスレットも物体の表面積分として次のように書き下せる．

命題 6.2　外部からの力とトルクが存在しないとき，遊泳微生物のストレスレット S_{ij} は，背景場による項 S_{ij}^{∞} と，自身の変形による項 S_{ij}^{prop} からなり，$S_{ij} = S_{ij}^{\infty} + S_{ij}^{\mathrm{prop}}$ となる．ここで，S_{ij}^{∞} は歪み速度テンソルに比例した形，

$$S_{ij}^{\infty} = W_{ijk\ell} E_{k\ell}^{\infty} \quad (6.28)$$

で表される．$W_{ijk\ell}$ は物体の形状に依存した 4 階のテンソルである．推進力や推進トルク同様 S_{ij}^{prop} は物体の表面速度 $\boldsymbol{u}'$ に比例した表面積分の形で書ける．

S_{ij}^{prop} は背景流れ中の流体力やトルクの表式（命題 5.1）と同様に導出できるが，詳細は他の文献[73],[83] に譲る．見かけ粘度は構成方程式におけるひずみ速度テンソルの比例係数として与えられるため，外部から流れをかけてその応答を見ることで調べられる．遊泳しない通常の粒子の場合には $S_{ij}^{\mathrm{prop}} = 0$ となり，次の希薄懸濁液の見かけ粘度に関する一般的な表式が知られている[12].

命題 6.3（希薄懸濁液のレオロジー）　粒子の希薄懸濁液の見かけ粘度は 4 階のテンソルとして表せ，粒子の体積分率 ϕ の最低次で

$$\mu_{ijk\ell} = \mu \delta_{ik} \delta_{j\ell} + \frac{\phi \mu}{2V_p} \langle W_{ijk\ell}^{(\alpha)} \rangle_\alpha + O(\phi^2) \quad (6.29)$$

となる．ここで，V_p は粒子の体積を表す．

証明 懸濁液に外部から流れを加え，この外部流れの歪み速度テンソルを E_{ij}^∞ とする．式 (6.22) と式 (6.28) より，懸濁液の応力テンソルは，

$$\langle \sigma_{ij} \rangle = -\langle p \rangle \delta_{ij} + 2\mu \langle E_{ij} \rangle + n \langle W_{ijk\ell}^{(\alpha)} \rangle_\alpha E_{k\ell}^\infty \tag{6.30}$$

である．懸濁液の流体場の歪み速度テンソル $\langle E_{ij} \rangle$ は，背景場 E_{ij}^∞ と粒子の存在によって生じる量の和である．ストレスレットは流体が粒子に与える力の 1 次モーメントの対称成分であるから，この反作用に対応する応力が流体場に生じる．そのため，$2\mu \langle E_{ij} \rangle = 2\mu E_{ij}^\infty - n \langle S_{ij}^{(\alpha)} \rangle_\alpha$ となる．これより，$\langle E_{ij} \rangle = (\delta_{ik}\delta_{j\ell} - \frac{n}{2\mu} \langle W_{ijk\ell}^{(\alpha)} \rangle_\alpha) E_{k\ell}^\infty$ と書ける．逆テンソルを n の最低次で求め，

$$\langle E_{ij}^\infty \rangle = \left(\delta_{ik}\delta_{j\ell} - \frac{n}{2\mu} \langle W_{ijk\ell}^{(\alpha)} \rangle_\alpha \right)^{-1} \langle E_{k\ell} \rangle \simeq \left(\delta_{ik}\delta_{j\ell} + \frac{n}{2\mu} \langle W_{ijk\ell}^{(\alpha)} \rangle_\alpha \right) \langle E_{k\ell} \rangle$$

を得る．これを式 (6.30) に代入すると，懸濁液の応力テンソルが

$$\langle \sigma_{ij} \rangle = -\langle p \rangle \delta_{ij} + 2\mu \left(\delta_{ik}\delta_{j\ell} + \frac{\phi}{2V_p} \langle W_{ijk\ell}^{(\alpha)} \rangle_\alpha \right) \langle E_{k\ell} \rangle + O(\phi^2) \tag{6.31}$$

の構成方程式を満たすことがわかる．歪み速度テンソルの係数を比較することで見かけ粘度が得られる．■

ここで，平均量 $\langle W_{ijk\ell}^{(\alpha)} \rangle_\alpha$ は粒子の向きの分布に依存し，一般にせん断の強さ，およびその時間的な履歴にも依存する．そのため，歪み速度テンソルと粘性応力の関係は一般に非線形となり，懸濁液は非ニュートン流体になる．

例 6.8（アインシュタインの粘度式） 最も簡単な例として，半径 a の球形粒子の希薄懸濁液の見かけ粘度を求めてみよう．一様せん断流中の球形粒子に働くストレスレットを計算する必要がある．背景流れ場として $u_i^\infty = E_{ij}^\infty x_j$ を考え，全体の流体場を背景場と球が存在することによる擾乱場の和 $\boldsymbol{u} = \boldsymbol{u}^\infty + \boldsymbol{u}^d$ で表す．擾乱場として，ストレスレット S_{ij} による項 G_{ijk}^{S} とポテンシャルの四重極による項 $P_{ijk}^{\mathrm{Q}} = -\frac{\partial P_{ij}^{\mathrm{D}}}{\partial x_k}$ の線形和を考えると，

$$u_i^d = -\frac{1}{8\pi\mu} \left[G_{ijk}^{\mathrm{S}} S_{jk} + \mu P_{ijk}^{\mathrm{Q}} Q_{jk}^{\mathrm{Q}} \right] \tag{6.32}$$

となる．係数 S_{jk} と Q^{Q}_{jk} は境界条件から定めることができる．今，半径 a の球面上で，$\boldsymbol{u} = \boldsymbol{0}$．すなわち，$\boldsymbol{u}^d = -\boldsymbol{u}^\infty$ より，

$$S_{jk} = -\frac{5\mu}{2a^2}Q^{\mathrm{Q}}_{jk}, \quad 3(Q^{\mathrm{Q}}_{ij} + Q^{\mathrm{Q}}_{ji}) - 2\delta_{ij}Q^{\mathrm{Q}}_{kk} = -8\pi a^5 E^\infty_{ij}. \tag{6.33}$$

の関係式が得られる．S_{ij} はトレースがゼロの対称行列なので，式 (6.33) の 1 つ目の関係式から Q^{Q}_{ij} もトレースがゼロで対称であることが分かる．よって $Q^{\mathrm{Q}}_{ij} = -\frac{4}{3}\pi a^5 E^\infty_{ij}$，およびストレスレットの表式

$$S_{ij} = \frac{20}{3}\pi\mu a^3 E^\infty_{ij} \tag{6.34}$$

が得られる．式 (6.34) より，$W_{ijk\ell}$ が分かる．これを式 (6.29) に代入すれば，希薄懸濁液の見かけ粘度が求まる．粒子の対称性から見かけ粘度は等方的で，これを $\mu_{ijk\ell} = \mu'\delta_{ik}\delta_{j\ell}$ と書けば，

$$\frac{\mu'}{\mu} = 1 + \frac{5}{2}\phi + O(\phi^2) \tag{6.35}$$

が得られる．この式を**アインシュタインの粘度式**という．

　このアインシュタインの粘度式 (6.35) は球形粒子の存在により，見かけ粘度が増加することを示しているが，経験的には，この線形の粘度式が適用できるのは $\phi < 0.05$ 程度の希薄領域に限られる．濃度が高くなると，粒子間の流体相互作用を考慮する必要が生じる．また，体積分率には上限[4]があり，これに近づくにつれ見かけ粘度は発散する．

例 6.9　粒子の形状が球でない場合には，ストレスレットの粒子平均 $\langle S^{(\alpha)}_{ij}\rangle_\alpha$ は，粒子の向き $\boldsymbol{p}^{(\alpha)}$ の分布関数に依存して決まる．軸対称物体であれば，このような背景流れ場の中で，ジェフリー方程式に従って回転するが，回転速度が向きによって異なることを考慮すると，細長い物体の場合[23],[124]，

$$\sigma^{\mathrm{s}}_{ij} = \frac{n\pi\mu L^3}{6\ln(\frac{2}{\epsilon})}\left[\langle p^{(\alpha)}_i p^{(\alpha)}_j p^{(\alpha)}_k p^{(\alpha)}_\ell\rangle_\alpha - \frac{\delta_{ij}}{3}\langle p^{(\alpha)}_k p^{(\alpha)}_\ell\rangle_\alpha\right]E^\infty_{k\ell} \tag{6.36}$$

となる．ここで，L は物体の長さ，$\epsilon \ll 1$ は短軸と長軸の比である．細長い物

---

[4]ランダム充填の場合，上限は $\phi \approx 0.64$ である．

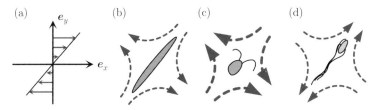

図 6.3 単純せん断流中の物体に働く平均的なストレスレットの様子. (a) 単純せん断流れ. (b) 細長い剛体. (c) プル型の遊泳物体. (d) プッシュ型の遊泳物体.

体は平均として，せん断の伸長方向に配向し，プル型と同じ向きのストレスレットが生じている（図 6.3(b)）．また，向きの分布は熱ゆらぎの影響を受ける（回転拡散）．このブラウン運動由来の粒子応力は，k_{B} をボルツマン定数，T を温度として，

$$\sigma_{ij}^{\mathrm{b}} = 3nk_{\mathrm{B}}T \left[\langle p_i^{(\alpha)} p_j^{(\alpha)} \rangle_\alpha - \frac{1}{3}\delta_{ij} \right] \tag{6.37}$$

と表される[23],[124]．さらに，各粒子が遊泳する場合には，粒子自身がストレスレット S_{ij}^{prop} を生成し，これによる粒子応力はアクティブ応力と呼ばれる．今，軸対称を仮定し，$S_{ij}^{\mathrm{prop}} = -\alpha(p_i p_j - \frac{1}{3}\delta_{ij})$ と書けば，

$$\sigma_{ij}^{\mathrm{a}} = -n\alpha \left[\langle p_i^{(\alpha)} p_j^{(\alpha)} \rangle_\alpha - \frac{1}{3}\delta_{ij} \right] \tag{6.38}$$

となる．軸対称な遊泳体の粒子応力はこれらの和 $\sigma_{ij}^{\mathrm{p}} = \sigma_{ij}^{\mathrm{s}} + \sigma_{ij}^{\mathrm{b}} + \sigma_{ij}^{\mathrm{a}}$ である．

微生物を長さを L の細長い物体と見なして，微生物懸濁液の見かけ粘度を調べてみよう．外部から単純せん断流れ $\boldsymbol{u}^\infty = \dot{\gamma}y\boldsymbol{e}_x$ をかけた状況で（図 6.3(a)），式 (6.36)〜(6.38) を用いて粒子応力を計算する．せん断が弱い極限で，方向ベクトルの積の平均量を求めることができ，見かけ粘度の表式[124]

$$\mu_r^0 = \lim_{\dot{\gamma} \to 0} \frac{\mu'}{\mu} = 1 + \frac{2\pi nL^3}{45\ln(\frac{2}{\epsilon})} \left[1 - \frac{3\alpha}{4k_BT} \right] \tag{6.39}$$

が得られている．プル型遊泳（$\alpha < 0$）（図 6.3(c)）のクラミドモナスの生きた個体の懸濁液と死んだ個体の懸濁液の測定[117]では，両者とも体積分率 ϕ が増加するに従い，見かけ粘度が上昇することが確認され，さらに，アクティブ

応力により生きた個体の懸濁液のほうが見かけ粘度の上昇幅が大きかった．一方，プッシュ型遊泳（$\alpha > 0$）（図 6.3 (d)）の大腸菌の場合[91] には，見かけ粘度が線形で減少することが実験的にも確認されている．式 (6.39) に従うと，体積分率の増加に伴い，ある臨界値で見かけ粘度がゼロになることが予測されるが，実際に大腸菌懸濁液で $\phi \approx 0.01$ 程度で見かけ粘度がゼロになる**バクテリア超流動**と呼ばれる現象が見つかっている[91]．見かけ粘度は ϕ を増加させてもゼロに近い値で一定のままである．粘性散逸と遊泳によるエネルギーの注入が釣り合っており，外部から力を掛けずとも流れが維持されている状態である．

6.2.2　集団運動の粒子モデル

これまで主に希薄な微生物集団を考えてきたが，濃度が高くなると個体間の相互作用を考慮する必要が生じる．特に，流体相互作用は粒子数が多くなると境界の複雑性のために，計算量が膨大になってしまう．高速計算法を求めて多くの研究が行われていることは 5.3.1 節でも紹介した通りである．ここでは，直感的で汎用性に優れた数理モデルである粒子モデル（あるいは離散モデル）の手法を紹介しよう．これは，アクティブマターの研究全般でよく用いられており，考える対象や状況に応じて非常に多くのモデルが提唱されている[127]．特に，流体相互作用の記述に注目して話を進めよう．

各個体の位置ベクトル $\boldsymbol{X}^{(\alpha)}$ と向きを表す単位ベクトル $\boldsymbol{p}^{(\alpha)}$ の時間発展は，ある時刻の速度と角速度が与えられると，

$$\frac{d\boldsymbol{X}^{(\alpha)}}{dt} = \boldsymbol{U}^{(\alpha)}, \ \ \frac{d\boldsymbol{p}^{(\alpha)}}{dt} = \boldsymbol{\Omega}^{(\alpha)} \times \boldsymbol{p}^{(\alpha)} \tag{6.40}$$

の微分方程式を解くことで求められる．ここで，各粒子の速度と角速度は，それぞれ

$$\boldsymbol{U}^{(\alpha)} = \boldsymbol{U}_{\text{swim}}^{(\alpha)} + \boldsymbol{U}_{\text{hyd}}^{(\alpha)} + \boldsymbol{U}_{\text{noise}}^{(\alpha)} + \boldsymbol{U}_{\text{steric}}^{(\alpha)} + \boldsymbol{U}_{\text{ext}}^{(\alpha)}, \tag{6.41}$$

$$\boldsymbol{\Omega}^{(\alpha)} = \boldsymbol{\Omega}_{\text{swim}}^{(\alpha)} + \boldsymbol{\Omega}_{\text{hyd}}^{(\alpha)} + \boldsymbol{\Omega}_{\text{noise}}^{(\alpha)} + \boldsymbol{\Omega}_{\text{steric}}^{(\alpha)} + \boldsymbol{\Omega}_{\text{ext}}^{(\alpha)}. \tag{6.42}$$

のような形で書かれることが多い．右辺第 1 項目は，外力や外部壁面，その他の個体が存在しない状況での生物自身の推進速度である．典型的には，速度はすべての個体が同じ速さ U で泳いでいるとして $\boldsymbol{U}_{\text{swim}}^{(\alpha)} = U\boldsymbol{p}^{(\alpha)}$ と表現される．

第2項目は個体間の流体相互作用である. 命題 5.6 の流体抵抗テンソルは, すべての粒子の配置と形状の関数であったが, 互いに十分離れているとすれば, それぞれの個体単体がつくる流れによる力の重ね合わせで記述できる. 各個体の作る流れによる誘導速度も, それぞれの個体が作る流速の重ね合わせが近似の最低次である. 生物周りの流体場の支配項は遠方でストレスレットであった (命題 4.7). ここで, ストレスレットの軸対称性を仮定すれば, $S_{ij}^{(\beta)} = -\alpha(p_i^{(\beta)} p_j^{(\beta)} - \frac{1}{3}\delta_{ij})$ と書けるので, これを用いると,

$$U_{\mathrm{hyd},i}^{(\alpha)} = \frac{\alpha}{8\pi\mu} \sum_{\beta \neq \alpha} G_{ijk}^{\mathrm{S}}(\boldsymbol{X}^{(\alpha)}, \boldsymbol{X}^{(\beta)}) \left(p_j^{(\beta)} p_k^{(\beta)} - \frac{1}{3}\delta_{jk} \right) + \cdots \quad (6.43)$$

のように書くことができる. 壁面境界が存在する場合 (5.2 節) には, その他のストークス多重極を用いる必要がある. また, 近距離では物体の形状に依存して, 多重極の高次項の影響が無視できなくなり, 流体相互作用が複雑になる (5.3 節). それでも, 例 4.6 で見たように, 正則化ストークス極の重ね合わせとして, 流れ場を近似できる場合も多い[59].

流体相互作用による物体の回転速度 $\boldsymbol{\Omega}_{\mathrm{hyd}}^{(\alpha)}$ も各個体が誘起する流体場から同様に求めることができる. 周囲の個体が誘起する流れ場はその個体自身にとっては背景場と見なせるため, 微生物の形状を軸対称物体として記述する場合には, $\boldsymbol{\Omega}_{\mathrm{hyd}}^{(\alpha)}$ はジェフリー方程式 (命題 5.4) から,

$$\Omega_{\mathrm{hyd},i}^{(\alpha)} = \frac{1}{2}\omega_i^{(\alpha)} + B\epsilon_{ij\ell}\, p_j^{(\alpha)} p_k^{(\alpha)} E_{k\ell}^{(\alpha)} \quad\quad (6.44)$$

と書ける. ここで, B はブレザートン定数であり, $\boldsymbol{\omega}^{(\alpha)} = \nabla \times \boldsymbol{U}_{\mathrm{hyd}}^{(\alpha)}$ は他の個体が作る流体場の背景渦度場, $E_{ij}^{(\alpha)} = \frac{1}{2}\left(\frac{\partial U_{\mathrm{hyd},i}^{(\alpha)}}{\partial x_j} + \frac{\partial U_{\mathrm{hyd},j}^{(\alpha)}}{\partial x_i} \right)$ は他の個体の誘起する背景場の歪み速度テンソルである.

式 (6.41), (6.42) の残りの項は扱いたい現象や問題に応じて加える必要がある. 右辺第3項目はブラウン運動等のノイズを表している. 6.1.2 節でも述べたように, 回転ブラウン運動は遊泳の軌跡を大きく変化させるので, 並進速度へのノイズに比べて考慮されることが多い. 第4項目は各個体の排除体積による項で, 物体の形状に大きく依存する. 注 5.5 でも見たように, 2個体が接触するような近距離では流体力以外の相互作用が働き, しばしば近距離の斥力相

(a)　　　　　　　　　　　(b)　　　　　　　　　　　(c)

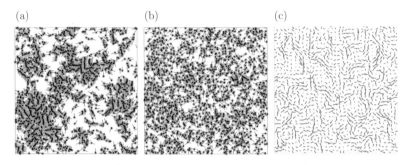

図 6.4　微生物集団の数値シミュレーションの一例[64]．(a) 流体相
　　　　互作用がないとき．(b) 流体相互作用を加えたとき．(c) 微
　　　　生物集団の速度ベクトル．

互作用として記述される．最後の項は重力，電場・磁場等の外部からの力によ
る誘導速度である．微生物集団の運動を議論する場合には通常浮力と重力は釣
り合っている条件を用いるが，重力中心と浮力中心が異なる場合（例 3.2）に
はトルクが働くので，重力による回転速度が生じる．

例 6.10　図 6.4 はこのような粒子モデルによって計算された微生物集団運動
の一例である．細長い形状をした微生物が同じ速さ U で 3 次元空間中の 2 次
元平面内を遊泳している．個体間の相互作用として，排除体積効果のみを加え
たシミュレーションの結果が図 6.4 (a) である．衝突を繰り返しながら隣の個
体同士で向きを揃えて大きなクラスターを形成する．同じ初期条件から，今度
は流体相互作用を考慮してみよう．流体相互作用として，3 次元のストークス
方程式に基づいて，精子やバクテリアに対応するプッシュ型遊泳の流れ場を与
えたときの様子が図 6.4 (b) である．互いの作り出した流れ場によって運動は
乱れ，全体としてまるで乱流のように不規則に振る舞う．図 6.4 (c) は，各微
生物個体の運動から得られた速度ベクトルの様子を描いたものである．個々の
微生物よりも大きな渦の構造が確認できる．このような集団運動はしばしば**ア
クティブ乱流**（active turbulence）と呼ばれる．

　自己駆動の粒子集団はその形状や相互作用によって，多種多様な動的な物質
相を示す．このようなアクティブマターの研究は，流体相互作用を陽に考慮す
るかどうかで大きく分類され，ドライ（dry）な物質，ウェット（wet）な物質

という表現が用いられる[127]. 流体相互作用を陽に考慮しないドライなモデル
（図 6.4(a)）の基本は**ビチェック（Viscek）モデル**であり，粒子は点として記述
され，粒子の向きが，周囲の個体と同じ向きに揃うように個体間の相互作用が
与えられる．魚や鳥の群れに現れる集団運動のモデルとしても有名である[103].
一方，ウェットな物質のモデル（図 6.4(b,c)）では，流体相互作用を陽に考慮
し，粒子と周囲の流体を含めた全体の運動量が保存される．

6.2.3 アクティブ乱流

　流体中に遊泳微生物が多数存在するとき，個々の生物よりも大きなスケー
ルで集団が渦を形成し，それが不規則に運動する現象がしばしば観測される．
このような集団運動は**アクティブ乱流**と呼ばれ，前節でも触れた（6.2.2 節）.
2000 年頃にバクテリアの集団運動において発見され，その後，生物に限らず
様々な自己駆動粒子集団に普遍的にみられる現象であることが理解されるよう
になった．近年では複雑な形状や，化学物質・外場による制御などの研究も盛
んに行われている．

　まず，サンティラン–シェリー（Saintillan–Shelly）理論として知られる運動
学的モデルを紹介しよう[123]. ある有界領域（体積を V とする）内にある，軸
対称物体の微生物集団を考える．時刻 t で，位置 $\boldsymbol{x}$ で単位ベクトル $\boldsymbol{p}$ の向きを
持つ生物の数密度を $\Psi(\boldsymbol{x}, \boldsymbol{p}, t)$ と書く．フォッカー–プランク方程式（6.1.1 節）
を位置 $\boldsymbol{x}$ と向き $\boldsymbol{p}$ の状態空間で考えると，

$$\frac{\partial \Psi}{\partial t} + \nabla \cdot (\dot{\boldsymbol{x}}\Psi) + \nabla_{\boldsymbol{p}} \cdot (\dot{\boldsymbol{p}}\Psi) = D\nabla^2\Psi + D_r\nabla_{\boldsymbol{p}}^2\Psi \tag{6.45}$$

となる．ここで，$\nabla_{\boldsymbol{p}}$ は $\boldsymbol{p}$ に関する球面上の微分で，$\nabla_{\boldsymbol{p}}^2$ は球面上のラプラシ
アンである．D は並進運動の拡散係数，D_r は回転拡散係数である．6.2.2 節
と同様に生物の速度を記述しよう．位置 $\boldsymbol{x}$ と向き $\boldsymbol{p}$ の時間微分は，それぞれ，

$$\dot{\boldsymbol{x}} = U\boldsymbol{p} + \boldsymbol{u}, \tag{6.46}$$

$$\dot{p}_i = (\delta_{ij} - p_i p_j)\left[BE_{jk} + W_{jk}\right]p_k \tag{6.47}$$

となる．ここで，生物の遊泳の速さを定数 U とした．また，向きベクトルは
ジェフリー方程式（命題 5.4）に従うとし，速度勾配テンソルの対称部分と反
対称部分をそれぞれ $E_{ij} = \frac{1}{2}\left(\frac{\partial u_i}{\partial x_j} + \frac{\partial u_j}{\partial x_i}\right)$, $W_{ij} = \frac{1}{2}\left(\frac{\partial u_i}{\partial x_j} - \frac{\partial u_j}{\partial x_i}\right)$ と書いている．

B はブレザートン定数である.

式 (6.46)–(6.47) の流速 $\boldsymbol{u}$ は, $q(\boldsymbol{x},t)$ を圧力[5]として, ストークス方程式

$$\nabla \cdot \boldsymbol{u} = 0, \quad \mu \nabla^2 \boldsymbol{u} - \nabla q = -\boldsymbol{g}^{\mathrm{a}} \tag{6.48}$$

に従う. ここで, $g_i^{\mathrm{a}} = \frac{\partial \sigma_{ij}^{\mathrm{a}}}{\partial x_j}$ は自己駆動により生じる体積力であり, σ_{ij}^{a} は例 6.9 でも登場したアクティブ応力である. 遠方で支配的となるストレスレットの寄与のみを考えよう. 各個体の遊泳によるストレスレットを $S_{ij}^{\mathrm{prop}} = -\alpha(p_i p_j - \frac{1}{3}\delta_{ij})$ と書き, 個体数密度を $c(\boldsymbol{x},t) = \int \Psi(\boldsymbol{x},\boldsymbol{p},t) d\boldsymbol{p}$ とすれば,

$$\sigma_{ij}^{\mathrm{a}} = \alpha \int \Psi(\boldsymbol{x},\boldsymbol{p},t)\left(p_i p_j - \frac{1}{3}\delta_{ij}\right) d\boldsymbol{p} = \alpha c \hat{Q}_{ij} \tag{6.49}$$

となる. ここで, $\hat{Q}_{ij}(\boldsymbol{x},t) = \frac{1}{c}\int \Psi \left(p_i p_j - \frac{1}{3}\delta_{ij}\right) d\boldsymbol{p}$ とした. $\hat{Q}_{ij}(\boldsymbol{x},t)$ は局所的に個体が平行, もしくは反平行に揃っている度合いを表すテンソル量で, ネマチック秩序変数という. また, 個体どうしを平行, もしくは反平行に揃えるようとする働きをネマチック (nematic) 相互作用という.

以上, 式 (6.45)–(6.49) により, 閉じた方程式系が得られる. 分布関数に対して無秩序性の指標となるエントロピーを定義すると, 次の関係式が成り立つ. 詳細は文献 [122], [123] を参照されたい.

命題 6.4 c_0 を定数とし, $\Psi_0 = \frac{c_0}{4\pi}$ を一様な分布とする. ここで, 一様状態に対する相対エントロピー[6]を

$$H = \int \Psi \ln\left(\frac{\Psi}{\Psi_0}\right) d\boldsymbol{x} d\boldsymbol{p} \tag{6.50}$$

と定義する. 式 (6.45)–(6.49) の運動学モデルに対して, H の時間変化は

$$\dot{H} = -\int \left[D|\nabla \ln \Psi|^2 + D_r |\nabla_{\boldsymbol{p}} \ln \Psi|^2\right] \Psi \, d\boldsymbol{x} d\boldsymbol{p} + \frac{6B}{\alpha} \int E_{ij} E_{ij} d\boldsymbol{x} \tag{6.51}$$

となる.

---

[5]方向ベクトル $\boldsymbol{p}$ と区別するため, 本章の残りの節では圧力の記号に q を用いた.

[6]相対エントロピーはカルバック–ライブラー情報量 (Kullback–Leibler divergence) とも呼ばれる.

まず，定義式 (6.50) より $H \geq 0$ で，等号は $\Psi = \Psi_0$ の一様状態でのみ成立することが分かる．式 (6.51) の右辺第 1 項目の積分は拡散による項で，H を減少させる．第 2 項目は α の符号によってその寄与が異なる．バクテリアのような細長い物体を考えると，$0 < B < 1$ であり，$\alpha < 0$ のプル型では第 1 項目と同符号になり，分布は一様分布へ安定化する．一方で $\alpha > 0$ のプッシュ型では，個々の遊泳の効果によって一様分布は不安定化し，自発的にパターンが形成されることを示唆している．また，$B = 0$ の球の場合，右辺第 2 項目がゼロとなり，不安定性は起こらない．流体相互作用だけでなく，生物の形状も重要な要因である．次に，線形安定性解析からこのパターン形成を見てみよう．

例 6.11 $\Psi_0 = \frac{c_0}{4\pi}$ の一様状態の線形安定性について調べる[122]．簡単のため $D = D_r = 0$ としよう．このとき，$\boldsymbol{u} = \boldsymbol{0}$, $q = 0$ が解になっている．$\Psi = \Psi_0(1 + \epsilon\Psi')$, $\boldsymbol{u} = \epsilon\boldsymbol{u}'$, $q = \epsilon q'$ と展開し ϵ の最低次の方程式を考えよう．式 (6.45) にこれを代入し，式 (6.46)–(6.47) を用いて整理すると，

$$\frac{\partial \Psi'}{\partial t} + U p_i \frac{\partial \Psi'}{\partial x_i} = -3\dot{p}_i E'_{ij} p_j \tag{6.52}$$

が得られる．ただし，$E'_{ij} = \frac{1}{2}\left(\frac{\partial u'_i}{\partial x_j} + \frac{\partial u'_j}{\partial x_i}\right)$ は攪乱場の歪み速度テンソルである．一方，ストークス方程式 (6.48) は，式 (6.49) を代入することで，$O(\epsilon)$ で

$$\mu\nabla^2 u_i - \frac{\partial q'}{\partial x_i} = \frac{\alpha c_0}{4\pi}\frac{\partial}{\partial x_j}\left(\int \Psi' p_i p_j d\boldsymbol{p}\right) \tag{6.53}$$

となる．式 (6.52)–(6.53) は線形の連立方程式である．$\Psi' = \tilde{\Psi}(\boldsymbol{p}, t)\exp(i\boldsymbol{k}\cdot\boldsymbol{x} + \sigma t)$, $\boldsymbol{u}' = \tilde{\boldsymbol{u}}(\boldsymbol{p}, t)\exp(i\boldsymbol{k}\cdot\boldsymbol{x} + \sigma t)$, $q' = \tilde{q}(\boldsymbol{p}, t)\exp(i\boldsymbol{k}\cdot\boldsymbol{x} + \sigma t)$ の形の平面波解を仮定し，解の安定性を調べよう．

まず，式 (6.53) と $\nabla\cdot\boldsymbol{u}' = 0$ より，$\tilde{q}$ と $\tilde{\boldsymbol{u}}$ について解けて，

$$\tilde{u}_i = -\frac{i\alpha c_0}{4\pi\mu k^2}\left(k^2\delta_{ij} - k_i k_j\right)\left(\int \tilde{\Psi} p_i p_j \, d\boldsymbol{p}\right)k_j \tag{6.54}$$

となる．ここで，$k = |\boldsymbol{k}|$ とした．E'_{ij} も同様に $E'_{ij} = \tilde{E}_{ij}\exp(i\boldsymbol{k}\cdot\boldsymbol{x} + \sigma t)$ と書けば，$\tilde{E}_{ij} = \frac{i}{2}(k_i\tilde{u}_j + k_j\tilde{u}_i)$ であるから，これと式 (6.54) を式 (6.52) に代入すれば，最終的に次の式が得られる．

$$[\sigma + iU p_i k_i]\tilde{\Psi} = \frac{3\alpha B c_0}{4\pi\mu k^4} p_\ell k_\ell (k^2 p_j - p_i k_i k_j)\left(\int \tilde{\Psi} p_j p_k \, d\boldsymbol{p}\right)k_k. \tag{6.55}$$

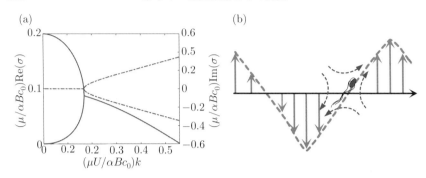

図 6.5　(a) 一様状態の線形安定性解析. 成長率の実部（実線, 左軸）と虚部（破線, 右軸）. 文献 [122] をもとに再計算した. (b) 不安定性の物理的な描像. 文献 [131] をもとに作成.

式 (6.55) の積分方程式は k を固定するごとに固有値問題になっている.

　以下, $0 < B < 1$ の細長い形状を考えよう. 系の対称性より, 固有値問題の解は k のみで定まっており, これを数値的に解いたものが図 6.5 (a) である. 成長率 σ の実部を実線, 虚部を破線で示している. $\alpha > 0$ のプッシュ型遊泳では, 無次元波数が 0.56 程度以下の大スケールの擾乱が増幅し, 一様状態が不安定であることが分かる. 特に, $k \to 0$ の極限では, 成長率は $\sigma = 0$ と $\sigma = \frac{\alpha B c_0}{5\mu}$ になることが漸近展開から求められている. これより大きな波数では, 擾乱は成長せず一様状態は安定である. 一方, $\alpha < 0$ のプル型遊泳の場合には, 擾乱の成長率 σ の実部は負になるため, 一様分布状態は安定になる.

注 6.3　この運動論モデルと例 6.11 の解析に対して, いくつか補足をしておく[123]. これらの線形安定性解析の結果は, モデルの数値計算の結果とも整合的で, 実際, 系のサイズから決まる長波長のパターンが生じる. 一方, 粒子モデルによる準希薄状態の数値計算の結果から, 不安定性によって集団運動パターンが生じるには, 個体密度がある閾値以上になることが必要であることが分かっている. また, 個体間相互作用として遠距離の流体相互作用のみを考えていたが, 実際の微生物集団においては, 排除体積による斥力が近距離で存在する. バクテリアのような細長い物体の場合には排除体積効果は個体間の向きを平行あるいは反平行に揃えるネマチック相互作用になり, その場合, 式 (6.47) の [ ] 内にネマチック秩序変数 $\hat{Q}_{ij}$ に比例した項が加わる.

注 6.4 この流体力学的な不安定性を物理的に解釈してみよう[131]. 図 6.5 (b) のように, 正弦波状の速度場の微小攪乱に対し, 節の位置の生物の作る流れを考える. 例 6.9 で見たように, せん断流中のプッシュ型遊泳の微生物は, せん断の歪み速度テンソルが作る流れと同じ向きの流れを誘起をする (図 6.3 (d)). すなわち, 生物の作る流れによって, 正弦波状の微小攪乱は強められ, 時間と共に増大する. これが流体力学的な不安定性である. 一方, プル型遊泳の場合には, 微生物の誘起する流れによって攪乱の成長が抑えられるために, 流れが安定化する.

一様状態の不安定性により, プッシュ型の微生物集団は不規則な渦のパターンを形成する (例 6.10). では, これらの集団そのものを「流体」と見なしたときには, その流体方程式はどのように記述できるだろうか. 微生物集団としての流速ベクトルを $\boldsymbol{w}$ と書こう. 連続体力学の記述では, 内部構造を無視しマクロで閉じた方程式として現象を捉える (2.1.1 節). ここでは, 個々の微生物が, 水や空気といったニュートン流体における分子や原子に対応し, 流速 $\boldsymbol{w}(\boldsymbol{x}, t)$ は, 位置 $\boldsymbol{x}$ での集団の代表的な速度を表す.

図 6.5 (b) に示した不安定性のメカニズムは, 集団の流速ベクトルに差が生じた際に, それを増幅させようとする作用である. これは, 通常のニュートン流体において, 粘性が流速ベクトルの差を減少させる作用と逆である. つまり, 微生物集団を流体と見なした際には, その実効的な粘性係数が負になることを意味している. このような負の粘性係数を持つ流体モデルが提案されている. 微生物集団の流体記述として, 次の構成方程式を考えよう[27].

$$\sigma_{ij} = -q\delta_{ij} - (\Gamma_2 + \Gamma_4\nabla^2)E_{ij} - S\left(w_i w_j - \frac{\delta_{ij}}{3}|\boldsymbol{w}^2|\right). \tag{6.56}$$

q は圧力, E_{ij} は $\boldsymbol{w}$ についての歪み速度テンソルである. Γ_2, Γ_4 は正の定数であり, Γ_2 の項は負の粘性係数に対応する. 式 (6.56) の最後の項はネマティック相互作用を表しており, $S > 0$ がプッシュ型, $S < 0$ がプル型の集団を記述する. 次に, 外力に相当する効果を考える. 個体の速度は, 集団として一定の遊泳の速さ w_0 を持つとする. ランダウ速度ポテンシャルと呼ばれる 4 次関数

$$V[\boldsymbol{w}] = \frac{\beta}{2}\left(|\boldsymbol{w}|^2 - w_0^2\right)|\boldsymbol{w}|^2 \tag{6.57}$$

のポテンシャルによって, 速さが w_0 に保たれる状況を考える. これは, 個体

どうしが向きを揃えることに対応している．このように，向きを揃える相互作用を極性（polar）相互作用といい，向きの前後方向を区別しないネマチック相互作用とは異なる．運動量の保存則であるコーシーの運動方程式（定理 2.5）は

$$\frac{\partial w_i}{\partial t} + w_j \frac{\partial w_i}{\partial x_j} = \frac{\partial \sigma_{ij}}{\partial x_j} - \frac{\delta V[\boldsymbol{w}]}{\delta w_i}. \tag{6.58}$$

と書き表される．ここで，最後の項は $\boldsymbol{w}$ による汎関数微分を表している．

命題 6.5　式 (6.56)–(6.58) に従う非圧縮流体場 $\boldsymbol{w}$ は，集団の振舞いを良く記述する現象論的な方程式として知られている．一般化ナビエ–ストークス方程式と呼ばれ，次の形で書ける．

$$\frac{\partial \boldsymbol{w}}{\partial t} + \lambda_0 \boldsymbol{w} \cdot \nabla \boldsymbol{w} = -\nabla(q - \lambda_1 |\boldsymbol{w}|^2) - \Gamma_2 \nabla^2 \boldsymbol{w} - \Gamma_4 \nabla^4 \boldsymbol{w} - \beta(|\boldsymbol{w}|^2 - w_0^2)\boldsymbol{w}. \tag{6.59}$$

証明　$\frac{\partial \sigma_{ij}}{\partial x_j}$ を計算してコーシーの運動方程式 (6.58) に代入すればよい．式 (6.56) の第 1 項目からは圧力項が，第 2 項目からは粘性項が生じる．第 3 項目から生じる項に対して，$\lambda_0 = 1 + S$, $\lambda_1 = \frac{S}{3}$ とすれば，式 (6.59) を得る．■

　ここで，形式的に $\lambda_1 = 1$, $\Gamma_2 = -\mu$ とし，残りのパラメータをゼロにすれば，通常のナビエ–ストークス方程式に戻る．式 (6.59) の左辺は流体の慣性項を表し，λ_0 に遊泳や相互作用の効果が含まれている．右辺の第 1 項目は圧力項であり，特に $\lambda_1 |\boldsymbol{w}|^2$ はアクティブ圧力と呼ばれる．Γ_2 は負の粘性係数に対応し，Γ_4 との比で定まる長さ $\Lambda_\Gamma = 2\pi \sqrt{\frac{\Gamma_4}{\Gamma_2}}$ が流れパターンの特徴的な大きさを決めており，アクティブ乱流に現れる渦の代表的な大きさに対応する．右辺の最後の外力項により，集団としての速さ w_0 が維持される．また，分子や原子の運動論から流体方程式であるナビエ–ストークス方程式を導出するように，個々の自己駆動粒子モデルから，流体方程式 (6.59) を導出する試みも行われている[118]．その他の理論的背景および展開に関しては総説 [1], [4] を参考にされたい．

6.2.4　生　物　対　流
比重の大きな流体が鉛直上部に，比重の小さな流体が下部にあるとき，比重

の差が大きくなると，重力の効果により静止状態は力学的に不安定になる．この流体力学的不安定性を**レイリー–テイラー**（Rayleigh–Taylor）**不安定性**という．この不安定性により，循環的な流れのパターンが生じるが，これが**対流**と呼ばれる現象である．特に，冷たい流体が上部に，温かい流体が下部にある際に起こる熱対流がよく知られており，流体の不安定性やパターンダイナミクスの典型例として長い研究の歴史を持つ．同様の対流パターンが希薄な微生物懸濁液でも知られており**生物対流**（bioconvection）と呼ばれている．

多くの微細藻は重力中心と浮力重心が異なるために，重力方向に向きが整えられるジャイロ走性を示す（例 3.2, 図 6.6 (a)）．そのため，重力に逆らって鉛直上向きに遊泳し，溶液の上面側の生物濃度が高くなる．微生物の比重は周囲の水よりも若干大きいために，上部流体の比重が大きくなり，上述のレイリー–テイラー不安定性を引き起こし，対流が生じる（図 6.6 (b)）．対流の下降部ではプルームと呼ばれる微生物集団の筋状構造が観察される．微細藻の大きさが $10\,\mu\mathrm{m}$ 程度であるのに対し，対流の循環的な流れは $1\,\mathrm{cm}$ 程度にまで及ぶ．

生物が上面側に移動するメカニズムはジャイロ走性に限らない．植物プランクトンは光合成のために光を求めて遊泳する**走光性**（phototaxis）を示す．光が水面上部から当たれば，この作用により上面側に移動する．他にも動物プランクトンやバクテリアにおいて酸素を求めて気液界面に向かって遊泳する走気性（oxytaxis, aerotaxis）が知られている．これは走化性の一種である．

実は，生物対流パターンの形成には必ずしも上下の壁面境界は必要ではな

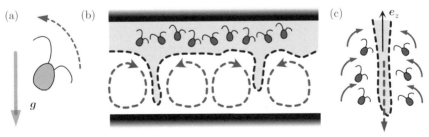

図 6.6　生物対流の模式図．(a) 重力の効果により微生物の遊泳方向が鉛直上向きを向く．(b) 上面側の比重が大きくなり，対流パターンが生じる．(c) ジャイロ走性により一様状態が不安定になる．文献 [7] をもとに作成．

い．実際，細長いパイプの中でも図 6.6 (c) のような下降プルームが形成される．個々の微生物はジャイロ走性により鉛直上向きに遊泳するが，下降流が生じると背景場による流体トルクを受けて遊泳方向が下降流側に変化し，微生物がそこに凝集する．それによって比重の違いがさらに大きくなり，下降流が加速されるという仕組みである．生物自身の運動によって駆動されるこのパターン形成を，流体不安定性の観点から見てみよう[108],[109]．

例 6.12　重力の向きを $-z$ 軸方向にとる．例 6.11 と同様，生物の数密度関数 $\Psi(\boldsymbol{x}, \boldsymbol{p}, t)$ に関するフォッカー–プランク方程式 (6.45) を考えよう．ただし，重力の効果により，遊泳速度と回転速度 (6.46)–(6.47) は，それぞれ

$$\dot{x}_i = Up_i + u_i - U_g\delta_{3i}, \tag{6.60}$$

$$\dot{p}_i = (\delta_{ij} - p_ip_j)\left[(BE_{jk} + W_{jk})p_k + \beta_g\delta_{3j}\right] \tag{6.61}$$

と修正される[109]．ここで，U_g は生物と周囲の流体の間の密度差 ρ' のために生じる重力による落下速度，β_g はジャイロ走性を生み出すトルクの効果である．生物対流におけるレイノルズ数は $Re \sim 10^1$ 程度まで大きくなるので，慣性を無視せず非圧縮ナビエ–ストークス方程式を考える．生物と流体の比重差から重力による項が加わるが，密度差は十分小さく，慣性項に現れる ρ は定数と見なせる[7]．これにより，圧力を $q(\boldsymbol{x}, t)$ として，ナビエ–ストークス方程式は

$$\rho\frac{D\boldsymbol{u}}{Dt} = -\nabla q - c\rho'v_0\boldsymbol{g} + \mu\nabla^2\boldsymbol{u} + \boldsymbol{g}^{\mathrm{a}} \tag{6.62}$$

と書ける．ここで，個体数密度を $c(\boldsymbol{x}, t) = \int \Psi(\boldsymbol{x}, \boldsymbol{p}, t)d\boldsymbol{p}$，$v_0$ を生物の体積，$\boldsymbol{g} = g\boldsymbol{e}_z$ とした．$g > 0$ が重力加速度の大きさである．最後の項は生物の遊泳による駆動力を表しているが，通常の生物対流では，生物の体積分率は $\phi \sim 0.1\%$ と低く，流体相互作用とともに無視することが多い．また，重力による沈降速度も遊泳速度に比べて小さいので以下では無視する．フォッカー–プランク方程式を $\boldsymbol{p}$ で積分することにより，数密度に関する移流拡散方程式

$$\frac{\partial c}{\partial t} + \nabla \cdot \left[c(\boldsymbol{u} + U\hat{\boldsymbol{P}}) + \bar{D}\nabla c\right] = 0 \tag{6.63}$$

---

[7]この密度に関する近似はブシネスク（Boussinesq）近似として知られている．

に書き換えられる[7]. ここで, $\hat{\boldsymbol{P}}(\boldsymbol{x},t) = \frac{1}{c}\int \boldsymbol{p}\Psi(\boldsymbol{x},\boldsymbol{p},t)d\boldsymbol{p}$ は方向ベクトルの統計平均を表し, 極性秩序変数と呼ばれる. $\bar{D}$ は有効拡散係数であり, 各微生物のミクロの運動から定まるモデルパラメータであり, 例 6.4 で見たように, 生物の遊泳効果も取り込まれている.

式 (6.62)–(6.63) で定まるモデル方程式に対して, $\boldsymbol{g}^{\mathrm{a}} = \boldsymbol{0}$ とすれば, すべての生物が鉛直上向きに泳いでいる一様な状態 ($c = c_0$, $\hat{\boldsymbol{P}} = \boldsymbol{e}_z$) は定常解になっている. 今, 上面および下面の境界を考えず, 例 6.11 と同様, この一様な定常状態の安定性を調べよう[108]. $c = c_0 + \epsilon c'$, $\boldsymbol{u} = \epsilon \boldsymbol{u}'$, $q = q_0 + \epsilon q'$, $\hat{\boldsymbol{P}} = \boldsymbol{e}_z + \epsilon \hat{\boldsymbol{P}}'$ と展開する. $O(\epsilon)$ までの項を整理し, $c' = \tilde{c}\exp(i\boldsymbol{k}\cdot\boldsymbol{x} + \sigma t)$ の形の正弦波解を考える. $\boldsymbol{u}', q', \hat{\boldsymbol{P}}'$ についても同様の正弦波を考え, 例 6.11 と同様, 固有値問題を解くことで成長率 σ を求めることができる. 計算の詳細は元論文[108] に譲り, ここでは結果だけを示そう. 特に, 鉛直方向に一様な $\boldsymbol{k} = (k_x, k_y, 0)$ の擾乱の場合には, $\kappa < \kappa_c = \gamma\sqrt{1 - B^2}$ で成長率 σ の実部が正となる. ここで, $\kappa = \sqrt{k_x^2 + k_y^2}$ は水平成分の波数の大きさ, $\gamma^2 = \frac{U\beta_g v_0 g\rho'}{\mu\bar{D}}$ である. そのため, 長波長の大スケールの擾乱が成長し, 一様状態が不安定になる. さらに, 成長率の実部が最大となる波数を κ_m と書けば,

$$\left(\frac{\kappa_c}{\kappa_m}\right)^2 = 2 + \frac{\nu + \bar{D}}{\sqrt{\nu\bar{D}}} \tag{6.64}$$

と求められる. $\nu = \frac{\mu}{\rho_0}$ は物質定数であり, 微生物集団のパターンが, 遊泳の効果を含んだ実効的な拡散係数で決まることが分かる.

この線形安定性の結果は $\lambda_m = \frac{\kappa_m}{2\pi}$ の波長を持つ対流パターンが生じることを示唆している. 実際, 上下の境界を無視するなど, 多くの仮定をおいているにも関わらず, 実験結果と比較しても定性的に正しい結果を与える. この結果から, 生物対流現象は生物の指向性を持つ遊泳によって引き起こされていることが理解できる. その後の理論展開を含めた多様な生物種でみられる生物対流の発展については総説 [7] を参照されたい.

6.2.5 その他の集団運動

本書では, 紙面の都合上, アクティブ乱流と生物対流現象に焦点を絞り, 微生物の作るパターンとそれを記述する流体力学について紹介した. この他にも

実に多種多様な集団運動パターンが報告されており，例えば，精子が同期した協調遊泳を行うことは，6.1.3 節でも紹介したが，動物種によっては精子の頭部どうしが強く結合し，十程度から多いものでは数千体の精子が束になり遊泳する[125]．一方，ゾウリムシのような繊毛虫の体表面の数千にも及ぶ繊毛の協調した繊毛波も集団運動と見なすこともできる．

　これまで，流体中を遊泳する細胞を中心に扱ってきたが，壁面や基盤を這い回る細胞による集団運動パターンについても触れておきたい．これらはアクティブマターの主要な系の 1 つであり，通常，流体相互作用を陽には考慮しないドライな物質として扱われる．それでも，集団運動の振舞いは「流体」として記述することで理解されることも多く，生物の集団運動を軸に，流体力学は新たな広がりを見せている[69]．

第7章

微生物流体力学の拡がり

　　最後の章では，これまで詳しく扱えなかった話題について，その概要を紹介し，ますます広がりを見せる微生物流体力学の多様な側面と将来展望を述べる.

7.1　微生物流体の複雑性

　　ここまで，個体の遊泳から集団運動に到る微生物の流体力学を解説してきた．しかし，微生物の形状を既知関数として理論を展開してきたことに注意したい．この仮定により，生物の構成則なしに流体運動を議論することができた．複数の物質相が共存する流体を**複雑流体**（complex fluid）という．流体中の生物の運動は一般には多相系を成し，生物流体も複雑流体の一分野とも言える．本節では，生物の構造や流体に含まれる物質の性質が現れる複雑流体としての側面を，いくつかのトピックを通して簡単に紹介する.

7.1.1　流体構造連成問題

　　ここまで，物体の形状が既知であるとし，その並進と回転の運動を解く運動学的問題を専ら扱ってきた．2.1.4 節でも触れたが，流体中の物体の形状も未知関数として解く場合には，物体構造連成問題と呼ばれる．生物自体も連続体だとすれば，生物の各微小部分は運動量保存則を満たし（定理 2.5），

$$\rho \frac{Du_i}{Dt} = \frac{\partial \sigma_{ij}}{\partial x_j} + f_i^{\mathrm{hyd}} + f_i^{\mathrm{ext}} + f_i^{\mathrm{int}} \tag{7.1}$$

が成り立つ．ここで左辺は生物の慣性を表す項で，微生物流体力学が扱う低レイノルズ数ではゼロとしてもよく，右辺が生物に働く力の項であるから，式(7.1) は生物の各微小部分での力の釣り合いを表す．右辺第 1 項目の応力テンソル σ_{ij} の関数系が構成則であり，生物自身がどのような物質であるかを表す．例えば，弾性体や流体，あるいはその両方の性質を持つ粘弾性体などであ

る．実際には，生物の構成則が明らかでない場合も多い．第 2 項目は周囲の流
体から受ける流体力で，これらはストークス方程式から求まるが，物体の形状
によって解が定まるため，ストークス方程式と式 (7.1) の物体の式は同時に解
かなくてはならず，解析はより一層困難になる．第 3 項目は重力などの外力で
ある．右辺の最後の項が分子モーターなどの生物内部から生じる内力であり，
これにより，周囲の流体からの力との釣り合いを満たしながら物体は変形し流
体中を移動する．内力の機構も生物によって異なり，考えている問題の詳細に
よって，内力を実験等から得られる既知関数として与える場合もあれば，さら
に内部のメカニズムを数理モデルで表し，方程式として閉じた形にする場合も
ある．

　このように，物体構造連成問題は生物現象の詳細によって様々な問題設定が
考えられ，さらにいずれも物体と流体を同時に解く必要がある．ここでは，微
生物流体力学において代表的な物体構造連成問題の例をいくつか紹介しよう．

7.1.2　弾　性　棒

　まずは，物体を弾性体とした場合で，特に弾性流体力学（elastohydrody-
namics）と呼ばれている．その中でも 1 次元的な弾性的な棒（rod）の研究が
古くから行われてきた．微生物の遊泳器官である鞭毛や繊毛は，1 次元的な柔
らかい構造物であり，細胞の中にある細胞骨格やハプトネマ（haptonema）と
呼ばれる外部器官など，細胞スケールには様々な柔らかい棒状の物体が存在し
ている．以下では，弾性体の理論を特に弾性棒に限ってかいつまんで紹介す
る．詳細は弾性体の成書（例えば文献 [3]）を参考にされたい．

　標準的な弾性体モデルとして**キルヒホッフ**（Kirchhoff）**弾性棒モデル**が知ら
れている．これは，曲げとねじれを考慮したモデルである．棒の長さを L とし
よう．弧長パラメータ $0 \leq s \leq L$ を用いて，弾性棒の形状を物体の中心を通る
曲線 $\boldsymbol{X}(s,t)$ で表現する．さらに物体の曲がり方を記述するために中心曲線に
張り付いた局所的な直交座標系 $\{\boldsymbol{d}_1(s,t), \boldsymbol{d}_2(s,t), \boldsymbol{d}_3(s,t)\}$ を考える．これら
の座標系の s に沿っての変化量が曲げやねじれを表す[34]．

　特に 2 次元的な変形の場合には，ねじれの効果は生じない．この場合，物
体の弾性的な応答は曲線 $\boldsymbol{X}(s,t)$ のみで与えられる．このような曲げのみが働
く弾性体モデルとして，**オイラー–ベルヌーイ**（Euler–Bernoulli）**弾性棒モデ**

ルが知られている．構成方程式は，弾性エネルギーが曲率の 2 乗に比例すると
して，

$$E[\boldsymbol{X}] = \frac{1}{2} \int_0^L \left[A \left| \frac{\partial^2 \boldsymbol{X}}{\partial s^2} \right|^2 + T(s) \left| \frac{\partial \boldsymbol{X}}{\partial s} \right|^2 \right] ds \tag{7.2}$$

で与えられる．A は物質の弾性応答を表す曲げ剛性定数である．ここでは一様
な物体を考え，以下では定数とする．$T(s)$ は長さ L が変化しない（伸び縮み
しない）という拘束条件から定まるラグランジュ未定係数で，物理的には張力
に対応する．弾性力はエネルギー関数の $\boldsymbol{X}$ に関する汎関数微分で与えられる．
部分積分を繰り返し用いることにより，次の形で書ける．

$$\boldsymbol{f}^{\text{elast}} = \frac{\delta E[\boldsymbol{X}]}{\delta \boldsymbol{X}} = -A \frac{\partial^4 \boldsymbol{X}}{\partial s^4} + \frac{\partial}{\partial s}\left(T \frac{\partial \boldsymbol{X}}{\partial s} \right). \tag{7.3}$$

例 7.1 簡単な例として，微小変形を考えよう．$\boldsymbol{X}(s,t)$ を xy 平面内のグラ
フとして記述し，高さ関数 $h(x,t)$ で表そう．s の微分は x の微分としてよく，
さらに張力項は高次の寄与になるため[34]，弾性力の y 成分は，

$$f^{\text{elast}}(x,t) = -A \frac{\partial^4 h(x,t)}{\partial x^4} \tag{7.4}$$

となる．一方，流体力は細長い物体に働く流体抵抗として，抵抗力理論（4.3.3 節）
を用いる．各微小部分の流体抵抗は，局所的な物体の速度に比例し，

$$f^{\text{hyd}}(x,t) = -c_\perp \frac{\partial h}{\partial t} \tag{7.5}$$

となる．抵抗係数は，棒の断面の半径を d としたとき，$\epsilon = \frac{d}{L}$ を用いて
$c_\perp = \frac{4\pi\mu}{\ln(\frac{1}{\epsilon})+0.5}$ と書けた（命題 4.11）．弾性力と流体力が釣り合っていること
から，弾性流体方程式

$$\frac{c_\perp}{A} \frac{\partial h}{\partial t} = \frac{\partial^4 h}{\partial x^4} \tag{7.6}$$

が得られる．運動の特徴的な振動数を ω とすると，$\ell_{\text{eh}} = \left(\frac{A}{c_\perp \omega} \right)^{\frac{1}{4}}$ は長さの次
元を持ち，弾性応答の特徴的な長さを与える．これと物体の長さの比 $E_h = \frac{L}{\ell_{\text{eh}}}$
は流体中の物体の柔らかさを表す無次元数となる．長さ L と振動数 ω で無次

元化された弾性流体方程式は無次元量を「∗」の記号をつけて表すと，

$$E_h \frac{\partial h_*}{\partial t_*} = \frac{\partial^4 h_*}{\partial x_*^4} \tag{7.7}$$

となる．物体の長さが長くなったり，流体の粘度が高くなると E_h が大きくなり，物体は相対的に柔らかくなる．また，$E_h \to 0$ の極限で剛体運動になる．無次元数 E_h は，精子鞭毛の研究で導入された経緯もあり，スパーム数（sperm number）と呼ばれることも多い．その際には Sp と書かれる．水と同等の粘性を持つ溶液内での遊泳精子の場合 Sp は $3 \sim 7$ 程度，繊毛のように短い弾性棒の場合には $1 \sim 2$ 程度である．

　真核生物の鞭毛はムチという文字からも，ある一点で加えられた力が伝わっているように誤解されることもあるが，実際には，各部位の分子モーターが力を加えている．鞭毛研究の初期には，この 2 種類の運動メカニズムの仮説が存在した．このある種直感的な仮説に関して，力学モデルで後者が正しい答えであると見出したマチン（K.E. Machin）の結果[93] を紹介しよう．

　式 (7.6) の方程式を区間 $0 \leq x \leq L$ で考える．今，棒の左端点（$x = 0$）で z 軸回りのトルクを与えることによって棒を上下に振動させる状況を考える．弾性の効果により，波が x 軸正の方向に伝わる．境界条件は，左端で，

$$h(0,t) = 0, \quad \frac{\partial h}{\partial x}(0,t) = m \cos \omega t \tag{7.8}$$

を仮定する．m はトルクの大きさに比例する量である．右端では，トルクとせん断力がゼロである条件

$$\frac{\partial^2 h}{\partial x^2}(L,t) = \frac{\partial^3 h}{\partial x^3}(L,t) = 0 \tag{7.9}$$

を課す．これにより，空間 4 階の線形の偏微分方程式 (7.6) は解が一意に書ける[93]．弾性棒の柔らかさを表す無次元量を $E_h = 2, 4, 8$ としたときの解の様子を図 7.1 に示す．棒の右端側へ波が伝播していくが，その振幅は減衰する．ℓ_{eh} が原点からの弾性的な波の到達する長さスケールを与えていることが分かる．

　精子などの真核細胞の鞭毛は実際には先端部においても振幅の減衰はない．一方，実際に鞭毛の各部分での駆動力を考慮すると尾部の先端まで伝わる鞭毛波形が得られる[93]．その後，実際に，分子モーターが鞭毛全体にわたって分布していることが実験的に発見された[33]．

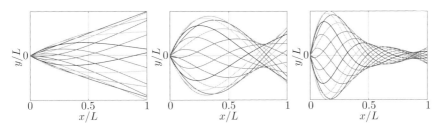

図 7.1 弾性流体方程式の解を変形の 1 周期分重ね合わせた．左か
ら，それぞれ $E_h = 2, 4, 8$. 縦軸は任意スケール．

7.1.3 流 体 界 面

次に，細胞の主な構成要素が水であることから，微生物を細胞膜に囲まれた
流体だと捉えてみよう．膜の厚さを無限小にとり，2 種類の流体が界面で接し
ている問題を考える．生物内部の流体もニュートン流体であれば，粘性係数 μ'
のみで生物自身の物体の性質を表すことができる．これは，外部の流体の粘
性係数 μ とは一般に異なる．$\mu' \to \infty$ はこれまでの運動学的問題に一致する．
$\mu' = 0$ は非粘性流体を表し，流体中の気泡に対応する．

ここで，注意しなければならないのは，2 つの流体領域の界面での境界条件
である．一般に 2 つの流体間の境界では，内外の速度場がいずれも細胞膜の速
度一致しているため，速度場が連続になる．流体力は外部と内部の流体領域で
異なっており，界面で不連続性が生じる．

境界面の速度を既知関数とすれば，ストークス方程式の解である流速場は外
部・内部の両方の流体領域で一意に定まり，境界積分表示（命題 4.3）が適用
できる．境界面 S 上での境界積分方程式は[112]，

$$u_j(\boldsymbol{x}) = \frac{-1}{4\pi(\mu+\mu')} \int_S q_i(\boldsymbol{y}) G_{ij}(\boldsymbol{y},\boldsymbol{x}) dS_{\boldsymbol{y}} + \frac{\kappa}{4\pi} \int_S^{\mathrm{p.v.}} u_i(\boldsymbol{y}) H_{ij}(\boldsymbol{y},\boldsymbol{x}) dS_{\boldsymbol{y}}$$

(7.10)

と書ける．ただし，λ は粘性比 $\lambda = \frac{\mu'}{\mu}, \kappa = \frac{1-\lambda}{1+\lambda}$ とした．G_{ij} と H_{ij} はそれぞ
れ速度場と表面力のグリーン関数である（命題 4.3）．ここで，$\boldsymbol{q}$ は生物の外部
と内部の流体力の差 $\boldsymbol{q} = \boldsymbol{f} - \boldsymbol{f}'$ である．以下では，比重の違いによる重力の
効果を無視しよう．$\boldsymbol{q}$ を与える関数系が界面の構成方程式である．ここでは，
細胞膜の変形に対する力学応答のモデルに対応する．構成方程式が与えられ，

q が既知関数であれば，式 (7.10) は境界積分法（4.3.1 節）によって解くことができる．

　界面の構成方程式として最も基本的なものは**表面張力**であろう．表面張力係数を γ とすると，これは一般には界面の位置の関数になっている．これまで通り外部流体から外向きに法線ベクトル $\boldsymbol{n}$ をとる．2 つの流体界面の間に，表面張力のみが働くとすると，界面での流体力の差は，

$$q_i = \gamma n_i \frac{\partial n_j}{\partial x_j} - (\delta_{ij} - n_i n_j)\frac{\partial \gamma}{\partial x_j} \tag{7.11}$$

と書ける．γ が定数で，界面が半径 a の球の場合には，$q_i = \frac{2\gamma}{a}n_i$ となる．特に，表面張力が大きな極限では，液滴である生物の形状は変化せず，このときの境界条件は，式 (7.11) に代わって，接線応力の連続性が課される．また，物体の形状変化がないので，境界の速度を $\boldsymbol{U}$ とすると，$\boldsymbol{U} \cdot \boldsymbol{n} = \boldsymbol{u} \cdot \boldsymbol{n}$ が成り立つ．

例 7.2（流体中の球状液滴の運動）　球状の液滴が流体中を運動する際の流れ場はアダマール-リブチンスキー（Hadamard–Rybczynski）の解として知られている．外部流体の粘性係数を μ，内部流体の粘性係数を μ' とし，半径 a の球状液滴が速度 $\boldsymbol{U}$ で一方向に運動している状況を考える．球の中心を原点として，流れ場の極表現を用いて内外の流れ場が

$$u_i^{\text{ext}}(\boldsymbol{x}) = \left(c_0 G_{ij} + c_2 P_{ij}^{\text{D}}\right) U_j, \quad u_i^{\text{int}}(\boldsymbol{x}) = (d_0 + d_2 D_{ij}) U_j \tag{7.12}$$

と書けるとしよう．c_0, c_2, d_0, d_2 は境界条件によって定める係数である．G_{ij}，P_{ij}^{D} はそれぞれストークス極とポテンシャル二重極である．内部流れの記述は，$r - |\boldsymbol{x}|$ として，定数項と $D_{ij} = 2r^2\delta_{ij} - x_i x_j$ の重ね合わせとなっている．D_{ij} はストークス方程式の内部領域における基本解[1]で，実際，圧力場を $p = P_j U_j$ と書いたとき，$P_j = 10\mu' r_j$ とすれば，$\mu'\nabla^2 D_{ij} = \frac{\partial P_j}{\partial x_i}$ を満たす．

　境界条件から，係数を求めよう．まず，球面上で速度場が連続であることから，

$$a^2 c_0 - 2c_2 = a^3 d_0 + 2a^5 d_2, \quad a^2 c_0 + 6c_2 = -a^5 d_2 \tag{7.13}$$

---

[1] ストークソン（Stokeson）などと呼ばれる[112]．

の関係式を得る. また, $\boldsymbol{U} \cdot \boldsymbol{n} = \boldsymbol{u} \cdot \boldsymbol{n}$ より $d_0 + a^2 d_2 = 1$. 最後に, 流体力の接線方向成分の連続性を用いる. $n_i = -\frac{x_i}{a}$ に注意して, 流体から界面に働く力 $f_i^{\text{ext}} = -\sigma_{ij}^{\text{ext}} n_j,\ f_i^{\text{int}} = -\sigma_{ij}^{\text{int}} n_j$ を計算する. その接線成分は,

$$f_k^{\text{ext},\parallel} = \mu \left[-6 \frac{x_i x_j}{a^4} c_0 + \left(12 \frac{\delta_{ij}}{a^4} - 36 \frac{x_i x_j}{a^6} \right) c_2 \right] (\delta_{ik} - n_i n_k), \quad (7.14)$$

$$f_k^{\text{int},\parallel} = \mu \left[3a \delta_{ij} - 9 \frac{x_i x_j}{a} \right] d_2 (\delta_{ik} - n_i n_k) \quad (7.15)$$

となり, これより, $c_2 = \frac{1}{4} \lambda a^5 d_2$ を得る. 以上の関係式より, 係数が,

$$c_0 = \frac{a}{4} \left(\frac{3\lambda + 2}{\lambda + 1} \right), \quad c_2 = -\frac{a^3}{8} \left(\frac{\lambda}{\lambda + 1} \right), \quad d_0 = \frac{1}{2} \left(\frac{2\lambda + 3}{\lambda + 1} \right) \quad (7.16)$$

のように求まる. 特に, このときの流体抵抗は

$$F = -8\pi \mu c_0 U = -2\pi \mu a \left(\frac{3\lambda + 2}{\lambda + 1} \right) U \quad (7.17)$$

となり, その大きさは剛体球の場合と比べて小さくなる.

　細胞膜自身が弾性的な性質をもつことから, 2つの流体の境界を2次元的な弾性膜とするモデル化もしばしば用いられる. この場合には, $\boldsymbol{q}$ の関数系として弾性膜の構成則を用いる[114]. 多くの遊走細胞に見られるアメーバ運動や, ミドリムシのユーグレナ運動のように, 自己駆動する場合には, 弾性体のときと同様, 細胞骨格や膜の収縮などによる細胞内部からの駆動力が必要となる. また, 細胞分裂や受精卵の発生時にも細胞内部で様々な輸送が行われており, これら細胞内部で駆動される流れに関する解析も研究が進められている[102].

7.1.4 非ニュートン流体

　これまで, 流体自身の構成則としてニュートン流体を考え, 中でも慣性の項を落としたストークス方程式を基礎方程式として議論を進めてきた. しかし, 2.1.3節でも触れたが, 微生物の住まう流体環境には様々な糖類やタンパク質, およびネットワーク状の細胞組織が存在し, ニュートン流体では扱えない状況も多い. また, 微生物自身が出す粘液も非ニュートン的な性質を持ち, 細胞間相互作用や生態系の形成にも大きな役割を担っている. このような非ニュートン流体を表す流体のモデルは, 応力テンソル σ_{ij} と歪み速度テンソル E_{ij} の関

係式である構成方程式によって記述される．以下で基本的な非ニュートン流体
のモデルをいくつか紹介しよう．

例 7.3　ニュートン流体の構成方程式は，

$$\sigma_{ij} = -p\delta_{ij} + \mu E_{ij} \tag{7.18}$$

であった．ここで，粘性係数 μ を定数とせず，歪み速度テンソルの関数とした
ものを**一般化ニュートン流体**という．例えば，xy 平面内で一様せん断流れを
与え，そのときの応力応答を実験的に調べた際に，$\frac{\sigma_{xy}}{E_{xy}}$ が定数であればニュー
トン流体であり，そうでない場合が非ニュートン流体である．E_{xy} に対して増
加関数となっていれば，シアシックニング（shear-thickening），減少関数の場
合には**シアシニング**（shear-thinning）[2]という．特に，多くの生体内の流体は
シアシニングを示すことが知られている．

　また，振動流れを与えたときには，式 (7.18) を時間に関してフーリエ変換し
て，振動数 ω の関数である複素粘性率 $\hat{\mu}(\omega)$ を用いて物体のレオロジー特性を
特徴づけることも多い．フーリエ係数に対して，

$$\hat{\sigma}_{ij} = -\hat{p}\delta_{ij} + \hat{\mu}(\omega)\hat{E}_{ij} \tag{7.19}$$

の関係式を考え，$\hat{\mu}(\omega)$ を実験的に調べる．式 (7.19) も一般化ニュートン流体
と呼ばれることがある．

例 7.4　流体が弾性的な性質を示すとき，**粘弾性流体**（viscoelastic fluid）と
呼ばれる．連続体の構成方程式を圧力項とそれ以外に分けて

$$\sigma_{ij} = -p\delta_{ij} + \tau_{ij} \tag{7.20}$$

と書いておこう．τ_{ij} は**余剰応力**（deviatroic stress）と呼ばれる．ニュートン
流体の場合には，E_{ij} を歪み速度テンソルとして $\tau_{ij} = 2\mu E_{ij}$ で与えられた．
一般の粘弾性体は τ_{ij} が E_{ij} の瞬時の値だけでなく，過去の履歴に依存した関
数系として与えられる．あるいは，微分方程式の形，

$$(1 + \mathcal{A})\tau_{ij} + \mathcal{M}(\tau_{ij}, u_i) = 2\mu(1 + \mathcal{B})E_{ij} + \mathcal{N}(E_{ij}, u_i) \tag{7.21}$$

---

[2]せん断増粘性，せん断減粘性という訳語も存在する．

で書かれる場合もある．$\mathcal{A}, \mathcal{B}$ は時間に関する線形の微分演算子，$\mathcal{M}, \mathcal{N}$ は $\boldsymbol{u}$ に依存する非線形の微分演算子である．特に，線形の微分演算子のみで書かれる場合，線形粘弾性流体と呼ばれる．

例えば $\mathcal{M} = \mathcal{N} = 0, \mathcal{A} = \tau\frac{\partial}{\partial t}, \mathcal{B} = 0$ とした構成方程式を持つ粘弾性モデルはマクスウェル（Maxwell）流体として知られている．ここで，τ は弾性応答の緩和時間を表す定数である．これをフーリエ変換すると，式 (7.19) で $\hat{\mu} = \frac{1}{1+i\tau\omega}$ とした場合と同じ構成方程式であることが分かる．$De = \tau\omega$ は弾性緩和時間と，関心を持っている流体運動の時間スケールの比を表す無次元数であり，デボラ数（Deborah number）と呼ばれる[3]．De が 1 より小さければその物体は流体的に振る舞い，反対に De が 1 より大きいと弾性体として振る舞う．

構成方程式を与える微分方程式 (7.21) は，物体座標系の取り方によらないことが要請される．連続体力学の原理の一つとして理解されており，物質客観性の原理（principle of material objectivity）と呼ばれる[130]．マクスウェル流体を含む線形粘弾性モデルは，いずれも物質客観性の原理を満たさない．そのため，線形粘弾性流体は，常に一種の有効モデルであるという認識が必要であり，特に微生物の遊泳のような移動境界問題の際は，その結果の解釈は難しくなる．一方で，物質客観性を満たす非線形粘弾性モデルも多数存在するが，それらに含まれる物質パラメータを実験的に定めることは容易ではない．

注 7.1 構成則が非ニュートン流体になった場合には，その流体モデルが多岐にわたるため，一般的で普遍的な理論的結果を得ることは難しく，各々の問題による部分が大きい[86]．普遍的な性質としては，非ニュートン流体中の遊泳物体は一般には往復運動でも遊泳することが可能であり，パーセルの帆立貝定理は適用できない（注 3.6）ことが知られている．しかし，非ニュートン性により，各個体の遊泳速度が速くなるのか否か，あるいは遊泳効率が上昇するか否か，といった問題は流体モデルだけでなく，考えている生物の泳ぎ方などの詳細に依存する．また，微生物が遊泳する際には，鞭毛等の駆動力より局所的に大きなせん断が加わるため，一般にシアシニングを示す生物由来の流体中の

---

[3] 旧約聖書に登場する預言者デボラの「山々は主の前に揺れ動いた（士師記 5 章 5 節）」に由来する．

運動の場合には，近距離の流体相互作用に非ニュートン性からの寄与が加わり，さらには集団運動へ影響を与え得る．例えば，非ニュートン性の強いレオロジー特性をもつ流体中で，ウシ精子が集団遊泳を行うことが観察されている[141]．実際には，非ニュートン流体中の物体構造連成問題を解く必要があり，包括的な理論的理解にはまだまだ多くの課題が残されている．

　以上の非ニュートン流体モデルでは，流体中の様々な生体物質の効果を連続体として粗視化している．一方で，実際に流体内の生体マトリックスや構造物等を流体中に配置して数値シミュレーションを行う研究も盛んに行われている[86]．

例 7.5　ネットワーク状に張り巡らされた障害物の中を流れる流体の問題は，多孔質媒体中の流れとして扱うことができる．このような流れは，流量が圧力勾配に比例するという**ダルシー則**（Darcy's law）に従う．今のように，流体の粘性を考慮する場合には，**ブリンクマン**（Brinkman）**方程式**

$$\nabla p = \mu \nabla^2 \boldsymbol{u} - \mu \alpha^2 \boldsymbol{u} \tag{7.22}$$

で記述される．ここでの流速場は多孔質媒体を通過する粗視化された実効的な流れを表す．$\ell_\alpha = \alpha^{-1}$ は浸透長と呼ばれる長さの次元を持つパラメータである．

　点力が加えられたときの流れ場はブリンクマン方程式のグリーン関数であるブリンクマン極（Brinkmanlet）で表される．ここで，浸透長で無次元化した長さを $\tilde{x}_i = \alpha x_i$ と書けば，原点の周りのブリンクマン極は

$$G_{ij}^\alpha = \frac{2}{\tilde{r}^2}\left[\left(1 + \tilde{r} + \tilde{r}^2\right)e^{-\tilde{r}} - 1\right]\frac{\delta_{ij}}{r} + \frac{6}{\tilde{r}^2}\left[1 - \left(1 + \tilde{r} + \frac{\tilde{r}^2}{3}\right)e^{-\tilde{r}}\right]\frac{x_i x_j}{r^3}$$

で表される[48]．ただし，$\tilde{r} = |\tilde{\boldsymbol{x}}|$ とした．また，$\alpha \to 0$ でストークス極に戻る．遠方では，ブリンクマン極は r^{-3} で減衰し，多孔質媒体による遮蔽効果により，ストークス極よりもより速く減衰する．

7.2　時空間スケールを超えて

これまで見てきた通り，微生物流体力学の最大の特徴は，慣性が無視できる

ストークス流れにある．最後の節では，これまで無視してきた慣性の効果について触れながら，様々な時空間スケールの生命現象との繋がりを概観し，本書の締めくくりとしたい．

7.2.1 慣　　性

生物が流体中を遊泳している問題に対して，非圧縮ナビエ–ストークス方程式

$$\rho\frac{\partial \boldsymbol{u}}{\partial t} + \rho(\boldsymbol{u}\cdot\nabla)\boldsymbol{u} = -\nabla p + \mu\nabla^2\boldsymbol{u} \tag{7.23}$$

を改めて考えてみよう．ρ と μ はそれぞれ流体の密度と粘性係数であり，速度場は $\nabla\cdot\boldsymbol{u}=0$ を満たす．生物の代表的な長さの値を L，運動の代表的な速さの値を U，変形の時間周期の代表的な値を T として，式 (7.24) を無次元化しよう．無次元の物理量にアスタリスクを付けて表せば，レイノルズ数を $Re=\frac{\rho UL}{\mu}$，振動レイノルズ数を $Re_\omega=\frac{\rho L^2}{\mu T}$ として，

$$Re_\omega\frac{\partial \boldsymbol{u}^*}{\partial t^*} + Re(\boldsymbol{u}^*\cdot\nabla^*)\boldsymbol{u}^* = -\nabla^* p^* + \nabla^{*2}\boldsymbol{u}^* \tag{7.24}$$

と書けた (2.1.4 節)．

力とトルクの釣り合い条件の下での遊泳微生物周りの流れ場は，生物から距離 $r(\gg L)$ 離れた遠方では，ストークス二重極が支配項となる (4.2.1 節) ので，$|\boldsymbol{u}|\sim r^{-2}$ であった．これを用いると，ナビエ–ストークス方程式 (7.24) の左辺 1 項目の非定常項は $\sim\frac{\rho}{T}r^{-2}$，移流項（非線形項）は $\sim\rho r^{-5}$，右辺の粘性項は $\sim\mu r^{-4}$ となる．そのため，遠方では非定常項が粘性項よりも支配的になる．このように，慣性を表す無次元数 Re, Re_ω が共に小さい状況であっても，物体からの遠方場では，一般に慣性の影響は無視できず，定常ストークス方程式による近似が成り立たない．このように，遠方での慣性の影響は，非線形項ではなく非定常項によってもたらされる．

慣性の影響が現れる代表長さ ℓ_ω は非定常項と粘性項の大きさが同程度になる距離で見積もられるので，$\frac{\rho}{T}\ell_\omega^{-2}\sim\mu\ell_\omega^{-4}$ より，$\ell_\omega\sim\sqrt{\frac{T\mu}{\rho}}$ となる．例えば，クラミドモナスの場合には，鞭毛の長さから $L\sim10\,\mu\mathrm{m}$，その振動数を $\frac{1}{T}=\frac{\omega}{2\pi}\sim50\,\mathrm{Hz}$ とすれば，$Re_\omega\sim5\times10^{-3}$ となり，$\ell_\omega\sim140\,\mu\mathrm{m}$ と見積もられる．

以下では，式 (7.23) で $Re=0$ とした非定常ストークス方程式を考え，慣性

による修正がどのようになされるか見ていこう．非定常ストークス方程式は

$$\rho \frac{\partial \boldsymbol{u}}{\partial t} = -\nabla p + \mu \nabla^2 \boldsymbol{u} \tag{7.25}$$

と書けた．式 (7.25) に対して，両辺のベクトル場の発散を考えると，渦度場 $\boldsymbol{\omega} = \nabla \times \boldsymbol{u}$ の方程式，

$$\frac{\partial \boldsymbol{\omega}}{\partial t} = \nu \nabla^2 \boldsymbol{\omega} \tag{7.26}$$

が得られる．ここで，動粘性係数 $\nu = \frac{\mu}{\rho}$ を用いた．すなわち，非定常ストークス方程式は，渦度場の拡散現象を表す．定常ストークス方程式では，渦度場はラプラス方程式に従う．

さて，$\boldsymbol{u} = \hat{\boldsymbol{u}} \exp(i\omega t)$, $p = \hat{p} \exp(i\omega t)$ とし，あるフーリエ成分に注目して，これらを式 (7.25) に代入すれば，

$$-\nabla \hat{p} + \mu \nabla^2 \hat{\boldsymbol{u}} - \mu \alpha^2 \hat{\boldsymbol{u}} = 0 \tag{7.27}$$

となる．ここで，$\alpha^2 = \frac{i\omega}{\nu}$ とした．$\delta = |\alpha|^{-1} = \sqrt{\frac{\nu}{\omega}}$ は長さの次元をもつ．δ は侵入長（penetration depth）[4]と呼ばれる．慣性の影響が現れる距離の代表値として $\ell_\omega = \delta$ としよう．式 (7.27) はブリンクマン方程式（例 7.5）と同じ形をしているが，ここでは α は複素数である．

非定常ストークス方程式もこれまでと同様，線形の方程式であり，基本解が知られている．原点に振動する点外力 $\hat{\boldsymbol{g}} \exp(i\omega t) \delta(\boldsymbol{x})$ が与えられたときの流れ場を考えよう．式 (7.27) に外力項として加えると，

$$-\nabla \hat{p} + \mu \nabla^2 \hat{\boldsymbol{u}} - \mu \alpha^2 \hat{\boldsymbol{u}} = -\hat{\boldsymbol{g}} \delta(\boldsymbol{x}) \tag{7.28}$$

となる．非定常ストークス方程式 (7.28) の基本解（グリーン関数）を，非定常ストークス極（unsteady Stokeslet）あるいは**オシレット**（振動極，oscillet）という．

命題 7.1（非定常ストークス極）　原点で単振動する点外力が働いている非定常ストークス方程式 (7.28) において，その流れ場を $\hat{\boldsymbol{u}} = \frac{1}{8\pi\mu} G_{ij}^{\text{unst}} \hat{g}_j$, 圧力場を $\hat{p} = \frac{1}{8\pi} P_i^{\text{unst}} \hat{g}_i$ と書けば，$r = |\boldsymbol{x}|$ として，

---

[4] $\delta = \sqrt{2\frac{\nu}{\omega}}$ と定義することも多い．

$$G_{ij}^{\text{unst}} = A(R)\frac{\delta_{ij}}{r} + C(R)\frac{x_i x_j}{r^3}, \quad P_i^{\text{unst}} = \frac{2x_i}{r^3} \tag{7.29}$$

と表せる. ここで,

$$A(R) = \frac{2}{R^2}\left[\left(1+R+R^2\right)e^{-R}-1\right], \tag{7.30}$$

$$C(R) = -\frac{6}{R^2}\left[\left(1+R+\frac{R^2}{3}\right)e^{-R}-1\right] \tag{7.31}$$

であり, $R = \alpha r$ とした. これは無次元量であり, $R = \frac{r}{\delta}e^{i\frac{\pi}{4}}$ と書ける.

ここでは詳細な導出は割愛する. 近距離場 $(R \to 0)$ では R に関して展開することで, $A(R) \to 1$, $C(R) \to 1$ となることから, $G_{ij}^{\text{unst}} \to G_{ij}$ と定常ストークス流れのストークス極に戻る. また, 遠方での表現は r^{-1} から r^{-3} となるため, 減衰が速くなる. 一方で, 圧力場のグリーン関数は, 定常ストークス方程式のそれと等しい. これは, ポテンシャル流れが非定常ストークス方程式においても変わらず解であるためである.

例 7.6 (振動する球に働く抵抗) 半径 a の球が速度 $\boldsymbol{U} = \hat{\boldsymbol{U}}\exp(i\omega t)$ で振動し, 球面 $r = a$ で $\boldsymbol{u} = \boldsymbol{U}$ を満たすとする. 定常ストークス方程式のときと同様に, 球の中心に配置されたストークス極とポテンシャル二重極の重ね合わせで表せると仮定し,

$$\hat{u}_j = \frac{3}{4}a\hat{U}_i(B_0 + B_2 a^2\nabla^2)G_{ij}^{\text{unst}} \tag{7.32}$$

と書こう. B_0, B_2 の2つの係数は, 定常ストークス流れの場合には $B_0 = 1$, $B_2 = \frac{1}{6}$ であった (例4.3). ここで, $\lambda = \alpha a$ とすれば, 球面上での速度場は,

$$\hat{u}_j = \frac{3}{2}\hat{U}_i\left[\frac{-B_0}{\lambda^2} + \left(\frac{B_0}{\lambda^2} + B_2\right)e^{-\lambda}(1+\lambda+\lambda^2)\right]\delta_{ij}$$

$$+ \frac{3}{2}\hat{U}_i\left[\frac{3B_0}{\lambda^2} - \left(\frac{B_0}{\lambda^2} + B_2\right)e^{-\lambda}(3+3\lambda+\lambda^2)\right]\frac{x_i x_j}{r^2} \tag{7.33}$$

と計算できる. 境界条件より, 係数 B_0, B_2 はそれぞれ, $B_0 = 1 + \lambda + \frac{\lambda^2}{3}$, $B_2 = \frac{1}{\lambda^2}(e^\lambda - B_0)$ と求められる. 図7.2は x 軸方向に速さ $U = U_0\cos\omega t$ を与えたときの, 異なる Re_ω における流れ場の時刻 $t = 0.3T$ での様子である. 運動の向きの反転に伴い, 球の近傍で逆向きの流れが生じていることがわか

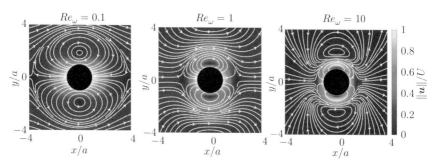

図 7.2　振動する球の周りの流れ．時刻 $t = 0.3T$ での様子．

る．Re_ω が小さければ，その影響は遠方まで直ちに到達するが，Re_ω が大きくなると侵入長が短くなり，非定常性の効果は球の近傍にも現れる．

　球に働く流体力 $\boldsymbol{F}$ を，フーリエ変換を用いて求めてみよう．$\boldsymbol{F}(t)$ と物体の速度 $\boldsymbol{U}(t)$ のフーリエ成分を，それぞれ $\hat{\boldsymbol{F}}$, $\hat{\boldsymbol{U}}$ と表すことにする．流体領域から外向きの法線を $\boldsymbol{n}$ とすれば，球の表面に働く流体力は $\hat{f}_i = -\hat{\sigma}_{ij} n_j$ となる．球全体に働く抵抗は，B を球の内部領域として，

$$\hat{F}_i = \int_S \hat{f}_i dS = \int_B \frac{\partial \hat{\sigma}_{ij}}{\partial x_j}\, dV - \int_B \left(6\pi\mu a B_0 \hat{U}_i \delta(\boldsymbol{x}) - \mu\alpha^2 \hat{U}_i \right)\, dV \quad (7.34)$$

と書ける．最後の等式では，非定常ストークス方程式 (7.28) より，$\frac{\partial \hat{\sigma}_{ij}}{\partial x_j} = \mu\alpha^2 u_i - \hat{g}_i \delta(\boldsymbol{x})$ となることを用いた．非定常ストークス極の強さ $\hat{\boldsymbol{g}}$ は式 (7.32) より，$\hat{g}_i = \frac{3}{4} a U_i \times 8\pi\mu = 6\pi\mu$ である．B_0 の値を代入して積分を実行すれば，

$$\hat{\boldsymbol{F}} = -6\pi\mu a \left(1 + \lambda + \frac{1}{9}\lambda^2 \right) \hat{\boldsymbol{U}} \quad\quad (7.35)$$

を得る．この式は任意のフーリエ成分について成り立つので，式 (7.35) を逆フーリエ変換することにより，流体力が

$$\boldsymbol{F} = -6\pi\mu a \boldsymbol{U} - 6\pi a^2 \sqrt{\frac{\pi}{\nu}} \int_{-\infty}^t \frac{\boldsymbol{U}(t')dt'}{\sqrt{t-t'}} - \frac{2}{3}\rho a^3 \frac{d\boldsymbol{U}}{dt} \quad (7.36)$$

と求まる．式 (7.36) の右辺第 1 項は，定常ストークス流れで得られたストークスの抵抗則である．右辺第 2 項は運動の履歴に依存する項であり，バセット (Basset) の履歴項と呼ばれる．右辺第 3 項は物体の加速度に比例する項で，

その比例係数は誘導質量と呼ばれる（注 3.7）．球の場合には $\frac{2}{3}\rho a^3$ であり，流体と同じ密度の球の質量 m の半分の値になっている．

注 7.2 流体の慣性を考慮した場合の物体の運動を考えよう．微生物の遊泳では，物体の質量密度と流体の質量密度は通常同程度であり，物体の慣性を表すレイノルズ数 Re_s は，$Re_s \sim Re_\omega$ の関係式を満たす．そのため，流体の慣性を考慮する際に，粒子の慣性を無視することはできない．重力などの外力 $\boldsymbol{F}^{\mathrm{ext}}$ が働く場合や遊泳による推進力 $\boldsymbol{F}^{\mathrm{prop}}$ が生じる場合には，式 (7.36) の流体力を用いた運動方程式

$$m\frac{d\boldsymbol{U}}{dt} = \boldsymbol{F} + \boldsymbol{F}^{\mathrm{ext}} + \boldsymbol{F}^{\mathrm{prop}} \tag{7.37}$$

を解くことで，その運動の軌跡が得られる．右辺の流体力が $\boldsymbol{U}$ の関数になっていることに注意する必要がある．式 (7.37) はバセット–ブシネスク–オセーン（Basset–Boussinesq–Oseen）方程式と呼ばれる．また，頭文字を取って BBO 方程式と呼ばれることも多い．これは，非定常ストークス方程式中の球の運動方程式である．背景流れがある場合には，ファクセンの法則（例 5.1）に類似する修正項が必要になる．この場合には，マキシー–ライリー（Maxey–Riley）方程式[97] として知られる．

注 7.3 クラミドモナスの周りの詳細な流れ場の計測により，非定常ストークス極で予言される振動流れの位相のずれが観測されている[145],[146]．非定常性による物体の抵抗係数や遊泳速度への影響は無視できるほど小さいものの，周囲の流れ場は非定常性による位相のずれにより，個体間流体相互作用，特に鞭毛の同期現象への影響が考えられる．定常ストークス流れの範囲での微生物流体力学は本書でも紹介してきた通り，理論的にもよく整備されてきている．今後は非定常ストークス流れへの理論の展開が期待される．

　また，流体の非定常性が働く場面として，微生物の驚愕反応が挙げられる．例えば，ゾウリムシでは，強い外的な刺激を感知すると，繊毛波を用いた遊泳パターンではなく，すべての繊毛を同期させて瞬間的に高速遊泳を行う逃避行動を見せる[43],[81]．この際には慣性の効果を用いている．別の例として，ツリガネムシがある．ツリガネムシはスパズモネームと呼ばれる細長い柄の先を壁面に固着させている．スパズモネームは，高速で収縮することができ，そのと

きのレイノルズ数 Re_ω は 1 を超える程度まで大きくなるので，慣性の効果が現れる[120]．この高速運動は敵から逃れるためとも壁面付近の流体の攪拌による採餌効率の向上のためとも言われている[121]．

注 7.4　ミジンコやカイアシ類といった体長がおおよそ 1 mm を超える生物になるとレイノルズ数は $O(1)$ となり，慣性の効果がさらに大きくなる．慣性を用いることで，帆立貝定理（定理 3.1）から逃れて，往復運動でも遊泳が可能である（注 3.6）．クリオネの幼生は，繊毛を用いた遊泳をしているが，生体になると，往復運動に近いヒレのような器官を用いた羽ばたき遊泳を行うようになる[17]．このような幼生時のみ繊毛を用いて移動する生物は軟体動物で多く知られており，慣性と粘性の効果をうまく使い分けているように思われる．実際，遊泳効率の観点からも生物のサイズが大きくなると，慣性の効果により繊毛による運動よりも羽ばたきに近い運動がより効率的な遊泳となることが示唆されている[53]．遊泳効率については次節で詳しく述べよう．

7.2.2　行動・生態・進化

　流体力学的な遊泳効率の指標として最もよく知られているものが，**ライトヒルの遊泳効率**[5]である．これは物体形状の変化により外部流体に対して行った仕事のうち，どれだけの割合が推進に寄与したかを表す無次元量である[88]．熱力学的なエネルギー効率とは異なっていることに注意したい．

　流体に対する単位時間あたりの仕事（仕事率）Φ は，流体粘性によるエネルギー散逸率に等しい（2.2.4 節）．歪み速度テンソルを $E_{ij} = \frac{1}{2}\left(\frac{\partial u_i}{\partial x_j} + \frac{\partial u_j}{\partial x_i}\right)$ と書くと，

$$\Phi = \int_\Omega \sigma_{ij} E_{ij}\, dV = \int_S u_i \sigma_{ij} n_j\, dS = -\int_S u_i f_i\, dS \tag{7.38}$$

となり，物体表面の流体力 $f_i = -\sigma_{ij} n_j$ と表面の速度場の積で表される．Ω は流体領域，S は物体表面を表し，表面の法線ベクトル $\boldsymbol{n}$ は流体領域から外向きに取っている．この流体力学的な仕事率 Φ は，変形による単位時間あたりのエネルギー消費量に対応する．遊泳の速さを U とし，エネルギー消費率の時間平均を $\langle \Phi \rangle$，速さの時間平均を $\langle U \rangle$ とすれば，ライトヒルの遊泳効率 η は

---

[5]フルード (Froude) 効率とも呼ばれる．元々はスクリュー推進で用いられていたようだ．

$$\eta = \frac{F\langle U \rangle}{\langle \Phi \rangle} \tag{7.39}$$

で定義される．ここで F は同じ物体を外力によって速さ $\langle U \rangle$ で運動させる際に必要な力（牽引力）であり，半径 a の球の場合には $F = 6\pi\mu a\langle U \rangle$ であるから，$\eta = 6\pi\mu a\frac{\langle U \rangle^2}{\langle \Phi \rangle}$ となる．なお，効率の指標はライトヒルの遊泳効率 (7.39) に限るわけではなく，様々な指標が用いられている．また，栄養摂取の効率に対しては，シャーウッド数 Sh（6.1.3 節）がしばしば用いられる．

例 7.7（スクワーマの最適遊泳） 球形スクワーマの遊泳（例 3.5, 例 4.2 参照）を例に効率的な遊泳方法について考えてみよう．表面の速度場として軸対称な場を考えて，$\boldsymbol{u}' = u'_\theta(\theta)\boldsymbol{e}_\theta$ と表し，これまでと同様に，$u'_\theta = \sum_{n=1}^{\infty} B_n V_n(\cos\theta)$，$V_n(x) = \frac{2\sqrt{1-x^2}}{n(n+1)}\frac{d}{dx}P_n(x)$ と級数展開表示を用いよう．$P_n(x)$ は n 次のルジャンドル多項式である．

仕事率 Φ を求めるために，応力テンソル σ_{ij} を計算しよう[9]．このときの流れ場はすでに例 4.2 で解析解を求めており，$\boldsymbol{u} = u_r\boldsymbol{e}_r + u_\theta\boldsymbol{e}_\theta$ の形で書けた．これらの速度場の表式をストークス方程式に代入して解くことで圧力場が，

$$p = -2\mu\sum_{n=2}^{\infty}\left(\frac{2n-1}{n+1}\right)\left(\frac{a^n}{r^{n+1}}\right)B_n P_n(\cos\theta) \tag{7.40}$$

と求められる．応力テンソルを定義に従い計算すれば，

$$\Phi = 2\pi\int_0^\pi (u_r\sigma_{rr} + u_\theta\sigma_{r\theta})|_{r=a}a^2\sin\theta\,d\theta \tag{7.41}$$

となるが，極座標表示での速度場の勾配の表式から，

$$\sigma_{rr} = p - 2\mu\frac{\partial u_r}{\partial r}, \quad \sigma_{r\theta} = -\mu\left[r\frac{\partial}{\partial r}\left(\frac{u_\theta}{r}\right) + \frac{1}{r}\frac{\partial u_r}{\partial \theta}\right] \tag{7.42}$$

となることを用いて，直接計算を進めると，最終的に，

$$\Phi = 2\pi\mu a\left(\frac{8}{3}B_1^2 + \sum_{n=2}^{\infty}\frac{8}{n(n+1)}B_n^2\right) \tag{7.43}$$

が得られる．遊泳速度は $U = \frac{2}{3}B_1$ である（例 3.5）から，ライトヒルの遊泳効率 (7.39) は，

$$\eta = \frac{B_1^2}{2\left(B_1^2 + \sum_{n=2}^{\infty} \frac{3}{n(n+1)} B_n^2\right)} \tag{7.44}$$

となる．これより，$B_n = 0$ $(n \geq 2)$ のとき η は最大値 $\eta = \frac{1}{2}$ をとる．また，採餌効率を表すシャーウッド数も，このとき最大になることが知られている[99]．

　実際の微生物のライトヒルの遊泳効率は 1% 程度になることが知られている[115]．2 つの鞭毛をもつクラミドモナスの場合にも同様の最適遊泳の計算が行われており，実際に観測されている平泳ぎ様の遊泳が遊泳効率，採餌効率共に最大となる[132]．その他，哺乳類精子の鞭毛波形[133] やボルボックス類[107] の遊泳も，運動効率の最適化の解が，実際の生物で観察されている遊泳方法をうまく捉えているようである．

注 7.5　このように，生物の運動は長い進化の過程を経て，流体力学的にも洗練されていると思われる[88]．我々を含む脊椎動物だけでなく，微生物の世界でも環境中を運動することが重要だったことは，鞭毛や繊毛といった運動機能を持つ細胞があらゆる種に見られることからも想像できるだろう[143]．流体力学を中心とした周囲環境からの制限や拘束により生物の運動メカニズムが収斂進化6)することも多い．イルカやクジラといった水生哺乳動物が魚類と似たようなヒレの構造と泳ぎ方を獲得した例がわかりやすいだろう．しかし，微生物の行動を理解する際に，一般に何を最適化しているのかは非自明なことが多い．実際の生態環境においては，走化性，走光性，走流性や重力走性など，複数の環境応答が同時に存在する．さらに，生物の能動的な反応だけでなく，これらの微生物の行動には力学的に引き起こされる受動的な反応も含まれていることは，本書でも何度か触れてきた．また，イカダモや珪藻などの藻の仲間には，ワムシやミジンコのような外敵がいると群体を作り，体サイズを大きくすることで，防御性を高め捕食されないように進化するものもいる[39]．このように，周囲の物理的環境だけでなく，外敵の存在によっても運動性は進化し得る．微生物の生態系は非常に豊かで，その環境に応じた遊泳行動も多種多様である．これら行動・生態・進化のメカニズムを力学を通して理解しようとする試みはまだまだ始まったばかりである[21]．

---

　6)収束進化ともいう．異なる系統の生物が似た様な外見や器官を独立に獲得すること．

7.3　お わ り に

　最後に，本書の執筆に際して，特に参考にした文献を挙げておきたい．

　微小スケールの流体力学の包括的な教科書として，Kim & Karrila [73]，Pozrikidis [112]，Guazzelli & Morris [41]，Graham [37] などがある．いずれも，主題としている現象は少しずつ異なっている．

　本書を読み終えた読者が，より具体的な微生物流体力学の内容に進みたい場合には，Lauga [84] を手に取ってもらいたい．この本は「数理科学」連載中に出版されたが，筆者自身が氏の総説 [80] などから強い影響を受けていることもあり，本書の内容とも重なりが大きい．

　本書が，これらの書籍や総説，最新の研究論文を読むきっかけになり，あるいは実際に読む際の助けになることを期待したい．そして本書をきっかけに，顕微鏡下の小さな生き物の世界を彩る数理の魅力を共に分かち合える仲間が，一人でも多く現れることを心から願っている．

　本書の執筆に関しては，京都大学数理解析研究所・国際共同利用／共同研究拠点事業・訪問滞在型研究「Mathematical Biofluid Mechanics」，JST さきがけ「数学と情報科学で解き明かす多様な対象の数理構造と活用」（JPMJPR1921），科研費・学術変革領域 A「ジオラマ環境で覚醒する原生知能を定式化する細胞行動力学」（21H05309）の支援を受けた．

参 考 文 献

[1] R. Alert, J. Casademunt and J.-F. Joanny, "Active turbulence", *Annu. Rev. Condens. Matter. Phys.*, **13** (2022), 143–170.

[2] J.L. Anderson, "Colloid transport by interfacial forces", *Ann. Rev. Fluid Mech.*, **21** (1989), 61–99.

[3] B. Audoly and Y. Pomeau, *Elasticity and Geometry: From Hair Curls to the Nonlinear Response of Shells*, Oxford University Press (2010).

[4] M. Bär, R. Großmann, S. Heidenreich and F. Peruani, "Self-propelled rods: Insights and perspectives for active matter", *Annu. Rev. Condens. Matter. Phys.*, **11** (2020), 441–466.

[5] G.K. Batchelor, "The stress system in a suspension of force-free particles", *J. Fluid Mech.*, **41** (1970), 545–570.

[6] L.E. Becker, S.A. Koehler and H.A. Stone, "On self-propulsion of micro-machines at low Reynolds number: Purcell's three-link swimmer", *J. Fluid Mech.*, **490** (2003), 15–35.

[7] M.A. Bees, "Advances in Bioconvection", *Annu. Rev. Fluid Mech.*, **52** (2020), 49–76.

[8] A.P. Berke, L. Turner, H.C. Berg and E. Lauga, "Hydrodynamic attraction of swimming microorganisms by surfaces", *Phys. Rev. Lett.*, **101** (2008), 038102.

[9] J.R. Blake, "A spherical envelope approach to ciliary propulsion", *J. Fluid Mech.*, **46** (1971), 199–208.

[10] J.R. Blake, "A note on the image system for a stokeslet in a no-slip boundary", *Proc. Camb. Phil. Soc.*, **70** (1971), 303–310.

[11] H. Brenner, "The slow motion of a sphere through a viscous fluid towards a plane surface", *Chem. Eng. Sci.*, **16** (1961), 242–251.

[12] H. Brenner, "Suspensionrheology in the presence of rotary Brownian motion and external couples: elongational flow of dilute suspension", *Chem. Eng. Sci.*, **27** (1972), 1069–1107.

[13] C. Brennen, "Locomotion of flagellates with mastigonemes", *J. Mecanochem. Cell. Motility*, **3** (1976), 207–217.

[14] F.B. Bretherton, "The motion of rigid particles in a shear flow at low Reynolds number", *J. Fluid Mech.*, **14** (1962), 284–304.

[15] A. Chakrabarty, A. Konya, F. Wang, J.V. Selinger, K. Sun and Q.-H. Wei, "Brownian motion of boomerang colloidal particles", *Phys. Rev. Lett.*, **111** (2013), 160603.

[16] B. Chan, N.J. Balmforth and A.E. Hosoi, "Building a better snail: Lubrication and adhesive locomotion", *Phys. Fluids*, **17** (2005), 113101.

[17] S. Childress and R. Dudley, "Transition from ciliary to flapping mode in a swimming mollusc: flapping flight as a bifurcation in Re_ω", *J. Fluid Mech.*, **498** (2004), 257–288.

[18] A.T. Chwang and T.Y.-T. Wu, " Hydromechanics of low-Reynolds-numberflow. Part 1. Rotation of axisymmetric prolate bodies", *J. Fluid Mech.*, **63** (1974), 607–622.

[19] A.T. Chwang and T.Y.-T. Wu, " Hydromechanics of low-Reynolds-numberflow. Part 2. Singularity method for Stokes flows", *J. Fluid Mech.*, **67** (1975), 787–815.

[20] R. Cortez, "The method of regularized Stokeslets", *SIAM J. Sci. Comput.*, **23** (2001), 1204–1225.

[21] M. Denny, *Ecological Mechanics: Principles of Life's Physical Interactions*, Princeton University Press (2015).

[22] R. Di Leonardo, D. Dell'Arciprete, L. Angelani and V. Iebba, "Swimming with an Image", *Phys. Rev. Lett.*, **106** (2011), 038101.

[23] M. Doi and S.F. Edwards, *The Theory of Polymer Dynamics*, Oxford University Press (1986).

[24] K. Drescher, K.C. Leptos, I. Tuval, T. Ishikawa, T.J. Pedley and R.E. Goldstein, "Dancing *Volvox*: Hydrodynamic bound states of swimming algae", *Phys. Rev. Lett.*, **102** (2009), 168101.

[25] K. Drescher, R.E. Goldstein, N. Michel, M. Polin and I. Tuval, "Direct measurement of the flow field around swimming microorganisms", *Phys. Rev. Lett.*, **105** (2010), 168101.

[26] K. Drescher, J. Dunkel, L.H. Cisneros, S. Ganguly and R.E. Goldstein, "Fluid dynamics and noise in bacterial cell-cell and cell-surface scattering", *Proc. Natl. Acad. Sci. U.S.A.*, **108** (2011), 10940–10945.

[27] J. Dunkel, S. Heidenreich, K. Drescher, H.H. Wensink, M. Bär and R.E. Goldstein, "Fluid dynamics of bacterial turbulence", *Phys. Rev. Lett.*, **110** (2013), 228102.

[28] D.B. Dusenbery, *Living at Micro Scale*, Harvard University Press (2009).

[29] G.J. Elfring and E. Lauga, "Hydrodynamic phase locking of swimming microorganisms", *Phys. Rev. Lett.*, **103** (2009), 088101.

[30] J. Elgeti, R.G. Winkler and G. Gompper, "Physics of microswimmers – single particle motion and collective behavior: a review", *Rep. Prog. Phys.*, **78** (2015), 056601.

[31] L.J. Fauci, "A computational model of the fluid dynamics of undulatory and flagellar swimming", *Amer. Zool.*, **36** (1996), 599–607.

[32] B.M. Friedrich, H. Riedel-Kruse, J. Howard and F. Jülicher, "High-precision tracking of sperm swimming fine structure provides strong test of resistive force theory", *J. Exp. Biol.*, **213** (2010), 1226–1234.

[33] I.R. Gibbons, "Studies on the protein compoentns of cilia from *Tetrahymena pryformis*", *Proc. Natl. Acad. Sci. U.S.A.*, **50** (1963), 1002–1010.

[34] R.E. Goldstein, T.R. Powers and C.H. Wiggins, "Viscous nonlinear dynamics of twist and writhe", *Phys. Rev. Lett.*, **80** (1998), 5232–5235.

[35] R. Golestanian and A. Ajdari, "Analytic results for the three-sphere swimmer at low Reynolds number", *Phys. Rev. E*, **77** (2008), 036308.

[36] R.E. Goldstein, "Green algae as model organisms for biological fluid dynamics", *Annu. Rev. Fluid Mech.*, **47** (2015), 343–375.

[37] M.D. Graham, *Microhydrodynamics, Brownian Motion, and Complex Fluids*, Cambridge University Press (2018).

[38] J. Gray and G.J. Hancock, "The propulsion of sea-urchin spermatozoa", *J. Exp. Biol.*, **32** (1955), 802–814.

[39] R.K. Grosberg and R.R. Strathmann, "The evolution of multicellularity: A minor major transition?", *Annu. Rev. Ecol. Evol. Syst.*, **38** (2007), 621–654.

[40] J.S. Guaso, R. Rusconi and R. Stocker, "Fluid mechanics of planktonic microorganisms", *Annu. Rev. Fluid Mech.*, **44** (2012) 373–400.

[41] E. Guazzelli and J.F. Morris, *A Physical Introduction to Suspension Dynamics*, Cambridge University Press (2012).

[42] H. Haeckel, *Kunstformen der Natur* (Art Forms of Nature), (1904).

[43] A. Hamel, C. Fisch, L. Combettes, P. Dupuis-William and C.N. Baroud, "Transitions between three swimming gaits in *Paramecium* escape", *Proc. Natl. Acad. Sci. U.S.A.*, **108** (2011), 7290–7295.

[44] H. Helmholtz, "Zur Theorie der statioären Ströme in reibenden Flüssigkeiten" (A uniqueness theorem for viscous flow), *Verh. d. naturhist.-med. Vereins.*, **5** (1868), 1–7.

[45] S. Hess, L. Eme, A.J. Roger and A.G.B. Simpson, "A natural toroidal microswimmer with a rotary eukaryotic flagellum", *Nat. Microbiol.*, **4** (2019), 1620–1626.

[46] J.J.L. Higdon, "A hydrodynamic analysis of flagellar propulsion", *J. Fluid Mech.*, **90** (1979), 685–711.

[47] 久田俊明『非線形有限要素法のためのテンソル解析の基礎』丸善出版（1992）．

[48] I.D. Howells, "Drag due to the motion of a Newtonian fluid through a sparse random array of small fixed rigid objects", *J. Fluid Mech.*, **64** (1974), 449–475.

[49] 今井功『流体力学（前編）』裳華房（1973）．

[50] T. Ishikawa, M.P. Simmonds and T.J. Pedley, "Hydrodynamic interaction of two swimming model micro-organisms", *J. Fluid Mech.*, **568** (2006), 119–160.

[51] K. Ishimoto and M. Yamada, "A coordinate-based proof of the scallop theorem", *SIAM J. Appl. Math.*, **72** (2012), 1686–1694.

[52] 石本健太，山田道夫「微生物の運動と流体力学：帆立貝定理とその破れ」，京都大学数理解析研究所講究録，**1796** (2012), 15–21.

[53] K. Ishimoto, "A sphereical squirming swimmer in unsteady Stokes flow", *J. Fluid Mech.*, **723** (2013), 163–189.

[54] K. Ishimoto and E.A. Gaffney, "Squirmer dynamics near a boundary", *Phys. Rev. E*, **88** (2013), 062702.

[55] 石本健太「微生物遊泳における計測問題」，数理解析研究所講究録，**1940** (2015), 1–15.

[56] K. Ishimoto and E.A. Gaffney, "Fluid flow and sperm guidance: a simulation study of hydrodynamic sperm rheotaxis", *J. R. Soc. Interface*, **12** (2015), 20150172.

[57] K. Ishimoto, "Guidance of microswimmers by wall and flow: Thigmotaxis and rheotaxis of unsteady squirmers in two and three dimensions", *Phys. Rev. E*, **96** (2017), 043101.

[58] K. Ishimoto, H. Gadêlha, E.A. Gaffney, D.J. Smith and J. Kirkman-Brown, "Coarse-graining the fluid flow around a human sperm", *Phys. Rev. Lett.*, **118** (2017), 124501.

[59] K. Ishimoto and E.A. Gaffney, "Hydrodynamic clustering of human sperm in viscoelastic fluids", *Sci. Rep.*, **8** (2018), 15600.

[60] K. Ishimoto, "Bacterial spinning top", *J. Fluid Mech.*, **880** (2019), 620–652.

[61] K. Ishimoto, "Helicoidal particles and swimmers in a flow at low Reynolds number", *J. Fluid Mech.*, **892** (2020), A11.

[62] K. Ishimoto, "Jeffery orbits for an object with discrete rotational symmetry", *Phys. Fluids*, **32** (2020), 081904.

[63] K. Ishimoto, E.A. Gaffney and B.J. Walker, "Regularized representation of bacterial hydrodynamics", *Phys. Rev. Fluids*, **5** (2020), 093101.

[64] K. Ishimoto, "A multi-scale numerical simulation of quasi-two-dimensional bacterial turbulence using a regularized Stokslet representation", Springer Proc. Math. Stat., to appear.

[65] M. Jabbarzadeh and H.C. Fu, "Viscous constraints on microorganism approach and interaction", *J. Fluid Mech.*, **851** (2018), 715–738.

[66] G.B. Jeffery, "The motion of ellipsoidal particles immersed in a viscous fluid", *Proc. R. Soc. A*, **102** (1922), 161–179.

[67] J. Jiménez-Lozano, M. Sen and P.F. Dunn, "Particle motion in unsteady two-dimensional peristaltic flow with application to the ureter", *Phys. Rev. E*, **79** (2009), 041901.

[68] R.E. Johnson, "An improved slender-body theory for Stokes flow", *J. Fluid*

Mech., **99** (1980), 411–431.

[69] F. Jülicher, S.W. Grill and G. Salbreux, "Hydrodynamic theory of active matter", *Rep. Prog. Phys.*, **81** (2018), 076601.

[70] 神山新一, 佐藤明『流体ミクロ・シミュレーション』朝倉書店 (1997, 新装版: 2020).

[71] V. Kantsler, J. Dunkel, M. Blayney and R.E. Goldstein, "Rheotaxis facilitates upstream navigation of mammalian sperm cells", *eLife*, **3** (2014), e02403.

[72] L. Karp-Boss, E. Boss and P.A. Jumars, "Nutrient fluxes to planktonic osmotrophs in the presence of fluid motion", *Oceanogr. Mar. Biol.*, **34** (1996), 71–107.

[73] S. Kim and S.J. Karrila, *Microhydrodynamics: Priciples and Seleceted Applications*, Dover Publications (2005).

[74] 木ノ下菜々「褐藻遊走細胞の走化性・走光性研究の新展開」, 藻類 (*Jpn. J. Phycol. (Sôrui)*), **66** (2018), 27–31.

[75] J.D. Klein, A.R. Clapp and R.B. Dickinson, "Direct measurement of interaction forces between a single bacterium and a flat plate", *J. Colloid Interface Sci.*, **261** (2003), 379–385.

[76] L. Koens and E. Lauga, "The boundary integral formulation of Stokes flows includes slender-body theory", *J. Fluid Mech.*, **850** (2018), R1.

[77] J. Koiller, K. Ehlers and R. Montgomery, "Problems and progress in microswimming", *Nonlinear Sci.*, **6** (1996), 507–541.

[78] O.A. Ladyzhenskaya, *Mathematical Theory of Viscous Imcompressible Fluid Flow*, Gordon and Breach (1965), 藤田宏, 竹下彬 (訳)『非圧縮粘性流体の数学的理論』産業図書 (1979).

[79] H. Lamb, *Hydrodynamics 6th Edition*, Cambridge University Press (1932). (訳) 今井功, 橋本英典『ラム流体力学 1~3』東京図書 (1: 1978, 2: 1981, 3: 1988).

[80] E. Lauga and T.R. Powers, "The hydrodynamics of swimming microorganisms", *Rep. Prog. Phys.*, **72** (2009), 096601.

[81] E. Lauga, "Emergency cell swimming", *Proc. Natl. Acad. Sci. U.S.A.*, **108** (2011), 7655–7656.

[82] E. Lauga, "Bacterial hydrodynamics", *Annu. Rev. Fluid Mech.*, **48** (2016), 105–130.

[83] E. Lauga and S. Michelin, "Stresslets induced by active swimmers", *Phys. Rev. Lett.*, **117** (2016), 148001.

[84] E. Lauga, *The Fluid Dynamics of Cell Motility*, Cambridge University Press (2020).

[85] L.G. Leal, *Advanced Transport Phenomena: Fluid Mechanics and Convective Transport Processes*, Cambridge University Press (2007).

[86] G. Li, E. Lauga, A.M. Ardekani, "Microswimming in viscoelastic fluids", *J. Non-Newt. Fluid Mech.*, **297** (2021), 104655.

[87] M.J. Lighthill, "On the squirming motion of nearly spherical defomable bodies through liquids at very small Reynolds numbers", *Commun. Pure Appl. Math.*, **5** (1952), 109–118.

[88] J. Lighthill, *Mathematical Biofluiddynamics*, SIAM (1975).

[89] N. Liron and S. Mochon, "Stokes flow for a stokeslet between two parallel flat plates", *J. Eng. Math.*, **10** (1976), 287–303.

[90] M. Lisicki, M.F.V. Rodrigues, R.E. Goldstein and E. Lauga, "Swimming eukaryotic microorganisms exhibit a universal speed distribution", *eLife*, **8** (2019), e44907.

[91] H.M. López, J. Gachelin, C. Douarche, H. Auradou, E. Clément, "Turning bacteria suspensions into superfluids", *Phys. Rev. Lett.*, **115** (2015), 028301.

[92] H.A. Lorentz, "Ein allgemeiner Satz, die Bewegung einer reibenden Flüssigkeit betreffend, nebst einigen Anwendungen desselbcn", *Abhandl. theoret. Phys.*, **1** (1907) 23–42.

[93] K.E. Machin, "Wave propagation along flagella", *J. Exp. Biol.*, **35** (1958), 796–806.

[94] 前多裕介「界面駆動の流動と輸送：生命を捉える非平衡力学」, 物性研究・電子版, **6** (2017), 064226.

[95] V. Magar, T. Goto and T.J. Pedley, "Nutrient uptake by a self-propelled steady squirmer", *Q. J. Mech. Appl. Mech.*, **56** (2003), 65–91.

[96] H. Masoud and H.A. Stone, "The reciprocal theorem in fluid dynamics

and transport phenomena", *J . Fluid Mech.*, **879** (2019), P1.

[97] M.R. Maxey and J.J. Riley, "Equation of motion for a small rigid sphere in a uniform flow", *Phys. Fluids*, **26** (1983), 883–889.

[98] M. Medina-Sánchez and O.G. Schmidt, "Medical microbots need better imaging and control", *Nature*, **545** (2017), 406–408.

[99] S. Michelin and E. Lauga, "Optimal feeding is optimal swimming for all Péclet numbers", *Phys. Fluids*, **23** (2011), 101901.

[100] 南雲保，鈴木秀和，佐藤晋也『珪藻観察図鑑』誠文堂新光社（2018）.

[101] A. Najafi and R. Golestanian, "Simple swimmer at low Reynolds number: Three linked spheres", *Phys. Rev. E*, **69** (2004), 062901.

[102] D. Needleman and M. Shelley, "The stormy fluid dynamics of the living cell", *Phys. Today*, **32** (2019), 32–38.

[103] 西口大貴，佐野雅己「自己駆動粒子の集団運動―群れから始まる非平衡統計力学」，数理科学 2016 年 1 月号，**631** (2016), 39–44.

[104] T. Ogawa, S. Izumi and M. Iima, "Statistics and stochastic models of an Individual motion of photosensitive alga *Euglena gracilis*", *J. Phys. Soc. Jpn.*, **86** (2017), 074401.

[105] 岡本久・中村周『関数解析』岩波書店（2006）.

[106] 岡本久『ナヴィエ-ストークス方程式の数理』東京大学出版会（2009）.

[107] T. Omori, H. Ito and T. Ishikawa, "Swimming microorganisms acquire optimal efficiency with multiple cilia", *Natl. Acad. Natl. Sci. U.S.A.*, **117** (2020), 30201–30207.

[108] T.J. Pedley, N.A. Hill and J.O. Kessler, "The growth of bioconvection patterns in a uniform suspension of gyrotactic micro-organisms", *J. Fluid Mech.*, **195** (1988), 223–237.

[109] T.J. Pedley, "Instability of uniform micro-organism suspensions revisited", *J. Fluid Mech.*, **647** (2010), 335–359.

[110] T.J. Pedley, D.R. Brumley and R.E. Goldstein, "Squirmers with swirl: a model for *Volvox* swimming", *J. Fluid Mech.*, **798** (2016), 165–186.

[111] M. Potomkin, V. Gyrya, I. Aranson and L. Berlyand, "Collision of microswimmers in a viscous fluid", *Phys. Rev. E*, **87**, (2013), 053005.

[112] C. Pozrikidis, *Boundary Integral and Singularity Methods for Linearized*

Viscous Flow, Cambridge University Press (1992).

[113] C. Pozrikidis, *A Practical Guide to Boundary Element Methods with the Software Library BEMLIB*, CRC Press (2002).

[114] C. Pozrikidis, *Modeling and Simulation of Capsules and Biological Cells*, CRC Press (2003).

[115] E.M. Purcell, "Life at low Reynolds number", *Am. J. Phys.*, **45** (1977), 3–11. (石本健太訳「低レイノルズ数の生き物」, 物性研究・電子版, **6** (2017), 063101).

[116] T. Qiu, T.-C. Lee, A.G. Mark, K.I. Morozov, R. Münster, O. Mierka, S. Turek, A.M. Leshansky and P. Fischer, "Swimming by reciprocal motion at low Reynolds number", *Nat. Commun.*, **5** (2014), 5119.

[117] S. Rafaï, L. Jibuti, P. Peyla, "Effective viscosity of microswimmer suspensions", *Phys. Rev. Lett.*, **104** (2010), 098102.

[118] H. Reinken, S.H.L. Klapp, M. Bär and S. Heidenreich, "Derivation of a hydrodynamic theory for mesoscale dynamics in microswimmer suspensions", *Phys. Rev. E*, **97** (2018), 022613.

[119] B. Rodenborn, C.-H. Chen, H.L. Swinney, B, Liu and H.P. Zhang, "Propulsion of microorganisms by a helical flagellum", *Proc. Natl. Acad. Sci. U.S.A.*, **110** (2013), E338–E347.

[120] S. Ryu and P. Matsudaira, "Unsteady motion, finite Reynolds numbers, and wall effect on *Vorticella convallaria* contribute contraction force greater than the Stokes drag", *Biophys. J.*, **98** (2010), 2574–2581.

[121] S. Ryu, R.E. Pepper, M. Nagai and D.C. France, "*Vorticella*: a protozoan for bio-inspired engineering", *Micromachines*, **8** (2017), 4.

[122] D. Saintillan and M.J. Shelly, "Instabilities, pattern formation, and mixing in active suspensions", *Phys. Fluids*, **20** (2008), 123304.

[123] D. Saintillan and M.J. Shelly, "Active suspensions and their nonlinear models", *C.R. Phys.*, **14** (2013), 497–517.

[124] D. Saintillan, "Rheology of Active Fluids", *Annu. Rev. Fluid Mech.*, **50** (2018), 563–592.

[125] S.F. Schoeller, W.V. Holt and E.E. Keaveny, "Collective dynamics of sperm cells", *Phil. Trans. R. Soc. B*, **375** (2020), 20190384.

[126] A. Sengupta, F. Carrara and R. Stocker, "Phytoplankton can actively diversify their migration strategy in response to turbulent cues", *Nature*, **543** (2017), 555–558.

[127] M.R. Shaebani, A. Wysocki, R.G. Winkler, G. Gompper and H. Rieger, "Computational models for active matter", *Nat. Rev. Phys.*, **2** (2020), 181–199.

[128] A. Shapere and F. Wilczek, "Geometry of self-propulsion at low Reynolds number", *J. Fluid Mech.*, **198** (1989), 557–585.

[129] S.E. Spagnolie and E. Lauga, "Hydrodynamics of self-propulsion near a boundary: predictions and accuracy of far-field approximations", *J. Fluid Mech.*, **700** (2012), 105–147.

[130] S.E. Spagnolie, *Complex Fluids in Biological Systems*, Springer (2015).

[131] G. Subramanian and D.L. Koch, "Critical bacterial concentration for the onset of collective swimming", *J. Fluid Mech.*, **632** (2009), 359–400.

[132] D. Tam and A.E. Hosoi, "Optimal feeding and swimming gait of biflagellated organisms", *Proc. Natl. Acad. Sci. U.S.A.*, **108** (2011), 1001–1006.

[133] D. Tam and A.E. Hosoi, "Optimal kinematics and morphologies for spermatozoa", *Phys. Rev. E*, **83** (2011), 045303(R).

[134] 巽友正『流体力学』培風館（1982）.

[135] G. Taylor, "Anaysis of the swimming of microscopic organisms", *Proc. R. Soc. Lond. A*, **209** (1951), 447–461.

[136] G. Taylor, "The action of waving cylindrical tails in propelling microscopic organisms", *Proc. R. Soc. Lond. A*, **211** (1952), 225–239.

[137] G.I. Taylor, *Low Reynolds Number Flow*, The U.S. National Committee for Fluid Mechanics Films (1966). 同じものが YouTube からも見られる. https://youtu.be/51-6QCJTAjU

[138] 戸田盛和, 斎藤信彦, 久保亮五, 橋爪夏樹『統計物理学』岩波書店（2018）.

[139] 徳岡辰雄『有理連続体力学の基礎』共立出版（1999）.

[140] C.A. Trusdell, *A First Course in Rational Continuum Mechanics, Volume 1 General Concepts, Second Edition*, Academic Press (1991).

[141] C.-k. Tung, C. Lin, B. Harvey, A.G. Fiore, F. Ardon, M. Wu and S.S. Suarez, "Fluid viscoelasticity promotes collective swimming of sperm",

Sci. Rep., **7** (2017), 3152.

[142]　N. Uchida and R. Golestanian, "Generic conditions for hydrodynamic synchronization", *Phys. Rev. Lett.*, **106** (2011), 058104.

[143]　M.F. Velho Rodrigues, M. Lisicki and E. Lauga, "The bank of swimming organisms at the micron scale (BOSO-Micro)", *PLoS ONE*, **16** (2021), e0252291.

[144]　B.J. Walker, K. Ishimoto and E.A. Gaffney, "Pairwise hydrodynamic interactions of synchronized spermatozoa", *Phys. Rev. Fluids*, **4** (2019), 093101.

[145]　D. Wei, P.G. Dehnavi, M.-E. Aubin-Tam and D. Tam, "Is the zero Reynolds number approximation valid for ciliary flows?", *Phys. Rev. Lett.*, **122** (2019), 124502.

[146]　D. Wei, P.G. Dehnavi, M.-E. Aubin-Tam and D. Tam, " Measurements of the unsteady flow field around beating cilia", *J. Fluid Mech.*, **915** (2021), A70.

[147]　J.D. Wheeler, E. Secchi, R. Rusconi, and R. Stocker, "Not just going with the flow: the effects of fluid flow on bacteria and plankton", *Annu. Rev. Cell. Dev. Biol.*, **35** (2019), 213–237.

[148]　山本量一「アクティブマターの物理学—特異な集団運動の発生機構を理解する」, 数理科学 2021 年 11 月号, **701** (2021), 44–50.

[149]　E. Yariv, "Self-propulsion in a viscous fluid: arbitrary surface deformations", *J. Fluid Mech.*, **550** (2006), 139–148.

[150]　繊毛虫ソライロラッパムシの繊毛波の高速撮影映像. YouTube チャンネル（@Kenta Ishimoto）で見ることができる.
　　　　その 1 (https://youtu.be/HJLAv4nQlE),
　　　　その 2 (https://youtu.be/OiYyJqnQCwY),
　　　　その 3 (https://youtu.be/BFurOgTGvSA).

[151]　A. Zöttl and H. Stark, "Nonlinear dynamics of a microswimmer in Poiseuille flow", *Phys. Rev. Lett.*, **108** (2012), 218104.

索 引

著者略歴

石 本 健 太
いし もと けん た

2015 年　京都大学大学院理学研究科博士後期課程修了
2015 年　博士（理学）京都大学
2015 年　京都大学白眉センター特定助教
2018 年　東京大学大学院数理科学研究科特任助教
2019 年　京都大学数理解析研究所准教授

ライブラリ数理科学のための数学とその展開＝AP1

微生物流体力学
生き物の動き・形・流れを探る

2022 年 12 月 10 日 ⓒ　　　　　　初 版 発 行

著 者　石 本 健 太　　　　　発行者　森 平 敏 孝
　　　　　　　　　　　　　　　印刷者　山 岡 影 光
　　　　　　　　　　　　　　　製本者　小 西 惠 介

発行所　　株式会社 サ イ エ ン ス 社

〒151–0051 東京都渋谷区千駄ヶ谷 1 丁目 3 番 25 号
営業 ☎(03) 5474–8500（代）　FAX　(03) 5474–8900
編集 ☎(03) 5474–8600（代）　振替 00170–7–2387

印刷　三美印刷(株)　　　　　製本　(株)ブックアート

ISBN978–4–7819–1559–3

PRINTED IN JAPAN